애착은 어떻게 아이의 인생을 바꾸는가

※ 일러두기

1. 본문의 괄호 중 독자들의 이해를 위해 덧붙인 글은 '역자 주'로 표시했습니다.
2. 사상가, 학자, 문인, 화가, 소설가, 영화감독 등의 인물명은 원어 표기를 추가했습니다.
3. 본문에서 언급하는 단행본이 국내에서 출간되지 않은 경우 최대한 원서에 가깝게 번역하였습니다.
4. 책 제목은 겹꺾쇠(《 》), 영화 제목은 꺾쇠(〈 〉), 이야기와 미술작품 등의 작품명은 작은따옴표(' ')로 표기했습니다.

KODOMO NO 'KOKORO NO YAMAI' WO SHIRU

Copyright © 2005 by Takashi OKADA

First published in Japan in 2005 by PHP Institute, Inc.

Korean translation rights arranged with PHP Institute, Inc.

through EntersKorea Co.,Ltd.

0세부터 사춘기까지, 세상의 모든 아이들을 위한 11가지 마음 분석서

애착은 어떻게 아이의 인생을 바꾸는가

오카다 다카시 지음
김지윤 옮김

카시오페아
Cassiopeia

모든 아이들에게는 마음의 항해도가 필요하다

최근 정신적인 문제로 고민하는 사람이 점점 늘고 있다. 육아가 고독한 작업이 되기 쉬운 오늘날, 아이의 성장에 관해서 남몰래 고민하는 부모도 수두룩하다. 젊은이들 역시 즐거운 이야기를 주고받을 친구는 있어도 고민을 털어놓거나 진지한 이야기를 나눌만한 친구는 드물다는 말을 자주 한다.

어린 자녀를 둔 부모는 아이가 조금만 독특한 행동을 해도 신경을 곤두세우고 걱정하게 마련이다. 이상한 행동을 하는 아이를 그대로 내버려둬도 될지, 아니면 빨리 전문가에게 상담을 해야 할지 판단이 서지 않아서 막연한 불안감 속에서 지내기도 한다.

아이를 어느 정도 키워놓고 '이제 어려운 시기는 넘겼다'며 안심하고 있을 때 아이가 이전과는 완전히 다른 문제를 보이기도 한다. 얌전한 아이일수록 나중에 문제를 일으키는 경우도 많다. 순조롭게 성장한 것처럼 보였던 아이가 생각지도 못한 행동을 하거나 우울한 감정을 드러낼 수도 있다. 또는 짜증이 많아지거나 지금까지 보이지 않았던 불안한 징후를 보일 수도 있다.

이는 비단 아이만의 문제가 아니다. 이제 막 독립해서 사회생활을 시작하려는 이들 중에도 남모를 고민을 마음속에 품고 있으면서 해결방법을 몰라 방황하는 사람들이 있다. 심하면 일상생활에 지장이 생기기도 한다.

우리에게는 마음속에서 무슨 일이 일어나고 있는지와 마음속 문제에 대처하는 방법을 알려주는 '마음의 항해도'가 필요하다. 하지만 정신의학 영역을 탐구하려면 난해하고 두꺼우며 고가인 전문서적을 구입해야 한다. 일반인도 읽을 수 있는 책이라고는 아주 좁은 영역에 초점을 맞춘 내용뿐이다. 인간 심리에 대해서 전반적으로 알려주면서 실용적이고, 학문적인 호기심에도 충분히 응답해줄 수 있는 개론서는 아직 부족한 실정이다.

전문가에게 상담을 받는 방법도 있지만 '정신건강의학과'라고 하면 왠지 거부감이 들기도 한다. 애초에 자신에게 나타난 증상이 치료를 받아야 할 증상인지 아닌지도 판단하기 어렵다. 전문가에게 상담한다고 해도 나름의 지식이 없으면 무엇이 문제인지도 깨닫기 어렵고, 모처럼 얻은 상담 기회를 유용하게 활용할 수가 없다. 따라서 부모나 주위의 어른, 혹은 자기 자신이 제대로 된 지식을 가지고 있어야 조기에 문제를 발견하고 적절한 조치를 취할 수 있으며 또 다른 마음의 병을 예방할 수 있다.

의학 지식은 널리 보급되었지만, 정신의학에 대한 지식은 여전히 일반인들에게 익숙하지 않다. 아동과 사춘기를 맞이하는 청소년, 그리고 청년 시기는 특히 마음이 복잡하고 민감한 때인데다가 그들의 문제를 다뤄본 경험이 부족한 정신과 의사도 있다 보니 사실상 진짜 전문의는 턱없이 부족한 것이 현실이다. 의료 기관에 따라서는 초진만 1년 이상 대기해야 하는 경우도 있고, 겨우 진료를 받게 되었다 하더라도 한 달에서 세 달에 한 번 진찰을 받는 것이 전부인 경우도 드물지 않다. 그 제한된 시간 안에 전문가가 할 수 있는 일이라고는 고작해야 가장 중요한 부분을 짚어주는 정도에 그치기 쉽다. 현실이 이렇기 때문에 결국 중요한 것은 평소에 자주 접하는 가족이나 주위 사람들, 혹은 본인 스스로가 자신의 문제에 대해서 올바른 지식을 가지고 마음을 이해하는 일이다.

부모의 애착이 아이의 인생을 바꾼다

아동기와 청소년기는 사람으로서의 토대를 다지는 매우 귀중한 시기이다. 아동기는 사회적인 규칙과 기초적인 지식을 배우는 일도 중요하지만, 그것 이상으로 가장 기본적인 것을 몸에 익히는 시기이다. 그것은 삶을 즐기는 힘, 소중한 존재를 믿고 사랑하는 힘, 자기 자신을 소중히 여기는 힘 등 살아가는데 기본이 되는 힘이다. 이런 힘을 기를 시기는 두 번 다시 오지 않는다. 오직 이 시기에만 기를 수 있다. 지식을 주입하는 일에 열심을 낸 나머지 삶의 기본 토대를 다지는 더 중요한 일을 소홀히 해서는 안 된다.

삶을 살아가는데 도움이 되는 힘을 길러주려면 충분한 애정을 가지고 아이를 보살펴야 한다. '이 아이는 야무지니까 괜찮다'는 생각은 금물이다. 어리광부리지 않고 잘 참는 아이일수록 주의해야 한다. 어린 시절에 참기만 하고 애정을 받지 못했던 영향이 사춘기 때 나타나는 경우가 상당히 많기 때문이다.

어린 시절에 허약해서 부모의 정성 어린 보살핌을 받으며 자란 아이는 어른이 되면 세상살이를 잘 할 수 있게 된다. 반대로 어린 시절에 보살핌을 받지 못하거나 사랑받은 경험이 부족한 아이는 자신을 낮게 평가하고 손해 보는 선택을 하기 쉽다. 어린 시절에 의존적이고 어리광만 부리던 울보는 애정을 듬뿍 받고 겁 없는 성격이 된다. 반면에 어린 시절에는 전혀 걱정하지 않을 만큼 듬직해서 그냥 내버려뒀던 아이는 자신감 없는 성격으로 자라서 청년이 되어서도 부모 곁을 떠나지 못하는 케이스를 자주 만난다. 그만큼 부모의 책임이 무겁다고 할 수 있다.

아이가 일으키는 문제의 특징은 아이 본인의 문제보다는 가정을 비롯해서 주위 환경의 문제를 반영하고 있다. 유전자는 나이가 들면서 차츰 발현된다. 나이가 들고서 부모 얼굴을 닮기 시작했다거나 성격이 닮기 시작했다는 이야기를 자주 듣게 되는데, 이는 결코 우연이 아니다. 유전자는 태어나면서 모두 발현되는 것이 아니라 나이가 들면서 서서히 스위치가 켜지는 것이다. 그 결과 유전적 소질은 나이와 함께 영향력이 커진다.

젊은이의 비행은 환경적인 요인이 크지만, 어른의 범죄는 유전적인 요인이 더 강하게 반영된다는 사실이 입증되기도 했다. 하지만 어른과는 달리 어린 아이는 환경적인 영향을 많이 받는 경향이 있다. 그중에서도 가장 중요한 것은 가정의 문제이다.

어린 아이가 정신적으로 이상 증상을 드러낼 때는 가족의 문제가 반영되어 있는 경우가 많다. 물론 발달 문제나 유전적 · 기질적 요인에 의한 부분도 있지만, 비록 그것이 원인이 되었다고 할지라도 아이는 민감하기 때문에 가정 문제에 영향을 받아서 증상이 악화되는 경우가 많다.

아이의 문제는 종종 부모나 가정에 어떤 문제가 있는지를 가르쳐준다. 때로는 아이가 문제를 일으켜서 어른들 문제에 대한 해결의 실마리를 제공하는 경우도 있다. 아이가 병에 걸리거나 안 좋은 방향으로 가서 그것을 극복하는 과정에서 가정 분위기가 원만해지는 사례도 드물지 않다. 가족이 화목하길 바라는 아이의 무의식적인 소망이 작용했다고밖에 생각되지 않는 경우다. 목소리로 표현되지 않는 아이의 소망에 귀를 기울인다면 모든 일이 완전히 다르게 전개될 것이다.

자신을 재발견하기 위해서

당신은 앞으로 부모가 될 젊은이이거나 아직 누군가를 사랑해본 적 없는 청년일지도 모른다. 당신은 부모로서 자녀를 생각하면서 이 책을 손에 들었을 수도 있고, 인생의 고민을 해결하거나 앞으로 일어날 문제에 대비하기 위해서 들추고 있을지도 모른다. 이 책은 단순히 어떤 문제에 대한 해답만을 열거해놓은 해설서가 아니다. 어떤 고민이나 문제 자체를 생각함과 동시에 자기 자신에 대해서 생각하고, 자기 안에서 새로운 모습을 발견하도록 돕기 위한 책이다.

어린아이에서 어른으로 성장해가는 여정을 따라가면서 성장 과정에서 일어나기 쉬운 다양한 문제를 살펴보고, 각 시기에 마주하게 되는 문제를 어떻게 극복하면 좋을지 함께 고민해봤으면 한다. 그것은 단순히 지식이나 정보를 손에 넣어서 문제만 해결하려고 애쓰는 것이 아니다. 문제에 맞서면서 보다 깊고 넓은 물음 즉, '생명을 지닌 존재가 숨을 쉬고 자라서 어른이 되어가는 일에 어떤 의미가 있는가'를 생각해보고, 인생과 자신의 삶의 방식에 대해 돌아보았으면 한다. 책 내용 중 다양하고 구체적인 사례로 기술한 어떤 이의 인생의 광경이 자신의 삶과 겹쳐 보일 때도 있으리라 생각한다. 내용을 이해하는 것만이 중요한 것이 아니다. 이 책의 무언가가 당신 마음을 울렸을 때, 자기 마음을 들여다보고 스스로 생각하는 일이야말로 진정으로 중요한 일이다. 왜냐하면 그것이 곧 치유의 과정이기 때문이다.

이 책의 구성

누구나 이 책을 통해서 정신의학분야의 지식을 무리 없이 소화할 수 있도록 돕기 위해 다양한 궁리를 했다. 아이에서 어른으로 성장하는 과정을 따라가면서 각 시기별로 어떤 마음의 문제가 생길 수 있는지 이해하기 쉽게 구성했으며, 책을 읽으면서 아동기와 청년기라는 성장 과정을 다시 한 번 간접 체험할 수 있도록 했다. 또한 주변에서 흔히 발견되는 아동·청소년의 문제와 정신병적인 증상을 성장 과정에 따라 필요한 지식과 정보와 함께 빠짐없이 담았다. 종이 위의 지식에 그치는 것이 아니라, 실제로 우리 주변에서 일어나는 문제에 대처하며 얻은 경험적인 지식의 핵심을 담아내고자 최선을 다했다.

구체적으로 나타나는 마음의 병의 증상, 유명인의 사례, 관련된 일화를 통해 친근감을 느낄 수 있도록 했다. 입문서이기는 하지만 최근 연구 성과와 실제로 도움이 되는 정보를 빠짐없이 수록하다보니 꽤 두꺼운 책이 되었는데, 이 한 권에 몇 만 원씩 하는 두꺼운 전문서적 몇 권분의 엑기스가 농축되어 있다고 자신할 수 있다. 참고로 책 속의 사례는 직접 체험한 것을 비롯해서 다른 임상연구가에게 제공받거나 보고받은 사례를 바탕으로 새롭게 구성했으며, 특정 사례와는 관계가 없다.

전문적으로 배우거나 알고자 하는 사람은 증상이 유사한 질환, 대응 방법과 치료 포인트 항목까지 읽어보기를 추천한다. 반대로 전체적인 아웃라인을 빨리 파악하고자하는 사람은 이 항목들은 건너뛰고 본문만 읽어도 상관없다. 증상이 유사한 질환에는 헷갈리기 쉬운 질환과 각 질환을 구별하는 포인트에 대해서 다뤘다. 대응 방법과 치료 포인트에서는 치료와 케어의 기본 방침과 구체적인 치료 방법을 정리했다. 치료 방법에 대해서는 사적인 견해에 치우치지 않도록 가능한 광범위한 문헌과 전문 서적, 치료 가이드라인을 참고로 가장 표준적이면서도 최신 정보에 바탕을 둔 내용을 실었다.

이 책 한 권만 읽으면 아동기와 청년기에 겪을 수 있는 문제에 대한 임상정신의학의 진수를 맛볼 수 있을 것이다. 책 뒷부분에는 색인을 수록했기 때문에 사전으로도 이용할 수 있다. 마음에 고민을 안고 있는 사람들이 각자의 문제를 극복하는데 이 책이 도움을 줄 수 있다면 더없이 행복할 것 같다.

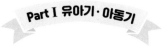

Part I

유아기
·
아동기

모든 생명은 두 역사의 만남으로 시작된다. 엄마가 될 여성은 태어날 때 이미 몸 안에 평생 동안 배란될 난자를 품고 있다. 성장해서 어른이 된 난자는 사랑하는 사람과 만날 날을 조용히 기다린다. 긴 시간이 흘러서 아빠가 될 남성과 맺어졌을 때, 그녀의 몸에 뿌려진 수억 개의 정자는 난자를 향해 일제히 거슬러 올라가기 시작한다. 1분마다 2~3mm의 느린 속도로 긴 여행을 한 끝에 정자와 난자는 나팔관이라고 불리는 넓은 방에서 만난다. 거기까지 다다른 정자의 수는 300~500개인데, 그 중 단 하나의 정자만이 난자와 수정할 수 있다. 수정은 둘에서 하나가 되는 작은 기적의 드라마이다.

태양 대기의 가장 바깥에 코로나가 있는 것처럼, 정자를 기다리는 난자는 표면을 둘러싼 방사관이라는 막의 보호를 받으며 천천히 회전한다. 과감하게 난자에 붙은 정자는 머리끝에서 효소를 내뿜어 방사관을 녹인다. 하나의 정자가 힘을 다하면 또 다른 정자가 뒤를 잇는다. 방사관 안쪽에서는 투명대라고 불리는 막이 난자를 둘러싸고 있다. 운 좋은 정자가 이를 관통하고 난자 안으로 들어가면, 곧바로 막이 굳게 닫히고 다른 정자는 더 이상 안으로 들어갈 수 없게 된다. 닫힌 막 안쪽에서 만난 정자와 난자는 하나의 생명으로 융합된다. 새로운 생명이 탄생하는 것이다.

생물학적으로 보면 단순히 하나의 생명이란 엄마와 아빠의 유전자가 절반씩 주어지는 일에 불과한지도 모른다. 하지만 사람의 생명이라는 측면에서 보자면 이는 결코 단순한 사건이 아니다. 유전적인 정보뿐 아니라 두 생명의 역사가 그 순간 하나로 연결되는 것이기 때문이다.

본인이 원하든 원치 않든, 새롭게 탄생한 생명은 두 역사를 짊어지게 된다. 그와 동시에 자신의 역사를 새롭게 만들어 가게 된다. 하루하루 생명의 시간을 새겨가는 것이다. 다만 이 생명체는 정자와 난자의 만남과 함께 자신의 역사가 시작되었다는 사실을 알지 못한 채, 엄마 뱃속에서 눈을 뜰 날을 기다리며 고요히 잠들어 있다. 10개월 후에 우렁찬 울음소리와 함께 세상에 태어날 날을 기다리면서 말이다.

당신 또한 부모님의 만남으로 생명을 받았다. 대부분은 축복과 함께 부모님의 애정을 듬뿍 받으며 이 세상에 태어났을 것이다. 만에 하나 뜻밖에 생긴 골칫거리 취급을 받으며 이 세상에 태어났다고 하더라도 그 또한 하나의 작은 기적으로 탄생한 것이다. 이는 두 번 다시 일어나지 않을 유일무이한 사건이다.

어떻게 태어났든 간에 당신은 지금까지 다양한 경험을 하면서 인생을 살아왔을 것이다. 기쁨과 슬픔, 분노와 불안, 수많은 일들을 극복하면서 오늘까지 버텨왔음에 틀림없다. 그 과정에서 당신이 짊어지게 된 두 역사가 좋은 쪽으로든 나쁜 쪽으로든 당신 인생에 영향을 끼쳐왔다. '부모에게 사랑받고 그만큼 부모를 사랑하는 사람'이나 '부모에게 사랑받고 싶지만 솔직하게 말하지 못하고 살아온 사람', '부모를 외면하고 필사적으로 강한 척하며 살아온 사람'도 자신의 인생뿐 아니라 많은 사람의 인생에 휘말리고 휘둘리면서 긴 여행길을 걸어왔을 것이다.

　그러는 동안 당신은 자신도 모르는 사이에 살아갈 방도를 나름대로 모색해왔을 것이다. 그것이 현재의 삶의 방식, 육아와 부부관계, 연애와 인간관계, 일하는 방식에도 반영되어 있다. 당신의 삶의 방식은 자신을 지키기 위한 것이었을 테지만, 때로는 인생에 해를 끼쳤을지도 모른다. 그렇기 때문에 다양한 문제 상황을 극복하기에 앞서서 자기 자신의 마음과 삶의 방식부터 살피는 것이 중요하다.

　이제 세상에 태어난 생명이 자라는 과정을 따라가면서 각 시기마다 일어나기 쉬운 다양한 문제와 장애물이 무엇인지 들여다보려고 한다. 그것은 당신의 자녀나 주변 사람들이 더듬어가고 있는 길임과 동시에 당신 자신이 걸어온 길이기도 하다.

제1장

애착은 어떻게 아이의 인생을 바꾸는가

발달은 적절한 애착으로 이루어진다

1920년, 인도의 서벵골주 미드나포르 마을에 기묘한 소문이 돌았다. 해질녘이 되면 원숭이와 함께 네 발로 뛰어다니는 무시무시한 형상의 괴물이 나타난다는 것이다. 소문을 듣고 그 진위를 밝히기 위해 정글을 찾은 자알 신그 목사는 원숭이와 함께 흰개미 무덤 굴에서 나온 수수께끼의 생명체를 발견했다. 그것은 틀림없는 인간의 아이, 그것도 여자아이였다. 이후 소녀를 보호하기 위해 어미 원숭이를 제압하고 굴에 들어가 보니 두 마리의 아기 원숭이와 두 명의 소녀가 서로 뒤엉켜 누워 있었다. 아기 원숭이에게서 떼어내려고 하자 소녀는 신그 목사 일행에게 마치 원숭이처럼 이를 드러내고 으르렁 소리를 내며 저항했다.

이렇게 구조한 두 소녀에게 각각 '카말라'와 '아말라'라는 이름을 붙인 목사 부부는 자신들이 운영하는 고아원에서 소녀들을 보살폈다. 한 살 반으로 추정되었던 아말라는 다음해 병으로 죽었지만 카말라는 그 후 9년 동안 생존했다. 세상 밖에는 '인도의 원숭이 소녀'로 알려지며 경탄할만한 기록을 남겼다. 소녀의 사례는 아이의 양육과 발달에 관한 귀중한 자료가 되었다.

발견 당시 카말라는 네발로 기었고, 날고기를 보면 맹렬한 기세로 달려들어 뜯어 먹었다. 청각과 후각이 비정상적으로 예민했으며 밝은 곳 대신 어두운 곳을 좋아했다. 말은 할 수 없었음은 물론이고 격렬한 분노와 배고픔을 제외하고는 감정다운 감정 표현이 없었으며, 어떤 일에도 지적인 흥미를 보이지 않았다. 소녀는 마치 야생동물 같았다. 하지만 목사부부의 지극한 보살핌을 받은 카말라는 차차 정서가 안정되었고 목사부부를 잘 따랐다. 3년 뒤에는 두 발로 서고 4년 뒤에는 예전과는 달리 암흑을 두려워하게 되었다. 7년 뒤에는 더 이상 날고기를 먹지 않게 되었고, 신그 부인을 '마'(엄마라는 의미)라고 불렀으며 더듬더듬 말까지 할 수 있게 되었다. 하지만 그 정도의 능력은 같은 연령의 아이들과 견줄만한 것이 못 되었다. 만회가 불가능한 발달 문제가 남은 것이다. 카말라가 절대로 하지 못했던 일 중 하나는 웃는 것이었다고 한다.

원숭이 소녀의 비극이 보여주듯이 사람은 필요한 시기에 적절한 양육과 교육을 받지 못하면 본래 이뤄야 할 발달을 이루지 못한다. 이를 나중에 만회하려면 엄청난 노력이 요구된다.

미국의 심리학자 해리 할로 Harry F. Harlow 는 아기원숭이를 이용해서 모성이 아이의 성장에 미치는 영향에 대해 연구했다.

태어난 지 얼마 안 된 마카크원숭이는 엄마 원숭이에게서 떼어 놓으면 성장하지 못하고 대부분 죽고 만다. 하지만 철사에 천을 둘러놓고 젖병을 달아놓은 엄마 원숭이 인형을 놔두면 새끼원숭이는 인형의 품에서 우유를 먹으며 생존할 수 있다. 할로는 새끼원숭이가 '젖병은 달리지 않았지만 부드러운 천으로 싸놓은 소프트마더'와 '젖병이 달렸지만 철사로만 되어있는 하드마더' 중 어느 쪽과 긴 시간을 보내는지 알아보는 실험을 했다. 그 결과 예상과는 달리 새끼원숭이는 소프트마더와 긴 시간을 보냈다. 새끼원숭이는 우유를 먹는 것 외에 안기고 기댈 수 있는 대상을 필요로 했던 것이다.

인형 엄마 덕에 생명을 부지했지만 성장한 새끼원숭이는 사회적인 행동을 제대로 하지 못했다. 출산을 하고 나서도 육아에 무관심하거나 자신이 낳은 아기를 학대하기도 했다. 붉은털원숭이를 이용한 연구에서도 태어난 지 얼마 안 됐을 때 엄마에게서 떨어진 아기원숭이는 불안 행동이 심하다는 사실이 드러났다. 새로운 체험을 해야 하는 상황을 꺼렸고 다른 동료를 보면 겁을 냈으며, 과도하게 공격적이었다. 고립되면 자해행동을 하거나 같은 행동을 반복하기도 했다.

할로가 실시한 아기원숭이 관찰 실험은 인간의 양육에도 똑같이 적용할 수 있다. 엄마의 애정 어린 돌봄과 양육은 아이에게 기본적인 안정감을 가지게 하고, 사회성을 기르는 토대를 다지는데 결정적인 역할을 한다.

뇌와 성장에 치명적인 애정 박탈

영국의 아동심리전문의인 도널드 위니캇Donald W. Winnicott은 임상 실험을 하면서 깨달은 것이 있었다. 비행을 저지르거나 정신적·성격적인 문제가 있는 사람은 과거에 심각한 '애정 박탈 체험애착 대상이자 애정을 가지고 돌봐주는 존재를 빼앗기는 체험'을 한 경우가 많다는 사실을 알아낸 것이다. 그는 아이가 건전한 자아 기반을 형성하려면 엄마가 아이에게 몸과 마음을 다해서 애정을 쏟아야 한다고 설명했다. 특히 안아주는 일이 아이의 성장에 매우 중요하다고 말하며, '안아주기는 함께 사는 일의 원점이자 타자와 관계를 구축하는 출발점이 된다'고 강조했다. 수많은 환자들을 치료하면서 중증의 성격 장애가 있는 사람은 어린 시절에 자신을 든든하게 지켜주고 지지해주는 '안아주기'의 환경이 손상되어 있었다는 사실을 확인한 것이다.

어느 정도 성장한 뒤라고 할지라도 애정 박탈이나 버림받는 체험은 아이의 마음에 결코 가볍지 않은 상처를 남긴다. 엄마를 가장 필요로 하는 시기에 모성적인 애정을 잃으면, 아이는 전 생애에 걸쳐서 심각한 후유증을 앓는다.

애정 박탈을 경험하면 비교적 단기간이라고 할지라도 면역계와 내분비계, 뇌와 신체의 성장에까지 지장이 생긴다. 성장호르몬의 분비가 저하되어서 성장이 멈추거나 면역력 저하로 쉽게 병에 걸리기도 하고, 심하면 뇌의 발달에까지 문제가 생기는 경우도 있다. 실제로 심각한 애정 박탈을 경험한 아이들은 왜소하고 몸이 약한 경우가 많다. 지적 발달이 늦어지는 경우도 흔히 찾아볼 수 있다. 만 4~5세가 되어도 기저귀를 떼지 못하고 기어 다니기도 한다. 어린아이에게 엄마는 그야말로 성장하는 힘의 원천인 것이다.

엄마가 사망하거나 엄마와 이별하지 않더라도 애정 박탈이나 버림받는 체험은 일어날 수 있다. 보통은 엄마가 자신의 문제 때문에 힘에 부쳐서 아이에게 관심을 주지 못하는 경우다. 혹은 다른 자녀에게 지병이나 장애가 있어서 엄마의 애정과 관심이 그쪽에 쏠릴 때도 같은 결과가 나타난다. 아이가 말을 잘 알아듣고 이해하고 있는 것처럼 보여서 '이 아이는 걱정 없다'며 관심을 보이지 않은 사이에 아이의 외로움을 미처 헤아리지 못하는 것이다. 뒷장에서 살펴보겠지만 어린 시절 가장 똑 부러지게 행동하던 아이가 부모에게 마음껏 어리광부릴 시기를 놓쳐서 나중에 문제를 일으키는 케이스가 의외로 많다.

아기는 뭐든지 입으로 가져간다. 가장 원시적인 반사 중 하나인 '빨기 반사' 때문이다. 빨아들이는 행위는 인간의 마음속 가장 깊은 곳에 새겨진 본능이라고 할 수 있다. 물론 그것은 젖을 빨기 위해 필요한 것이기도 하지만, 사실 아기는 태내에 있을 때부터 손가락을 빤다. 그런데 이는 신생아 시기에는 그다지 나타나지 않는 현상이다. 한 번 손가락을 빨기 시작하면 빈도가 점점 높아지다가 생후 6개월 무렵에 가장 왕성해진다. 이런 행동은 배가 충분히 차지 않았거나 불안이나 외로움을 느낄 때, 심심할 때, 혹은 자기 전에 자주 나타난다. 손가락을 빨아서 자기 스스로를 달랜다는 점에서만 보더라도 손가락 빨기는 중요한 발달 단계 중 하나라고 할 수 있다.

3~4세가 되어도 손가락 빨기가 계속된다면 애정과 관심의 부족, 스트레스의 징후인 경우가 많다. 프로이트Sigmund Freud는 수유기에 만족할 만큼의 애정을 받지 못한 결과, 그 시기에 고착이 일어나 특유의 성격이 형성된다고 봤다. 그리고 여기에 '구순기 성격'이라는 이름을 붙였다. 구순기 성격인 사람은 변덕스럽고 극단적이며 자신을 드러내고자 하는 경향이 있다. 이는 오늘날 '경계성 인격 장애'로 불리는 것에 가깝다. 그러니 아이가 손가락을 빤다고 혼을 내거나 금지시킬 것이 아니라 스킨십을 충분히 해주고 말을 자주 걸어주자. 보호받고 있다는 느낌을 받게 해주고 따스한 애정을 충분히 주어야 한다.

스누피라는 만화에 라이너스라는 아이가 등장한다. 어디를 가든지 담요를 끌고 다니는 상당히 어눌한 표정의 남자아이다. 라이너스처럼 아이가 손을 빨면서 엄마의 잠옷이나 담요를 함께 부여잡는 일을 흔히 볼 수 있다. 이런 현상은 때로는 사춘기, 더 나아가서는 고등학생 때까지 계속되기도 한다. 이런 용도로 사용되는 잠옷이나 담요를 도날드 위니캇은 '이행대상(移行對象)'이라고 불렀다. 그는 잠옷이나 담요를 만지작거리는 것을 엄마에서 완전한 타자로 관심이 이동해가는 과도기적인 단계에서 나타나는 행동으로 보았다. 손가락 빨기의 손가락은 가장 원시적인 이행대상이라고 할 수 있다. 아이가 조금 더 자라면 인형이나 좋아하는 장난감도 이행대상이 된다. 아이는 이행대상을 찾는 단계를 거쳐서 외부 세계로 관심과 행동반경을 넓혀간다.

단, 어렸을 때의 이행대상을 계속해서 끌고 다닌다면 아이가 부모와 분리되는 시기에 받은 애정이 부족했을 가능성이 많다. 이렇게 자란 아이는 어리광을 부리지 않고 착실하며 그다지 손이 가지 않는다. 하지만 그걸로 안심한다면 큰 착각이다. 아이의 마음속에 자리한 외로움을 알아주고 가능한 빠른 단계에서 충분한 관심과 애정을 기울여 주어야 그 후의 트러블을 막을 수 있다.

아기를 키우면서 겪게 되는 세 가지 힘든 일을 꼽자면 '밤 수유'와 '기저귀 갈기', 그리고 주로 이유식을 먹기 시작할 무렵부터 나타나는 '밤중 울음'일 것이다. 수유와 기저귀는 아이의 욕구를 해결해주면 조용해지기 때문에 조금 낫지만, 밤중에 울기 시작하면 애초에 원인이 무엇인지 알 수 없고 온갖 방법을 동원해도 쉽사리 그치지 않는 경우가 많다. 이웃이 깨기 전에 어떻게든 조용히 시키려고 어르고 달래보아도 도통 통하지 않아서 곤란할 때가 많다.

한밤중에 시작되는 울음은 반쯤 잠들어있는 상태에서 일어난다. 아기는 자신의 울음소리에 놀라 잠에서 깨고는 졸린데 다시 잘 수 없어서 잠투정을 하느라 우는 경우도 있다. 본격적으로 울기 전에 다시 깊은 잠에 빠지면 조용해진다. 밤중 울음을 그치게 하는 방법에 대해서는 여러 가지 설이 있다. '아기의 손을 가슴 앞에 모으고 살짝 누르듯이 잡아준다', '등을 천천히 쓰다듬는다', '가슴을 맞대고 안는다', '따뜻한 물이나 분유를 조금 먹인다'는 식의 방법들이다.

하지만 어떤 방법도 통하지 않을 때가 많다. 특히 첫째 아이가 더 심한 경향이 있는데 낮 시간 동안 지나치게 신경을 써서 많은 자극을 주는 것도 원인으로 작용한다. 즉, 낮 동안 자극을 많이 주면 아이의 뇌에 과부하가 걸리기 때문에 흥분 상태인 뇌가 쉽게 잠이 들지 않는 것이다. 그렇기에 낮 시간에 지나친 자극을 주지 않도록 해야 한다.

아이가 밤에 우는 것은 시간이 지나면 자연스럽게 해결되기 때문에 자연 현상으로 받아들이고, 밤에 자주 운다고 고민하기보다는 느긋한 마음으로 받아주는 것이 중요하다.

우는 아이를 안아주는 게 좋을까?

밤중 울음과 함께 아이에게 생기기 쉬운 것이 안기는 버릇이다. 앞에서도 말했듯이 안아주는 행위는 애착의 기초가 되기 때문에 아이를 안아주는 일은 매우 중요하다. 발달에 문제가 있지 않은 이상, 생후 6개월을 지날 무렵부터 아이는 스스로 안아달라며 손을 뻗는다. 아이가 안아달라고 하면 부모는 그냥 놔둘 수가 없어서 금방 안아주게 된다. 첫째는 특히 더하다. 아기는 부모에게 안김으로써 안정감을 얻을 수 있다. 그뿐만 아니라 아직 스스로 설 수 없는 아기가 부모에게 안기면 넓은 시야를 확보하고 항상 보는 것과는 다른 풍경을 볼 수 있게 된다.

일단 안아주는 버릇이 들면, 아이는 안아줄 때까지 울거나 떼를 쓰는 방법을 터득하기 때문에 어쩔 수 없이 더 자주 안아주게 된다. 이렇게 해달라는 대로 해줘도 되나 싶지만 울고 있는 아이를 차마 무시할 수 없어서 안아주는 경우가 많다. 안아주는 버릇 자체가 반드시 나쁘다고는 할 수 없다. 하지만 부모가 아이의 욕구를 모두 만족시켜준다는 점에서는 그다지 바람직하지 않은 면이 있다. 안기는 게 버릇된 아이는 그렇지 않은 아이에 비해 의존적이고 제멋대로인 성격이 되는 경향이 있다는 말도 있다. 무엇이든지 적당한 것이 중요해서 알맞게 만족시켜 주면서 때로는 참게 해야 균형 있게 성장할 수 있다.

기적 같은 유아기 뇌신경계

신경계의 발달은 몸의 발육과는 조금 다른 과정을 거친다. 아이는 엄마 뱃속에 있을 때부터 급속하게 몸이 발달해서 만 4세 정도까지 구조적으로는 대부분 완성된다. 단, 그것은 배선이 이어지지 않은 IC칩에 불과하며 그 후의 학습에 따라서 네트워크가 완성되고 차츰 안정화된다고 할 수 있다. 그렇게 되기까지는 15년에서 18년 정도의 시간이 걸린다.

생후 수개월까지 뇌에서는 시냅스신경과 신경의 접합부가 과잉생산되는데, 그중 사용되는 것만이 살아남고 사용되지 않는 것은 점차 소실된다. 일명 '가지치기'라고 불리는 현상이다. 청년기가 끝나서 뇌가 완성되기까지 어떤 시냅스가 살아남을지는 아이의 성장 과정에서의 경험과 학습에 달려있다. 즉, 경험과 학습이 뇌를 만들어가는 것이다.

아이에게는 커다란 가소성변화하는 힘이 있지만, 아직 배선이 완성되지 않았기 때문에 어떻게든 회로를 다시 이을 수 있다. 특히 4~5세 무렵까지의 뇌는 가소성과 흡수력이 상당히 높아서 그 시기에 익히는 것이 전 생애를 지배한다고 말해도 과언이 아니다. 이처럼 엄청나게 흡수력이 높은 시기를 '임계기   '라고 부른다. 언어에 관해서 말하자면, 한 언어를 모국어처럼 익히기 위해서는 임계기에 접해야 한다고 알려져 있다. 단, 임계기를 지나도 네트워크가 완성되는 18세까지는 뇌가 유연하고 학습능력이 왕성하다.

아이의 왕성한 흡수력의 근원은 높은 모방 능력에 있다. 어린아이는 뭐든지 금방 따라한다. 아이의 뇌에는 선과 악의 구별이 없다. 주어지는 것을 그대로 흡수한다. 게다가 그것은 단순한 행동의 모방에 그치지 않는다. 뇌의 네트워크 자체에 편입되는 것이다. 이러한 뇌의 특성을 생각하면 아이에게 환경이 얼마나 중요한지를 더욱 뼈저리게 느끼게 된다.

행복과 지능 지수가 관계없는 이유

아이의 발달 과정을 지켜보는 재미에 푹 빠진 부모가 점점 신경 쓰기 시작하는 것은 '지능 발달'이다. 부모의 마음을 들뜨게 하는 '우리 아이를 천재로 키우는 방법', '어떤 아이든 천재가 될 수 있다'는 식의 문구를 내건 책이 서점 곳곳에 넘쳐난다. 부모들은 말도 안 된다고 생각하면서도 무의식중에 그런 책으로 손을 뻗는다. 그리고 아이가 원치 않을 거라는 생각은 못한 채 '천재'로 만들기 위해서 진지한 노력을 시작하기도 한다.

처음에는 내 아이가 천재로 자랄 거라는 기대로 가슴이 설레지만, 10년 쯤 지나면 완전히 빛이 바래서 '그 아비에 그 자식'이라고 투덜대며 포기하는 경우도 왕왕 있다. 한 가지 확실한 것은 높은 지능과 살아가는데 도움이 되는 현명함이 반드시 일치하는 것은 아니라는 사실이다. 무엇보다 높은 지능과 인간적인 행복은 전혀 관계가 없다. 그렇다면 도대체 지능이란 무엇일까?

WAIS와 WISC 등의 지능 검사를 만들어낸 미국의 심리학자 데이비드 웩슬러David Weschler는 지능을 '목적에 맞게 행동하고 합리적으로 사고하며, 효율적으로 환경을 처리하는 개인의 종합적이고 전체적인 능력'이라고 정의한다. '비네 시몽 검사법'으로 알려진 알프레드 비네Alfred Binet도 거의 비슷하게 정의하고 있다. 웩슬러의 지능관의 특징은 순수하게 지적인 능력뿐 아니라 실제 과제를 수행하는 능력 전체를 지능으로 간주했다는 점이다.

웩슬러에 따르면 그의 지능 검사에 의해서 측정되는 결과 중 지능 요소는 기껏해야 60% 밖에 반영되지 않는다. 나머지는 성격이나 의욕 등의 비非지능요소에 따라 달라진다. 실제로 어떤 사람이 끈기나 집중력이 부족한 성격이거나 우울한 상태에 있으면 지능이 낮게 측정된다. 웩슬러의 정의에서 명백하게 드러나는 것은, 지능이라는 개념 자체가 '목적에 맞는 행동 · 합리성 · 능률'이라는 근대의 합리주의와 경제 원리가 결부됐다는 사실이다.

불가사의한 지능과 천재의 그림자

웩슬러는 지능을 동작성과 언어성으로 나눴다. '언어성 지능'은 단어나 숫자를 이용한 추상적인 조작과 이해 능력을 말한다. '동작성 지능'은 구체적인 것(검사에서는 도표, 그림, 블록이 사용된다)을 관찰·조작·이해하는 능력이다.

심리학자인 피아제Jean Piaget는 아동의 발달을 '구체적인 조작 단계'와 '형식적인 조작 단계'로 구분하고, 전자는 7세에서 11~12세, 후자는 그 이후에 발달한다고 말했다. 이에 대응하는 구분으로는 교육 심리학자인 손다이크Edward Lee Thorndike의 '구체적 지능'과 '추상적 지능'이라는 구분과 비오의 '실용적 지능'과 '개념·논리적 지능'이라는 분류가 있다.

피아제의 발달 단계에서도 볼 수 있듯이 지적 장애가 있으면 추상적인 지능의 발달이 현저하게 늦어진다. 그래서 언어성 IQ가 동작성 IQ 보다 낮은 경우가 많다. 또한 행위 장애에 속하는 파괴적 행동 장애나 자폐성 장애에서도 같은 경향을 찾을 수 있다. 그런데 뒤에서 설명하겠지만 '아스퍼거 증후군'은 이와는 반대로 언어성 IQ가 동작성 IQ 보다 높은 역설적인 현상을 보인다. 즉, 아스퍼거 증후군을 앓는 사람은 구체적인 조작보다 추상적인 조작에 뛰어난 경우가 많다는 말이다. 여기에는 피아제의 발단 단계의 순서가 그대로 적용되지 않는다.

'이디오사방 idiot savant(특수 재능을 지닌 학습 장애자)'이라는 한쪽에 치우친 능력을 지닌 사람이 있다는 사실은 오래전부터 알려져 있었다. 예를 들면, 변변한 교육도 받지 못하고 다른 부분에서는 특별히 우수하지 않지만 계산 능력만큼은 경이로울 정도로 뛰어난 경우다. 자릿수가 높은 암산을 한다거나 몇 년도 몇 월 며칠이라는 날짜만 말하면 그날이 무슨 요일인지를 순식간에 알아내는 것 등이 이에 해당된다.

이처럼 지능에는 다양한 요소가 포함되어 있어서 일반적으로 '천재'라고 불리는 사람은 능력이 한쪽으로 치우쳐서 발달되어 있다. 그런데 일부분이 뛰어나다는 것은 다른 부분이 유아적인 단계에 머물러 있을 가능성도 있다는 뜻이다. 과연 이 말을 듣고도 많은 사람들이 자신의 자녀가 '천재'가 되기를 바랄지 의문이다.

아이마다 정신적 발달 속도가 다르다

심리학자인 C.M.콕스Catharine Morris Cox Miles는 기록으로 남겨진 다양한 에피소드와 자료를 통해서 역사적 인물들의 지능 지수를 측정했다. 그가 측정한 것에 따르면 지능 지수가 가장 높았던 사람은 괴테Johann Wolfgang von Goethe로 200이었고, 뉴턴Isaac Newton이 190, 갈릴레오 갈릴레이가 185, 레오나르도 다빈치와 데카르트가 180, 칸트가 175, 모차르트가 165로 그 뒤를 잇는다. 정치가와 군인은 이들보다는 다소 낮지만 그래도 벤자민 프랭클린이 160, 링컨Abraham Lincoln이 155, 나폴레옹이 145, 조지 워싱턴이 140으로 상당히 훌륭한 수치이다. 참고로 지능 지수가 140 이상인 사람은 전체 인구의 1% 밖에 안되기 때문에 역사적 인물들의 높은 지능 지수를 보면, 역시 내 자녀도 지능이 높아야 할 것 같은 생각이 든다.

그런데 '내 아이가 지능이 높으면 그걸로 된 것인가'를 놓고 생각해보면, 그렇게 간단한 문제가 아니다. 예를 들어 비행청소년 중에는 두

드러지게 높은 지능을 가진 아이가 있다. 하지만 그들의 학교 성적은 제각각이고 처세적인 면에서도 그다지 현명하다고는 할 수 없다. 이런 케이스를 보면, 지능과 인간으로서의 현명함이 반드시 일치하지는 않는다고 말해야 할 것 같다. 아니, 아예 다른 것이라고 해야 할 정도이다.

지능이 높은데도 불구하고 어린아이 수준의 처세 능력밖에 없는 사람도 있고, 순간의 감정이나 욕망에 좌우되어서 모든 것을 헛되게 만드는 사람도 있다. 일시적인 감정을 조절하는 능력이 약하면 순간적으로 격해진 감정 때문에 평생 후회할 선택을 하게 되는 경우도 있다. 이런 감정을 조절하는 부위는 '대뇌변연계'라고 불리며 감정을 이성적으로 컨트롤하는 것은 전두엽, 그 중에서도 전두엽의 앞부분에 위치한 '전두전야前頭前野'라고 불리는 영역이다.

지능 지수는 과제를 받고 합목적적인 조작을 얼마나 효율적으로 할 수 있는가를 측정한 것이다. 사실 그런 합목적적인 조작을 행하는 능력 또한 전두전야의 기능에 의한 부분이 큰데, 주로 전두전야의 양옆에 위치하는 배외계 전두전야가 관여한다. 한편, 운동을 컨트롤하고 위험을 회피하는데 관여하는 것은 중앙의 내측 전두전야와 안구 위쪽에 위치하는 안와전두전야라고 불리는 부분이다. 그런 의미에서 현재의 지능 지수는 전두전야의 일부 기능만을 반영하고 있다고 할 수 있다.

앞에서 소개한 손다이크는 지금으로부터 80년 이상 전에 '추상적

지능', '구체적 지능'과 함께 '사회적 지능'을 이야기했다. 몇 년 전에 유행했던 'EQ 감정 지수'라는 말도 그런 흐름을 이어받은 것이다. 하지만 EQ는 IQ처럼 측정해서 수치화할 수가 없다.

지능 지수로 측정할 수 없는 것

《보바리 부인》 등의 걸작으로 유명한 귀스타브 플로베르Gustave Flaubert는 열 살이 다 될 때까지 말을 거의 하지 않았고, 가족들에게 '집안의 골칫거리'로 불렸다. 그런데 열두 살이 되었을 때는 어른에 버금가는 희곡을 쓸 만큼 언어능력이 급격하게 향상되었다. 철학자 장 폴 사르트르Jean-Paul Charles Aymard Sartre는 이 점에 흥미를 가지고 자세한 자료에 근거해서 플로베르의 정신적 발달에 대해서 분석했다. 상대성 이론으로 유명한 아인슈타인Albert Einstein도 다섯 살이 될 무렵까지 말을 거의 하지 못했다고 전해진다. 이런 예는 '회화적 언어'와 '사고적 언어' 능력이 반드시 일치하지는 않는다는 사실을 보여준다. 앞에서 말한 구체적 지능과 추상적 지능에 입각해서 이야기해 보자면 플로베르와 아인슈타인은 아스퍼거 증후군에서 찾아볼 수 있는 것처럼 양쪽의 발달 순서가 역전되어 있었다고 할 수 있다.

이런 케이스는 아이의 발달이 똑같은 속도로 진행된다기보다는 균일하지 않고, 완만한 발달 시기와 장족의 발전을 이루는 시기가 있다는 사실을 가르쳐준다. 특히 특이한 능력을 가진 아이의 경우에는 균일하지 못한 발달이 두드러지게 나타난다. 인간의 능력은 균일하지 않은 불가사의한 복합체이다. 그런데 지능 지수라는 것은 똑같은 지능 발달을 전제로 한 이론이다. 따라서 때때로 불확실한 결과를 보여주는 지능 검사를 그대로 믿어서는 안 된다. 어디까지나 하나의 기준으로 참고만 하는 것이 좋다.

아이마다 나름의 발달 속도와 발달 시점이 있다. 그것을 무시하고 평균적인 기준을 강요하는 것은 그다지 바람직하지 못하다. 물론 지나치게 늦거나 치우쳐 있으면 문제겠지만 기본적으로는 아이의 페이스나 특성을 존중해주어야 한다.

발달이 느리게 나타나는 원인

엄마라면 누구나 자신의 아이에게 이상이 있는지 없는지에 온 신경을 기울이게 마련이다. 하지만 어린 아이는 스스로 이상이 있다고 말해주지 않기 때문에 아이의 이상 여부는 알기가 매우 어렵다. 아이의 이상을 눈치 챘을 때는 이미 상당한 시간이 흐른 뒤일 때도 있다. 아이가 말을 전혀 하지 않아서 뒤늦게 검사를 받고나서야 소리를 듣지 못한다는 사실을 알게 되는 일도 심심치 않게 있다. 물론 지나치게 아이의 일거수일투족에 예민하게 굴어서는 안 되겠지만, 사소한 이상도 놓치지 않는 부모의 관심이 때로는 아이의 인생을 구원하기도 한다.

발달을 체크하는데 몇 가지 기준이 될 만한 단계를 간단한 체크리스트로 만들어 다음 페이지에 실어 놓았다. 발달에는 개인차가 있기 때문에 어디까지나 기준일 뿐이지만, 발달 지연이 눈에 띌 정도라면 빠른 시일 안에 전문의와 상담할 것을 권한다.

발달 지연이 보이는 경우에도 원인이 명확하지 않은 케이스가 30~40%에 달한다. 원인이 판명된 것 중에서 가장 많은 것은 21번 3염색체 증후군(다운 증후군의 한 종류)이며, 다음으로 출생 후의 환경의 영향, 임신 중이나 출산 전후 기간의 트러블(영양 결핍, 가사나 분만 등에 따른 저산소증, 저체중), 유전적 요인(취약X 증후군 등), 유·소아기의 질환(뇌염이나 수막염 등), 외상이나 자폐성 장애 등의 정신 장애, 엄마의 알코올 섭취나 감염증 등을 들 수 있다.

원인을 살펴보면 알 수 있듯이 양육은 엄마 뱃속에서부터 이미 시작된 것이나 다름없다. 엄마가 될 사람은 자기 혼자만의 생명이 아니라는 사실을 자각하고 균형 잡힌 식사와 규칙적인 생활을 하려고 애쓰며 알코올이나 니코틴, 약물 섭취는 가능한 피해야 한다. 또한, 인플루엔자나 성 감염병에 걸리지 않도록 몸 관리에 충분한 신경을 써야 한다. 그리고 엄마의 정신적인 안정도 태내 환경에 매우 중요하다.

출생 후의 양육 환경과 사회적 접촉, 지적인 자극이 적절하게 주어지는 일 또한 아이의 발달에 상당히 중요한 영향을 준다는 사실은 앞에서 소개한 원숭이 소녀의 사례에서도 짐작할 수 있을 것이다. 주변에서 쉽게 볼 수 있는 예를 들면, 방임을 당한 아이는 다른 아이와 잘 어울리지 못하고 지적 발달에도 문제가 생기기 쉽다. 아이를 천재로 키울 필요는 없지만 적어도 행복한 아이로는 자라게 해야 하지 않을까? 아이의 행복은 부모의 태도에 크게 좌우된다.

• 개월 수에 따른 발달 기준표 •

1개월	바라본다
2개월	물건의 움직임을 눈으로 좇는다
3개월	엄마가 말을 걸면 반응한다 물건을 잡으려고 한다 딸랑이를 잡는다
4개월	목을 세운다 어르면 웃는다 손가락을 빤다 소리가 나는 방향을 안다
6~7개월	이름을 부르면 쳐다본다 몸을 뒤집는다 낯을 가리기 시작한다 잡은 물건을 한쪽 손에서 다른 쪽 손으로 옮긴다 앉는다
8개월	도와주면 선다 스스로 손을 뻗어서 잡는다
9개월	붙잡고 선다 붙잡고 걷는다
10개월	기어다닌다

12개월	스스로 붙잡고 선다 원하는 물건을 손가락으로 가리킨다 '바이바이' 등의 몸동작을 한다 숟가락 등을 사용해서 스스로 먹으려고 한다
14개월	혼자서 선다 '엄마' 등의 말을 하기 시작한다
15개월	혼자 걷는다
18개월	숟가락을 능숙하게 사용한다 컵으로 먹는다 선을 긋는다 입이나 코가 어디 있는지 손가락으로 가리킨다 '엄마', '아빠' 등 몇 가지 의미가 있는 단어를 말한다 점프한다 계단을 오른다
24개월	두 글자 단어를 말한다(예: 엄마, 아빠, 아파) 익숙한 물건의 이름을 말한다 어른의 말이나 행동을 따라한다 자신의 경험이나 욕구를 전달하려고 한다 한발로 중심을 잡고 서려고 한다

미성숙한 뇌 때문에 나타나는 증상

유아기에는 경련이 자주 일어난다. 이 시기에 아이의 뇌는 아직 성장하는 중이라서 흥분을 억제하는 시스템이 충분히 발달하지 않았기 때문이다. 하지만 부모는 자녀의 이상 행동에 매우 당황하기 마련이다. 아이가 경련을 일으킬 때는 두 손을 꽉 쥐고 손발이 경직되면서 몸을 쭉 펼 때가 있는가 하면, 몸 전체가 휘청거릴 정도로 몸을 떨 때도 있다. 때로는 온 몸에 힘이 빠진 상태가 되기도 한다. 전형적인 발작 증상은 흰자를 보이면서 얼굴이 새빨개지거나 보랏빛으로 변하면서 거품을 무는 것이다.

아이가 경련을 일으킬 때 우선적으로 해야 할 일은 폐까지 기도를 확보해 공기가 지나갈 수 있도록 도와주는 것이다. 아이는 목이 짧기 때문에 기도가 막히기 쉽다. 옷을 느슨하게 해주고 몸을 살포시 옆으로 눕히고 턱을 천천히 들어서 고개를 뒤쪽으로 젖히게 한다. 이렇게 하면 기도가 열린다. 만약 얼굴에 보랏빛이 돌거나 창백하면 산소가 잘 통하지 않아서 저산소증을 일으키고 있을 가능성이 높다.

경련이 일어날 때는 혀를 깨물 수도 있다. 이때 아이들의 입을 손가락이나 젓가락 등으로 억지로 벌리려고 하면, 입이 작은 아이들은 입 안에 상처가 나거나 질식할 위험이 있기 때문에 추천할만한 방법은 아니다. 처음 발작을 일으킨 경우에는 응급처치를 한 다음 곧바로 구급차를 불러야 한다. 검사를 통해서 경련 발작의 종류를 밝히고, 다음 발작부터는 의사의 지시에 따라 대처한다.

어린아이가 일으키기 쉬운 것은 주로 열이 많이 날 때 발생하는 '열성 발작'이다. 대부분은 성장해서 뇌가 발달하면 일어나지 않게 된다.

똑같은 행동을 반복한다

어른들도 긴장을 하거나 생각할 때 '다리 떨기'나 '손가락으로 소리 내기' 등의 동작을 하기도 한다. 뇌의 네트워크가 성숙되지 않은 아이는 같은 동작이나 운동을 반복하는 경우가 많다. 몸이나 고개를 흔들거나 손을 떨거나 입에 물건을 넣는 등의 행위를 반복하는 일은 물론이고, 때로는 어딘가에 일부러 머리를 박거나 스스로를 때리거나 눈을 찌르는 등의 자해행위를 반복하는 경우도 있다. 이런 상동운동이나 자해행위는 보호시설에 있는 아이들에게서 자주 발견된다. 이는 애정 박탈과 관련이 깊다.

지적 장애, 광범성 발달 장애, 뇌의 기질적 장애가 심한 경우에도 상동행위나 반복성 자해행위가 종종 발견된다. 단순히 기질적·기능적 문제뿐 아니라 애정 면에서의 문제가 상황을 악화시키는 경우도 많다. 상동행위를 멈추게 하면 오히려 상태가 불안정해져서 격렬한 패닉을 일으키기도 한다. 약물 치료가 증세 경감에 효과를 보이는 경우도 있다.

반복되는 버릇 가운데 비교적 연령대가 높은 아이에게서도 찾아볼 수 있는 것은 머리카락을 뽑는 버릇이다. 스스로 머리카락을 뽑다가 원형 탈모가 생기기도 한다. 이것 역시 애정 부족과 관련이 깊다. 머리카락을 뽑는다고 해서 심하게 혼내거나 폭력적으로 멈추게 하는 것은 가장 안 좋은 방법이다. 아이와 친해지고 가능한 좋은 점을 칭찬해주면 머리카락 뽑는 버릇이 서서히 사라질 것이다.

간혹 성기를 만지는 아이도 있다. 부모는 놀라기도 하고 당혹스럽기도 해서 심하게 혼내기 쉬운데, 대부분은 자연스럽게 없어진다. 그러니 과잉반응을 하지 말고 아이가 다른 일에 관심을 가지도록 자연스럽게 유도하는 것이 좋다.

제2장

산만하고 집중 못하는 아이들

아이들은 대체로 에너지가 넘치고 차분하지 못하다. 그래서 어른들은 흔히 "벌써부터 얌전해서 어쩌려고 그래?", "얌전한 게 더 걱정이다"라는 말을 하곤 한다. 그러나 학교에 다닐 나이가 되어서도 책상 앞에 잠시도 붙어있지 못하고 공부는 뒷전인 데다가 물건을 계속 잃어버리고 다니면 점점 걱정되기 시작할 것이다.

아이는 발달 과정에 있는 존재이다. 매일같이 몸과 마음뿐 아니라 뇌까지 성장하고 있다. 실제로 까불거리기만 하는 아이도 나이가 들면서 차츰 차분해져서 초등학교 고학년쯤 되면 상당한 비율의 아이들이 안정된다. 학창시절에 부산스럽게 교실을 돌아다니던 친구를 동창회에서 만났는데, 마치 다른 사람처럼 온화하고 조용하게 변해 있기도 하다. 물론 개중에는 나이가 들어서도 어딘지 덜렁거리고 충동적으로 행동하는 등 과거 개구쟁이 소년의 흔적이 진하게 남아있는 경우도 있다.

아이는 저마다 다른 발달 속도를 가지고 있지만 부모 입장에서는 아이의 행동 하나에 '이런 나쁜 짓을 하다니' 하면서 충격을 받는다. 형제나 다른 아이들과 비교하면서 불안해하거나 앞으로 어떻게 될지 걱정하며 마음 졸이기도 한다. 하물며 선생님에게 자신의 아이 때문에 힘들다는 말이라도 듣게 되면 부모는 당연히 초조함을 느낄 것이고, 어쩌면 자기 아이에 대해 비관하게 될지도 모른다. 이 장에서는 차분하지 못하고 산만한 행동을 하는 아이들에게 초점을 맞춰보고자 한다.

소설 주인공처럼 자유분방한 영혼

《어린왕자》와 《야간비행》 등의 작품으로 유명한 생텍쥐페리Antoine Marie Jean-Baptiste Roger de Saint-Exupery도 어린 시절에는 대책 없는 개구쟁이였다. 잠시도 가만히 있지 못하고 시끄럽게 구는 데다가 반항적이었고 만지는 것마다 부수거나 더럽혀 놓기 일쑤였다. 이처럼 그는 장난기와 심술이 심해서 주위 사람들이 매우 걱정했다고 한다. 게다가 항상 거만하게 굴었기 때문에 가족들은 그를 '태양왕'이라고 불렀고, 자신의 지정석인 '왕좌'까지 가지고 있었다.

호기심이 왕성하고 상식적인 생각에 얽매이지 않는 '어린 왕자'는 평생 아이의 영혼을 가지고 살았던 생텍쥐페리의 분신이기도 했다.

그는 어린 시절에 수도원부속 학교에 다녔는데 그곳은 규칙이 엄격했기 때문에 생텍쥐페리는 이에 적응을 하지 못했다. 학교에서 문제만 일으키고 선생님 말을 따르지 않았던 그는 완전히 '문제아' 취급을 받았다.

생텍쥐페리 소년은 지금으로 치면 '주의력결핍·다동성 장애ADHD'가 있었다고 할 수 있다. ADHD는 다동多動과 충동성, 부주의함이 특징인데 학교에 다니는 아이들 중 10퍼센트 남짓이 이에 해당한다. 빈도로 보자면 상당히 흔한 장애라고 할 수 있다. 주로 남자아이가 많은데 여자아이의 10배에 가까울 정도로 빈도가 높다. '다동'이란 한시도 가만히 있지 못하고 돌아다니거나, 소리를 내거나, 물건을 만지거나, 다른 사람에게 참견하는 것을 말한다. '충동성'은 참지 못하고 자기 생각대로 행동하는 것으로 순서를 기다리거나 다른 사람 이야기를 듣고 있지 못하고, 앞뒤를 생각하지 않고 위험한 일을 하거나, 장소에 걸맞지 않는 행동을 하는 것이다. '부주의'는 지속적으로 주의를 기울이는 것을 어려워하고 뭐든지 건성으로 하거나 끈기가 없어서 금방 다른 일로 관심이 옮겨가는 것이 특징이다. 소년 생텍쥐페리는은 ADHD의 전형적인 케이스였다고 할 수 있다.

《창가의 토토》의 저자로 알려져 있는 배우 구로야나기 데츠코黑柳徹子도 어린 시절 학교에 적응하지 못했다. 《창가의 토토》에서 묘사된 소녀는 호기심이 매우 왕성하고 활발하며 주위에서 일어나는 일에 금세 시선을 빼앗겨서 수업 중에 자기도 모르게 창가로 달려가 밖에서 일어나는 일을 보고 환호성을 지르기도 한다. 그런 천진난만한 토토가 군국주의식 학교에 어울리지 않는 것은 어쩌면 당연한 일인지도 모른다.

시인이나 작가, 과학자, 실업가 등의 전기를 읽다보면 의외로 이런 유형의 아이였던 인물이 상당히 많다는 사실을 알 수 있다. 이들의 천진난만함과 활동성, 호기심, 상식에 얽매이지 않는 자유로운 발상 등을 잘 살려주면 아주 좋은 성품이자 장점이 될 수도 있다.

뇌기능 발달 문제가 원인

ADHD는 현재의 의학 지식에 따르면 뇌의 기능적인 발달 문제라고 판단된다. 행동을 컨트롤하는 대뇌피질과 하위 뇌를 중개하는 네트워크가 충분히 발달하지 않아서 충동성과 다동성이 일어나고, 집중력을 유지하고 위험을 회피하면서 합목적적인 행동을 계속하기가 어려워지는 것이다. 마차로 비유하면 말과 마부는 있지만 양쪽을 연결하는 끈이 이어지지 않았거나, 마부의 줄 다루는 솜씨가 서툰데다가 계속 졸고 있는 상태와 비슷하다고 할 수 있다. 마부가 없는 말은 당근을 보면 옆길로 새서 그쪽으로 달리게 되어있다.

나이가 들어서 대뇌피질과 하위 뇌를 연결하는 네트워크가 완성되면 마부의 줄 다루는 솜씨가 늘어서 딴 짓을 하지 않고 일관된 행동을 할 수 있다. 따라서 ADHD를 극복하는 데는 뇌의 발달이라는 요소가 크게 작용한다고 볼 수 있다. 그 시기를 극복하고 나면 아이는 점차 차분해지고 대부분의 문제는 자연스럽게 해결된다. 문제가 심각할 때는 뇌뿐만이 아니라 마음의 문제도 얽혀있는 경우가 있다. 그리고 아이에게 나타나기 쉬운 마음의 문제는 그 아이가 놓여있는 환경이나 애정의 문제를 반영하고 있을 때가 많다.

생텍쥐페리 같은 경우에는 그의 문제 행동을 강화시키는 요인이 양육과 교육 환경에 있었다. 생텍쥐페리의 아버지는 전쟁으로 일찍 돌아가시고 어머니는 남편이 남긴 유복자인 생텍쥐페리에게 모든 애정을 쏟아 부으며 그를 양육했다. 주위 사람들 눈에는 아이에게 너무 '오냐오냐' 하는 것처럼 보였다고 한다. 한부모 가정에서는 보호자 한쪽이 없는 만큼의 애정을 보충해주려고 자기도 모르는 사이에 아이를 지나치게 감싸기 쉽다. 생텍쥐페리 소년은 이런 상황을 이용해서 점점 제멋대로 굴기 시작했다. 자신에게 아버지가 없다는 사실을 인식하기 시작하면서 생텍쥐페리 소년의 마음이 조금씩 뒤틀렸고, 전보다 더 반항적이고 폭력적으로 행동했던 것이다.

소년이 된 생텍쥐페리가 다니게 된 학교는 규칙이 엄격한 수도회 부속학교였다. 그는 그 학교에서 보낸 시기가 인생 최악의 시기였다고 회고했다. 생텍쥐페리는 문제를 일으키고는 이를 제압하려는 교사에게 반발해서 사태를 더욱 복잡하게 만들기 일쑤였다. 그의 바람대로 상황이 호전됐을 때는, 어머니가 세워진지 얼마 안 된 자유로운 분위기의 학교로 전학시키면서부터였다. 그는 거기에서 자신을 이끌어줄 교사를 만났고, 행동이 차분해짐과 동시에 문학에도 눈을 떠서 시와 단편소설을 쓰게 되었다.

'토토'의 경우도 어머니가 문제의 소재가 아이에게 있다기보다는 '환경이 아이에게 적합하지 못하기 때문에' 문제가 일어나고 있다는 사실을 간파했다. 그리고 재빨리 적확한 대응을 했기 때문에 아이가 가진 본래의 장점을 살릴 수 있었다. 하지만 우리 주위에서는 이와 반대로 대응을 하는 경우가 더 많다. 다음은 잘못된 대응을 한 사례 중 하나이다.

✱ 취 불꽃같은 감정을 제어할 수 없어요

초등학교 4학년생인 F는 체격이 작고 웃는 얼굴이 애교스러운 소년이다. 한 살 때 부모님이 이혼해서 조부모 손에서 자라다가 네 살 때 아버지가 재혼하면서 의붓어머니와 살게 되었다. 처음에는 의붓어머니보다 할머니를 더 따랐다. 가끔씩 짜증을 심하게 낼 때가 있었는데 한번 화를 내기 시작하면 물건을 던지거나 부수는 등 손을 댈 수 없을 정도로 난폭하게 굴었다. 어린이집에 다닐 때도 다른 아이들과 사이좋게 놀지 못하고 할퀴거나 싸우면서 아이들을 자주 울렸다. 가만히 있지 못하고 계속해서 움직여서 '쥐 불꽃(불을 붙이면 쥐처럼 지면을 돌아다니며 터진다―역자 주)'같다는 말을 듣기도 했다.

초등학교에 들어가서도 차분해지기는커녕 점점 더 행동을 제어할 수 없게 되었다. 수업 도중에 갑자기 떠오른 말을 내뱉거나 돌아다녀서 다른 아이들에게 방해가 되는 일도 잦았다. 의붓어머니가 학교에 갈 때마다 선생님은 F 때문에 매우 난처하다는 말을 쏟아냈다. 아이는 이 이야기를 남편에게 털어놓았고, 결국 F는 아버지에게 호되게 혼이 나고는 했다. 하지만 아들의 행동은 개선되기는커녕 점점 더 심해졌다. 수업 시간에 지루해지면 홱 하니 교실을 나가버려서 교감선생님과 담임선생님은 수업을 중단하고 F를 찾으러 다녀야 했다. 난폭한 성격 때문에 주위 사람들도 차츰 F를 무서워하게 되었다. 결국 4학년 때 다른 아이를 다치게 하는 바람에 아동상담소의 소개로 의료 기관에 방문했다.

이 케이스처럼 문제가 점점 악화되는 경우는 발달상의 문제와 부모의 애정과 양육 문제, 교육 현장의 문제가 얽혀있는 경우가 많다. 이런 경우에는 먼저 본인이 안고 있는 문제에 대한 올바른 이해가 필요하다. 단순한 발달 장애로만 치부해버리면 문제의 반쪽을 놓치고 마는 꼴이 될 수도 있기 때문이다. 문제 행동의 이면에 있는 환경 문제가 개선되면 아이는 눈에 띄게 안정된다. 이 경우도 의붓어머니가 자신을 따르지 않는 F를 일방적으로 문제시하는 태도를 버리고, 아이의 외로움을 인정하고 자기 자신의 초조한 마음에 눈을 돌리자 아이도 안정되기 시작했다. 의붓어머니는 남편을 통해 아이를 혼내던 대응 방식을 바꿔서 아이와 직접 마주했다. 남편이 자기 기분에 따라서 아이를 야단칠 때는 아이의 편에 섰다. 그 후로 의붓어머니와 F는 진짜 모자 이상으로 서로를 소중히 여기는 관계가 되었다.

남들 눈에는 부족할 것 없어 보이는 가정에서도 차분하지 못한 아이가 점점 더 많은 문제 행동을 보이는 일은 쉽게 찾아볼 수 있다. 누가 봐도 완벽해 보이는 가정이지만 조금 더 자세히 들여다보면 '아이의 기분이 무시당하고 있다'는 사실을 발견하게 될 때가 많다. 다음에 소개할 내용은 그 전형적인 사례 중 하나이다.

★ 어른이 되고 싶지 않아요

중학생인 Y는 누가 보더라도 부족함 없이 자란 남자아이다. 유복한 의사 집안에서 태어난 Y는 병원을 이어받을 아들이라며 가족의 사랑을 듬뿍 받았다. 그런데 Y는 유치원생 때부터 차분하지 못했고 계속 돌아다니며 딴 짓만 하곤 했다. 초등학교에 들어가서도 칠판은 보지 않고 옆이나 뒤에 앉아있는 아이에게 쓸데없는 참견을 하며 귀찮게 했다. 이를 본 담임선생님은 부산스럽다며 그를 자주 혼냈다. 그럼에도 엄마가 늘 붙어서 공부를 시켰기 때문에 초등학교 3학년 때까지는 성적이 좋았다. 야구를 좋아하는 Y는 리틀 야구팀에 들어가서 훈련도 받았다.

4학년 무렵부터 엄마가 직접 공부를 가르쳐주는 것이 싫다면서 학원에 다니기를 희망했다. 눈에 띄게 공부를 싫어하기 시작한 Y는 이런저런 거짓말과 핑계거리를 대면서 학원을 빠졌다. 성적이 갑자기

뚝 떨어지자 초조해진 엄마는 리틀 야구팀을 그만두게 하고 과외를
시켰다. Y는 마지못해 엄마가 시키는 대로 했지만 속으로는 과외를
받는 게 싫었다. 이 무렵부터 학교에서 여자아이를 때리거나 유리창
을 깨는 등의 문제 행동이 두드러지기 시작했다. 학교에서 전화가 걸
려올 때마다 엄마는 히스테리를 일으켰고, 남편에게 아이를 따끔하
게 혼내달라고 소리쳤다. 하지만 남편은 아이에 관한 일은 모두 아내
에게 떠넘기고 아이에게 진지하게 주의를 주려고 하지 않았다. 엄마
는 아빠의 이런 태도 때문에 더 히스테릭해졌다.

Y는 6학년 무렵부터 동네 불량배들에게 찍혀서 금품을 요구 당했
고 부모님 지갑에 손을 댔다. 그러다 한 번은 불량배들이 물건을 훔칠
때 보초를 서다가 경찰에 체포당하는 사건이 있었다. 그날 엄마는 몸
져눕고 말았다. 엄마의 불안정한 모습을 보고 Y는 점점 더 거친 행동
을 하기 시작했다.

평소 Y가 자주하는 말이 있었다. '어른 따위는 되고 싶지 않다'는
것이다. 왜냐고 물으면 '어른은 하고 싶지 않아도 해야 되는 일이 많
아서 재미없다'고 대답했다. 신기하게도 이 말은 30대 후반에 접어든
생텍쥐페리가 한 말과 비슷하다. 그는 이렇게 말했다. '항상 슬퍼지는
일이 한 가지 있습니다. 그것은 어른이 된다는 것입니다.' Y의 말은
그 천진난만한 본성에서 나온 것임과 동시에 개업 의사의 후계자로
서 어른의 사정과 논리를 강요당해온 것에 대한 강한 거부 반응에서
나온 것이다. 이런 유형의 소년은 자유를 사랑한다. 그 자유를 빼앗는

일은 어떤 물질적 풍요에 의해서도 보상받지 못할 만한 중요한 것을 아이에게서 빼앗는 것이나 마찬가지다.

위에서 소개한 두 가지 케이스는 주위에서 쉽게 찾아볼 수 있는 사례들이다. ADHD가 있어도 적절한 엄격함과 충분한 애정을 가지고 아이를 대하면 대개는 좋은 방향으로 안정을 찾게 된다. 열 살에 안정되는 아이가 있는가 하면 시간이 더 걸리는 아이도 있지만, 저마다 어떤 시기가 되면 마치 다른 사람처럼 성장한다.

ADHD의 유병률은 초등학생의 3~7%라고 알려져 있으며 남자아이가 압도적으로 많다. ADHD인 아이들의 IQ는 개인차가 커서 IQ가 상당히 낮은 아이부터 천재적인 수준의 지능을 가진 아이까지 폭넓게 분포한다. 학대나 방임, 뇌염 등의 전염병, 엄마의 임신 중 약물 섭취 등이 원인이 되는 경우도 있다. 출생 당시의 저체중과 ADHD는 무관하다고 알려져 있다.

ADHD인 아이 중의 일부는 부모나 어른에게 반항적인 태도를 보이는 '반항·도전성 장애ODD'로 옮겨간다. 게다가 그 중 일부는 비행을 반복하는 '행위 장애CD'로 옮겨간다. 이처럼 '파괴적 행동 장애DBD'가 나쁜 방향으로 진행되는 것을 'DBD 행진'이라고 부른다. 장래에 그런 사태가 일어나는 것을 막기 위해서라도 애정과 엄격함을 적절히 조절하며 아이를 대하는 것이 중요하다(비행에 대해서는 뒷장에서 자세히 다룬다).

'토토'처럼 산만하고 한시도 가만히 있지 못하는 아이는 현대의 진단 기준으로 보자면 ADHD로 추정되는데, 일단 이렇게 '진단'을 내리고 나면 왠지 빠져나갈 구멍이 없어 보인다. 발달 단계에 있는 아이에 대한 진단은 양날의 검이 될 수밖에 없다. 문제가 뒤엉켜 있어서 어떻게 대처해야 할지 모를 때 문제에 대한 진단을 내리면, 아이의 행동을 이해할 수 있고 확실한 대처 방법을 세울 수 있으며 문제 개선에도 도움이 된다. 하지만 진단이 절대불변인 것처럼 무조건적으로 받아들이면 아이의 자연스러운 성장을 방해할 위험도 있다.

생텍쥐페리와 토토의 예에서도 알 수 있듯이 설령 ADHD라는 진단을 받더라도 그것은 그 아이의 특성 중 극히 일부를 나타내는 것에 불과하다. 아이의 풍부한 개성 전체를 놓고 생각하면 ADHD적인 특성은 극히 일부이며 일시적인 것일 뿐이다. 아이는 끊임없이 성장하고 변화한다. 고정적인 생각에 구애되지 말고 아이를 있는 그대로 봐주는 것이 중요하다. 게다가 이런 진단명 자체도 10년쯤 지나면 변해 있을 가능성이 크다.

난잡하고 정리를 잘 못하며 자주 물건을 잃어버리고 이것저것 시작은 하는데 끈기가 없고 건성으로 하는 경향이 있다면 어려서 이런 타입의 아이였을지도 모른다. 하지만 어른이 된 후에 어린 시절을 회상하면서 간단히 진단을 내리는 일에는 신중해야 한다. 주의결핍·다동성 장애에는 부주의가 눈에 띄는 '부주의 우세형', 다동과 충동성이 두드러지는 '다동성·충동성 우세형', 양쪽이 섞인 '혼합형'이 있다. '부주의 우세형'은 대인관계에 수동적인 경향이 있다. '다동성·충동성 우세형'은 막무가내로 행동하는 경향이 있고 잘 다치거나 따돌림을 당하기 쉽다. '혼합형'은 학업성적이 저하되는 경우가 많고 파괴성 행동 장애로 발전하기 쉽다. 나이를 먹으면서 자연스럽게 개선되는 경우에는 다동성과 충동성이 먼저 개선되고, 부주의는 나이가 들어도 증상이 남기 쉽다.

차분하지 못하고 부주의한 모습을 보이기 쉬운 다른 주요 장애로는 지적 장애, 학습 장애, 광범성 발달 장애가 있다. 이런 장애와 ADHD가 함께 나타나는 경우도 적지 않은데 지적 장애, 광범성 발달 장애가 있는 경우에는 통상적으로 ADHD라는 진단은 더해지지 않는다. 학습 장애는 다음 장에서 소개하겠지만 특정 학습(예를 들어 수학이나 한자)에만 지장을 보이는 것을 말한다.

A. 당사자를 대할 때의 기본 방침

① 수용하는 마음으로 악순환을 끊는다

트러블을 빈번하게 일으켜서 주위 사람들에게 부정적인 취급을 받다보면 점점 더 열등감이 강해지고 대인 불신감이 깊어지는 악순환에 빠지기 쉽다. 이런 유형의 아이는 자기 기분을 언어화해서 말하는 능력이 부족한 경우가 많아서 행동으로 주위 사람들을 휘두르려고 한다. 먼저 아이의 기분을 받아들여줌으로써 아이가 인정받고 있다고 느끼고 안심할 수 있게 도와주는 것이 좋다.

② 스스로 생각하게 한다

열심히 한 일에 대해서는 칭찬하고 잘못한 일에 대해서는 확실하게 혼을 내야한다. 다만 혼낼 때는 부모가 감정적으로 대하거나 체벌하는 것은 피한다. 본인이 무슨 잘못을 했는지를 스스로 생각하고 말하게 해야 아이의 성장으로 이어질 수 있다. 특히 아이 때문에 일어난 문제라고 해서 아이 혼자만의 문제라고 여기지 않아야 한다. 부모를 비롯해서 아이와 관련된 모든 어른의 문제로 받아들이고 함께 고민하면 아이가 마음을 고쳐먹는데 도움이 될 수 있다.

③ 성장하고 싶은 기분을 이끌어낸다

본인 스스로에게 자신감이 없어서 주위 사람들을 곤란하게 하는 방식으로 자신을 드러내는 것은 상당히 가슴 아픈 일이다. 하지만 그렇게 표현하는 아이도 사실은 긍정적인 형태로 자신을 드러내고 싶어 한다. 따라서 아이가 하고자 하는 일을 시도해보거나 아이의 특기를 더욱 개발해 줌으로써 상황이 나아지는 경우가 많다. 성장하고자 하는 아이의 마음을 좋은 방향으로 이끌어 줌으로써 큰 변화를 가져오는 것이다.

B. 약물 치료

지능이나 뇌파에 문제가 없고 10세 미만인 경우에는 중추자극제인 메칠페니데이트를 투여하는 것도 효과적이다. 이 외에 카르바마제핀이나 삼환계 항우울제도 사용된다.

C. 주위의 이해와 환경 조정

아이가 가정이나 학교에 자신의 안식처가 없다고 느낀다면 아이의 문제를 설명해서 주위 사람들의 이해를 돕는 일이 매우 중요하다. 주변 사람들이 자신이 받아들이고 있다는 느낌만 받아도 아이는 좋은 방향으로 선회할 수 있다.

학습 장애, 지능과 상관없이 특정 과목만 낙제점

'공부를 못한다'고 한 마디로 쉽게 말해도 그 안을 들여다보면 상황이 저마다 다를 수 있다. ADHD가 있으면 지능 자체는 높아도 집중력과 끈기가 부족하고 수업에도 관심이 없으며 공부가 손에 잡히지 않기 때문에 결국 성적이 안 좋게 마련이다. 그런데 ADHD가 있어도 자신이 흥미를 느끼는 과목에는 집중력이 높고 성적도 뛰어난 경우가 있다. 많은 경우 ADHD의 개선과 함께 성적도 좋아진다.

공부를 잘 못하는 원인 중 하나로 '학습 장애'라고 불리는 것이 있다. 학습 장애라는 용어 때문에 오해하는 사람도 많지만 절대적인 학습능력이 떨어진다는 뜻이 아니다. 지능이나 다른 학습능력이 정상이더라도 특정 영역의 학습능력만 유난히 저하되어 있는 것이 학습 장애이다. 예를 들어 말하고 읽는 것은 평균 이상으로 뛰어나지만 초등학교 1학년 수준의 쉬운 한자를 쓰는 것도 힘들어하는 사람이 있다. 이런 사람은 객관식 시험에서는 대학에 합격할만한 점수를 따지만, 기술식 시험에서는 온통 히라가나(한자를 간략화해서 만든 일본의 문자—역자 주)만 적어서 낮은 평가를 받게 된다. 이는 '쓰기 장애'라고 불린다. 그 외에도 문장을 읽지 못하는 '읽기 장애', 극단적으로 계산에 서툰 '산수 장애'가 있다.

미국의 자료에 따르면 공립학교 아동의 약 5%가 학습 장애에 해당한다. 이런 장애가 있으면 학창 시절에 아주 힘든 경험을 하게 되고, 그로 인해서 강한 콤플렉스를 가지게 된다. 뇌의 기능적인 장애이기 때문에 통상적인 연습으로는 아무리 노력해도 좀처럼 상태가 개선되지 않는다. 주위에서 빨리 눈치를 채고 그 아이에게 맞는 훈련을 시켜야 한다. 최근에는 전문적인 훈련 프로그램도 개발되고 있다.

사실 학습 장애를 다른 사람들 몰래 감추고 살아가는 어른도 적지 않다. 쓰기 장애가 있는 사람 중에는 글자를 써야하는 상황을 피하느라 한 직장에 오래 있지 못하는 사람도 있다. 인간관계에 소극적인 경우도 적지 않다. 이런 이들에 대한 사회적인 이해가 필요하다.

학습 장애였던 어린 피카소

20세기가 낳은 최고의 예술가 중 한 명인 파블로 피카소Pablo Ruiz Picasso의 전기와 평전을 살펴보면 그가 ADHD와 더불어 학습 장애까지 안고 있었다는 사실을 알 수 있다.

소년 피카소에게도 학교는 '시련의 장소'였다. 그는 항상 차분하지 못하고 규칙을 지키기 싫어했으며 선생님의 말을 거의 따르지 않았다. 그리고 자기 마음대로 자리에서 일어나 창가로 가서 창문을 두드렸다. 이는 학습 장애가 있는 아이에게서 쉽게 찾아볼 수 있는 모습이다. 피카소는 시간이 빨리 지나가기를 바라며 수업시간에 시계만 쳐다보고 있거나 낙서를 하는데 열중했다. 그는 어린 시절에 이미 어른 수준의 완성도 높은 그림을 그리는 등 천재의 싹을 보이기 시작했다. 하지만 공부에는 영 소질이 없었는데, 특히 국어와 산수는 심각할 정도로 못했다. 중학교 입학시험에서는 아는 시험관이 그를 합격시키기 위해 꼼수를 써서 출제한 덧셈 문제를 모두 틀리고 말았다. 머리를 싸매고 고민한 시험관은 답을 커닝시키려고 했지만, 어린 피카소는 답을 옮겨 적는 것조차 힘들어했다.

당시에 피카소가 낙서와 함께 남긴 시와 편지의 문장을 보면 문장을 쓰는 능력은 결코 뒤떨어지지 않았다는 사실을 알 수 있다. 따라서 그의 성적부진의 원인은 읽기 장애와 산수 장애 때문이었을 가능성이 높다. 공부에서의 좌절은 피카소 소년에게 씻기 힘들 정도의 열등감을 심어주어도 이상하지 않을 정도였지만, 다행히도 그는 그러지 않았다. 화가였던 아버지가 아들의 천부적인 재능을 알아보고 처음부터 공부에 중심을 두는 대신에 아들의 장점을 살리는 방향으로 관심을 쏟았기 때문이다.

치우친 능력은 단점이 되기도 하고 장점이 되기도 한다. 부모가 아이의 단점을 부정만 하느냐 장점을 키워주느냐에 따라서 아이의 운명은 크게 달라진다.

14세 소년이 절도 사건을 일으켜서 시설에 들어가게 되었다. 지능검사를 해봤더니 IQ가 130이상이라는 사실이 밝혀졌다. 그런데 학교 성적은 하위권이었다. IQ가 높다는 사실을 알고 가장 놀란 것은 아이 자신이었다. IQ가 높은데 성적이 낮은 것이 이상하다는 생각이 들었는데, 아이가 쓴 일기장을 보니 이해가 되었다. 히라가나만 가득한 문장에 드문드문 섞여있는 한자는 기둥의 방향이 완전히 제각가인 집 같았다. 그는 한자를 쓰는 것에 공포심을 느낄 정도로 한자 쓰기가 서툴러서 공부를 등한시하게 되었던 것이다. 소년은 쓰기 장애 때문에 다른 능력을 발휘하지 못했을 뿐 아니라 열등감이 심했다. 그것이 비행으로 이어지는 원인이 되고 말았다.

대응 방법과 치료 포인트

본인의 장애에 맞춘 학습 프로그램으로 학습을 해야 한다. 열등감이나 자신감 상실을 가져오기 쉽기 때문에 본인에게 맞는 목표를 설정하는 것이 중요하다. 목표를 달성했을 때의 기분을 느껴보고 자신감을 가질 수 있도록 도와야 한다.

제3장

또래와 어울리지
못하는 아이들

자폐증의 초기 증상을 보이는 아이들

《우리아이 노아》는 자폐성 장애를 가진 아들 노아와 아빠의 악전고
투를 그린 책이다. 노아는 한 살 무렵까지는 보통 아이들처럼 발달하
다가 서서히 발달 지연이 보이기 시작했다. 노아가 목을 가눈 것은 태
어나서 4개월이 지나서였다. 아이에게 말을 걸어도 눈을 맞추려고 하
지 않을 뿐만 아니라 아무런 반응도 보이지 않자 부모는 불안해졌다.
기는 것과 걷는 것도 늦었고 움직임 또한 어딘지 불안해보였다. 두 살
이 되어도 거의 두세 단어 밖에 말하지 못했다. 검사 결과 자폐증이라
는 진단이 내려졌다.

자폐성 장애가 있으면 태어난 지 얼마 안 되어서부터 다른 사람과
어울리고 교류하는 능력이 제대로 발달하지 않는다. 언어적인 커뮤
니케이션 뿐 아니라 시선이나 표정, 몸짓과 신체접촉에 의한 비언어
적인 커뮤니케이션에도 장애를 보인다. 과거에는 아이가 상당히 클
때까지 장애를 눈치 채지 못하는 경우도 많았지만 최근에는 영유아

검진을 통해 발견하기도 하고, 자폐증에 대한 지식이 보급되면서 부모가 의료 기관이나 상담 창구를 방문해서 조기에 진단받는 케이스가 늘고 있다.

뇌는 나이와 함께 가변성이 적어진다. 자폐성 장애를 비롯한 광범성 발달 장애는 빠른 단계에서 장애를 발견하고 가능한 한 조기에 적절한 치료와 교육을 시작해야 아이의 발달을 돕고 후에 발생할 수 있는 트러블을 막을 수 있다. 또한 부모에 대한 지원도 중요하다. 육아 지원을 해주거나 카운슬링을 받게 해야 정신적인 여유를 회복하고 앞을 내다보며 육아를 할 수 있게 된다. 부모가 정신적으로 내몰리면 결국 아이에게도 악영향을 줄 수밖에 없다.

시선을 마주치지 않는다

자폐성 장애 유병률은 대략 2천 명 중 1명으로, 그 중 4분의 1이 간질 발작 증세를 보인다. 간질 발작 현상은 청년기에 일어나는 경우가 많다. 자폐성 장애를 진단할 때는 다른 질병을 검사할 때 흔히 하는 것처럼 혈액 검사를 하거나 뇌의 단층 촬영 검사를 하지는 않는다. 보통은 대인관계나 놀이, 커뮤니케이션, 운동, 언어 발달 등을 보고 종합적으로 판단한다. 그리고 진단의 포인트가 되는 나이별 기준도 있다.

0세 단계에서 두드러지는 특징은 반응이 적은 것이다. 말을 걸어도 외면하고 관심을 보이지 않는다. 먼저 안아달라고 하는 일도 없다. 안아주려고 해도 스스로 몸을 기대지 않기 때문에 안기가 힘들다. 시선을 마주치지 않는다는 특징도 있다. 운동기능의 발달 지연도 동반되기 쉬워서 '목 가누기', '기기'와 '걷기'를 시작하는 시점이 늦는 경우가 많다.

만 1세가 되면 통상적으로 엄마의 사랑을 원하는 애착행동이 시작되는데, 자폐성 장애아의 경우 애착행동이 드물고 오히려 혼자 내버려두는 편이 기분 좋아 보이기도 한다. 그래서 '손이 많이 안 간다'는 말을 자주 듣는다. 1세 아이는 자신이 원하는 물건 혹은 상대에게 보여주고 싶은 물건과 상대의 얼굴을 번갈아가며 쳐다보는 동작인 합동주의合同注意를 하게 되는데, 자폐증 아이에게는 이것 또한 보이지 않는 것이 특징이다.

또 하나의 중요한 특징은 말이 늦다는 것이다. 보통은 이 시기에 몇 개의 단어를 말할 수 있고 같은 말을 반복할 수도 있게 된다. 그러나 자폐성 장애아의 경우에는 점차 말이 더딘 것이 눈에 띄기 시작한다. 간혹 순조로운 발달을 보이다가 갑자기 말을 못하게 되는 경우broken-type도 있다. 보통 아이들은 1세 후반부터 가까이에 있는 물건을 동물이나 자동차 등에 빗대어서 노는데, 자폐성 장애아의 경우 그런 상상놀이를 하지 않는다. 언어와 함께 발달하는 추상 기능의 발달 또한 늦기 때문이다.

2세 단계에서는 언어와 커뮤니케이션의 발달 지연과 함께 자폐적인 성향이 보다 분명해진다. 자폐성 장애아들은 혼자 노는 것을 선호하고 다른 사람이 끼어드는 것을 좋아하지 않는다. 눈을 맞추려고 하지 않고 다른 사람이 있어도 마치 혼자만 다른 세계에 있는 것처럼 자신만의 세계에 빠져있는 경우가 많다. 한편으로는 특정 분야에 흥미가 치우쳐 있고 고정화된 행동양식을 보이기 시작한다. 자신의 놀이를 방해하면 짜증(혹은 패닉)을 내면서 엄청난 소란을 피우기도 한다.

3~4세가 되면 앞에서 설명한 증상과 함께 무리에 끼지 못하고 고립적인 행동을 하는 경향이 현저하게 강해진다. 말이 늦된 특징도 보다 확실해진다. 자폐아의 반 정도는 먼저 말을 하지 않고, 상대가 하는 말만 앵무새처럼 반복('언어 반향'이라고 불린다)하는 경우도 많다. 말이 늦은 것에 비해 읽기와 쓰기, 계산은 오히려 뛰어난 경우도 있다. 이런 문제가 눈에 띈다면 조속히 전문가와 보건교사, 아동상담소 등에 상담할 것을 권하고 싶다.

✱ 앵무새처럼 반복해서 말하는 아이

여섯 살인 M은 매우 단정한 얼굴에 투명한 피부를 가진 천사 같은 남자아이다. 하지만 M은 눈을 맞추지 않고 힐끔힐끔 창가 쪽을 보거나 손뼉을 치는 동작만 반복했다. 불러도 대답을 하지 않고 몇 번씩 부르면 그때서야 겨우 눈을 내리깐 채로 몸만 돌렸다. 스스로 말하는 경우는 전혀 없었는데 "안녕?" 하고 말을 걸자 "안녕" 하고 대답했다. "잘 있었어?"라고 물었더니 "잘 있었어. 잘 있었어" 하고 같은 말을 중얼거리듯 반복했다. 힐끔거리며 불안한 듯이 눈을 굴리기에 "무서워?"라고 물었더니 "무서워. 무서워"라고 중얼거렸다. 이번에는 "안 무서워?" 하고 물었더니 "안 무서워. 안 무서워" 하고 반복했다.

천천히 말을 걸면 내가 하려는 말은 어느 정도 이해할 수 있지만, 대화를 통한 쌍방향적인 커뮤니케이션은 거의 불가능했다. 하지만 나무 조각을 조합해서 그림과 같은 모양을 완성시키는 검사를 했을 때는 아주 빨리 과제를 완수했다. 읽기와 쓰기, 계산도 어느 정도 할 줄 알았다. 하지만 대인관계를 맺지 못하고, 학교에서도 때때로 패닉을 일으키는 바람에 의료 기관에 상담을 하러 왔다고 한다.

어머니의 말에 따르면 M은 만 하루에 걸친 엄청난 진통 끝에 태어난 아이로 출산 직후에 울지 않는 경도의 가사 상태에 빠졌었다고 한다. 목은 4개월 반만에 가눴고, 기는 연습을 하지 않은 채 18개월에 걷기 시작했다. 말도 늦었는데 두 살이 되어도 '엄마'와 '멍멍' 정도 밖에 하지 못했다. 18개월 때 받은 영유아검진에서 발달이 늦다는 말을 들었고, 세 살 때 자폐증이 의심된다는 진단을 받고 엄마와 함께 치료 교육 프로그램을 들으러 다니고 있다.

M은 텔레비전 보는 것을 좋아해서 오랫동안 조용히 화면을 쳐다본다고 한다. 그림책도 좋아해서 마음에 드는 그림책을 여러 번 반복해서 본다. 그런데 엄마가 다른 그림책을 읽어주려고 하면 그다지 흥미를 보이지 않는다. 혼자서 놀기를 좋아하고 옆에 사람이 있어도 마치 아무도 없는 것처럼 행동한다.

자폐증 아이(혹은 어른)의 세계는 그렇지 않은 존재와는 다른 질서와 원칙을 가진 세계라고 할 수 있다. 그 특성을 이해하지 못하고 일반적인 아이와 같은 감각으로 대하면 그들은 패닉을 일으키고 강한 경계심을 가지며 마음에 상처를 입을 수도 있다. 그러지 않기 위해서는 자폐아의 세계가 어떤 것인지를 알아두어야 한다.

① 이해력이 부족하고 혼란스러운 사고 회로

자폐성 장애인 사람은 언어적인 이해력이 상당히 부족하다. 아주 간단한 말이라도 빨리 말하거나 몇 가지 사항을 동시에 말하면 전혀 이해하지 못하는 경우가 많다. 열심인 엄마가 최선을 다해서 무언가를 이해시키려고 떠들면, 아이는 단순히 혼이 나고 있다거나 엄마가 화를 내고 있다고 생각한다. 특히 추상적인 의미나 관계성의 의미를 잘 이해하지 못한다. 예를 들어 어깨를 만지면 그것이 친근감이나 격려의 의미를 가진다는 사실을 알지 못하고 위협을 당했다고 느낀다. 우리는 세상을 사건이나 행위 그 자체로서가 아니라 관계성 안에서의 의미로 이해한다. 그런데 이에 서툰 자폐성 장애인은 세상을 매우 혼돈스럽고 예상할 수 없는 일이 도사리고 있는 위협적인 곳이라고 느끼게 된다.

② 좁은 지향성과 미분화된 지각

자폐성 장애를 가진 사람은 지각이 매우 예민하다. 특히 소리에 아주 신경질적으로 반응한다. 시곗바늘 소리나 사소한 일상소음을 신경 쓰거나 약간의 풍경 변화에도 주의를 기울인다. 말은 대화가 전혀 안 될 수준으로 하지만, 노래는 아주 잘 부르거나 귀동냥으로 익혀서 악기를 연주하는 경우도 있다. 그런데 어떤 때는 감각이 마비된 것이 아닌가 싶을 정도로 둔감한 모습을 보인다. 이름을 불러도 전혀 듣지 못하거나 아픔에 무감각할 때가 있는 것이다. 언뜻 보기에 정반대로 보이는 이 현상은 자폐성 장애를 가진 사람이 지향성이 높은 마이크(앞쪽의 소리에 대해서만 감도가 좋은 마이크를 말한다―역자 주)처럼 감각 지각에서도 좁은 지향성을 가지기 때문이라고 생각된다.

그런 좁은 지향성과 함께 그들의 지각에는 일종의 경계 시스템으로써 배경 잡음을 골라내는 능력이 있다. 거기에는 '무양식지각無樣式知覺'이라 불리는 상당히 미분화된 지각이 움직이며 시각이나 청각, 촉각 등 구분이 애매한 감각을 기색으로 감지한다. 그렇게 해서 안전한지 아닌지를 분별하는 것이다.

도나 윌리엄스Donna Williams라는 여성은 자신의 자서전《자폐증이었던 나에게》에서 말다툼을 하고 있는 부모 옆에서 자신이 어떤 식으로 그 대화를 듣고 있었는지를 기술했다. "엄마가 입을 열면 항상 방안이 진동했다. 나는 말 자체는 듣고 있지 않았을지도 모른다. 하지만 말 건너에 있는 기색과 그 사람의 마음의 소리는 들렸다."

이런 좁은 지향성이나 미분화된 지각 양식은 위험을 회피하는데 있어서 불리한 측면이 있다. 사람은 다음에 일어날 일을 예측하면서 행동하는데, 지각 범위가 좁으면 예측하지 못한 일이 일어나기 쉽다는 뜻이기 때문이다. 또한 위험하지 않은 것을 위험하다고 받아들이는 착오도 일으키기 쉽다.

③ 발달하지 않는 마음 이론

자폐성 장애를 가진 사람은 타인의 입장과 자신의 입장을 혼동할 때가 자주 있다. 자신이 뭔가를 먹고 싶을 때 '엄마가 먹고 싶어'라고 말하거나 자신이 주는 것과 남이 주는 것을 반대로 말하기도 한다. 이들은 상대방의 입장에 서서 그 사람의 기분이나 행동을 추측하지 못한다. 자기라는 좌표축에서만 생각하는 것이다.

'샐리-앤 테스트Sally-Anne Test'라고 불리는 시나리오를 사용한 검사가 있다. 샐리가 바구니 안에 넣고 온 간식을 몰래 상자 안에 숨겼다. 샐리가 떠난 뒤에 앤이 나타나서 그 간식을 다른 상자로 옮겼다. 그리고 샐리가 다시 돌아왔을 때 '샐리는 과연 어느 상자를 열까'를 맞추는 문제이다. 어린아이들에게 물으면 옮겨 넣은 상자 쪽을 고른다. 연령이 조금 더 높아지면 처음에 숨긴 쪽 상자라고 대답할 수 있게 된다. 그 경계가 네 살이다. 그런데 자폐성 장애가 있는 아이는 네 살 이상이 되어도 현재 간식이 들어있는 상자라고 대답하는 경우가 많다. 이야기의 문맥 안에서 그 사람의 입장에 서서 마음의 움직임을 추측하기가 어려운 것이다.

다른 사람의 입장에서 그 사람의 기분을 추측하는 기능을 '마음의 이론'이라고 부른다. 우리는 마음의 이론이 발달하면서 다른 사람에게 공감하거나 다른 사람을 배려할 수 있게 되는데, 자폐성 장애가 있으면 '마음의 이론'이 제대로 발달되지 않는다.

④ 구체성 지향과 상징 기능의 결여

자폐성 장애가 있으면 언어 발달이 늦는다는 사실에서도 알 수 있듯이 이들은 구체적인 사물 대신 그것을 바꿔놓은 개념을 사용하기를 어려워한다. 이는 추상화하는 능력과 상징을 사용하는 능력이 부족한 것과 관련이 있다. 자폐성 장애 아동은 일반화한 표현을 이해하지 못하는 경우가 많다. 따라서 이들에게는 가능한 구체적인 표현으로 사물에 입각해서 설명해주어야 한다.

반면에 구체적인 사물 자체에 대한 관찰력이나 기억력은 월등하게 뛰어난 경우도 있다. 단 한 번 밖에 본 적이 없는 풍경을 마치 사진을 찍어 놓은 듯 기억해서 그림을 그리거나 한 번 밖에 들은 적이 없는 음악을 건반 위에서 그대로 재현하기도 한다.

⑤ 강박성과 패닉

그렇다면 이처럼 의미를 이해하지 못하고 혼돈스러운 세상에 살고 있는 자폐성 장애아는 어떻게 자신의 안전을 확보하려고 할까? 그것은 바로 엄격하게 행동양식을 지키는 것이다. 영화 〈레인 맨〉에서 더스틴 호프만이 연기한 청년처럼 자폐성 장애를 가진 사람은 고정적인 행동패턴에 강한 집착을 보인다. 누군가 그것을 방해하면 혼란스러워하거나 패닉에 빠진다. 이런 강박성이 집단이나 사회에 적응하는데 걸림돌이 된다.

앞에서 기술한 것처럼 자폐성 장애를 가진 사람이 패닉을 일으키기 쉬운 이유는 강박성뿐 아니라 관계의 의미를 잘 이해하지 못하거나 좁은 지향성에서 기인하기도 한다.

규칙을 정하고 아이 내면 이해하기

자폐성 장애가 주위 사람들을 가장 곤란하게 하는 점은 때때로 예상할 수 없는 행동을 하거나 패닉을 일으키는 것이다. 패닉을 방지하기 위한 기본은 아이의 세계를 있는 그대로 이해하는 것이다. 아이에게 안전하다는 느낌을 주고 갑자기 위협하지 않는 것도 중요하다. 지시나 규칙은 가능한 구체적인 방법으로 전달하는 것이 좋은데, 그림이나 도형을 사용해서 제시하는 것이 효과적이다. 한 번에 몇 가지 지시를 할 것이 아니라 짧은 말로 하나의 일만 전달해야 한다. 서로 간에 일정한 규칙을 정해놓으면 원만한 생활을 할 수 있다.

이들이 예상할 수 없는 행동을 보이는 이유는 좁은 관심이나 시야에 사로잡혀서 주위 상황을 생각하지 않고 행동하기 때문이다. 버튼을 누르는데 집착하는 아이는 비상용 버튼을 보고 곧바로 눌러버린다. 원하는 물건이나 만져보고 싶은 물건이 있으면 주인에게 양해를 구하지 않고 손을 뻗어 만져서 문제가 되는 경우가 있다. 이럴 때 심하게 꾸짖으면 역효과가 나서 그것에 더 집착하게 될 수도 있다. 안정감 부족이나 애정 부족이 그런 행동을 조장하는 경우도 적지 않기 때문에 행동 자체에 초점을 맞추기 보다는 아이를 위협하고 있는 배경적인 요인을 살펴서 그 점을 개선하는 편이 효과적일 때가 많다.

◇ 증상이 유사한 질환 ◇

같은 증상을 보이는 것으로 레트 증후군, 소아기 붕괴성 장애, 아스퍼거 증후군이 있다. 레트 증후군은 생후 5개월까지는 정상적으로 발달하고 운동이나 다른 사람에 대한 관심도 정상적으로 발달하다가 생후 1년이 지나면 일단 발달한 기능이 서서히 상실되는 것이다. 소아기 붕괴성 장애는 레트 증후군보다 더 나이가 들어서까지 정상적인 발달을 한 뒤에(2세 이상 10세 이하, 대다수가 3~4세) 언어와 대인관계, 운동, 배설 등의 기능이 차츰 상실되는 것이다. 아스퍼거 증후군은 다음에 다루겠지만 언어발달 지연이나 인지 기능에 장애가 없고, 더 높은 사회 적응성을 보인다.

아스퍼거 증후군, 서투르면서 까다롭다

⭐ 관심사를 방해하면 불같이 화가 나요

엄마에게 폭력을 휘두르고 물건을 부수는 등의 위험한 행동을 해서 가족과 함께 의료 기관을 찾은 청년 E. 뼈가 앙상하게 드러난 푹 숙인 얼굴에는 긴장한 표정이 역력했다. 몸의 움직임과 표정, 목소리를 내는 방법이 어딘지 어색해서 기계장치 같다는 인상을 주었다. 질문에는 성의껏 대답했지만 교과서를 읽는 것 같은 단조로운 말투였다. 그런데 자신이 대답하는 중에 엄마가 끼어들면 불같이 화를 내며 거친 말들을 내뱉었다. 그는 고등학교를 중퇴하고 은둔형 외톨이 생활을 하고 있다고 한다.

그렇다고 집 밖으로 전혀 안 나가는 것은 아니었다. 상당한 철도 마니아여서 희귀한 SL일본 증기기관차이 다닌다는 말을 들으면 홋카이도까지 사진을 찍으러 간다는 것이다. 철도나 전차에 대한 지식은 상식을 뛰어넘어서 '걸어 다니는 전차 시간표'나 다름없을 정도로 세세한 열차 운행표까지 기억하고 있었다. 최근에는 컴퓨터에 푹 빠져서 컴퓨터에 관한 지식이 전문가 뺨치는 수준이라고 한다.

E는 어렵게 태어난 데다가 몸이 약해서 과보호를 받으며 자랐다. 어려서부터 낯을 많이 가리는 편이었고 새로운 환경에 익숙해지기까지 시간이 오래 걸렸다. 친구들과 어울려 놀기보다는 혼자서 도감을 보거나 블록놀이를 하는 것을 좋아했다. 요령이 없어서 다른 아이들은 곧잘 하는 '거꾸로 철봉에 매달리기'와 같이 도구로 하는 운동을 좀처럼 하지 못했다. 구기 종목처럼 팀으로 하는 운동은 특히 서툴렀고 그 중에서도 피구를 가장 싫어했다. 그림 그리는 것은 좋아했지만 자를 사용하지 않으면 선을 긋지 못했다. 초등학교 때는 친구가 몇 명 있었지만 아이들과 함께 놀 때도 상황과 장소를 가리지 않고 자신이 하고 싶은 말을 일방적으로 외쳐대고는 했다. 중학생이 되자 친구가 없어졌고 학교에 재미를 붙이지 못하게 되었다. 특기였던 사회와 이과 과목의 성적도 점점 시원치 않아졌다. 불량 학생들에게 괴롭힘을 당해서 중학교 2학년 중간 무렵부터는 학교에 자주 빠졌다. 간신히 고등학교에 진학했지만 흥미 있는 것 외에는 공부를 전혀 하지 않아서 성적이 바닥으로 떨어졌고 결국 학교를 그만두었다. 그 후로도 계속 은둔형 외톨이 생활이 이어지고 있다.

그는 스스로 정한 여러 가지 자잘한 규칙이 있는데, 가족들이 그대로 하지 않으면 화를 내며 날뛰기 시작했다. 걱정이 된 엄마가 한마디 하려고 하면 낯빛을 붉히며 화를 내고, 때로는 폭력을 휘두르기도 했다. 엄마는 울면서 아들이 왜 이런 행동을 하는지 전혀 모르겠다고 말했다. 그런데 신기하게도 E는 엄마 이외의 사람 앞에서는 얌전하기 그지없었다.

여기서 소개한 청년 E의 케이스는 ① 상호 커뮤니케이션을 하거나 친밀한 대인관계를 구축하는 일에 대한 장애와 ② 융통성 없는 강한 집착과 국한된 흥미를 특징으로 하는 '아스퍼거 증후군'의 전형적인 사례이다. 집착이 강하고 커뮤니케이션이 일방통행으로만 이뤄지는 경향이 있어 타인과의 관계에서 오해와 마찰이 생기기 쉽다. 학교나 직장에 잘 적응하지 못하고 집에 틀어박혀 지내는 경우도 있다. 지배적이면서 과보호하는 엄마가 잔소리를 계속하면 10대 후반 무렵부터 가족에게 폭력을 휘두르기 시작하는 경우도 적지 않다.

천재 과학자 증후군

학자나 연구자 중에도 아스퍼거 증후군인 사람이 많다고 알려져 있다. 한 가지에 국한된 흥미와 집착도 잘 살리면 뛰어난 능력이 될 수 있다. 불필요한 대인관계가 필요 없고 실적에만 무게를 두는 세계는 이런 타입의 사람에게 안성맞춤이라고 할 수 있다. 뉴턴, 아인슈타인, 에디슨Thomas Alva Edison, 빌 게이츠William Henry "Bill" Gates III에게도 아스퍼거 증후군이 있었던 것으로 추측된다.

⭐ 철도와 역사에 꽂힌 아이

어느 중학교 2학년 남자아이의 사례이다. 이 아이는 철도 마니아로 기차 타는 것을 밥 먹는 것보다 좋아했다. 기차에 관해서라면 뭐든지 알고 있다. 사회 과목을 잘하고 애독서는 사회 과목 사전이라고 한다. 단편적인 지식이 풍부해서 연대年代와 역사적 인물의 계보에 대해서 말하기 좋아하고, 맥락도 없이 한번 말하기 시작하면 멈출 줄을 모른다. 시리즈 만화를 순서에 상관없이 읽기도 한다. 하나에 대한 집착이 강해서 글을 쓰면 같은 내용이 몇 번이나 반복된다. 소꿉친구였던 여자아이에게 집착이 있는지 그 아이의 이름이 글 속에 계속해서 등장한다.

행동이 한 박자 느린 경향이 있어서 초등학교 저학년 무렵부터 자주 따돌림을 당했다. 수업 중에 큰 소리를 내며 소란을 피우는 일도 있었다. 갑자기 엉뚱한 행동을 하기도 하는데, 한 번은 쇼윈도를 쇠망치로 두드려서 깨는 바람에 부모가 거액의 변상금을 물어주어야 했다. 노트에 쓴 글씨는 마치 자로 잰 듯이 고르다. 어휘와 지식은 풍부한 반면에 수학 응용문제는 전혀 풀지 못한다. 이 소년은 평소에는 전혀 상상할 수 없을 만큼 정돈되고 표현력이 풍부한 문장을 쓴다.

아스퍼거 증후군을 가진 사람을 대할 때의 기본 자세는 자폐성 장애 부분에서 기술한 내용이 대부분 그대로 적용된다. 아스퍼거 장애의 경우 자폐성 장애와는 달리 자발성이 오히려 높은 경우가 있다. 이런 타입은 '적극-기이형積極奇異型'이라는 이름으로 불리기도 한다. 이 유형은 잘 떠들고 적극적이기 때문에 얼핏 보면 자폐증적 성격이 아닌 것처럼 보인다. 하지만 자세히 관찰해보면 상대를 가리지 않은 채 자기 말만 하고, 자신이 흥미 있는 것에 대해서만 말하기 때문에 진정한 의미에서의 커뮤니케이션을 하지 못한다. 이들은 자신의 지식을 일방적으로 과시하거나 상대의 기분을 생각하지 않고 자기 생각을 그대로 입 밖에 내기도 한다. 그래서 반감을 사거나 오해를 받기 쉽고 사람들과 어울리지 못하며 따돌림의 대상이 되고는 한다. 따돌림을 당한 경험은 인간관계에 대한 생각을 부정적으로 만들어서 그 후의 사회생활에 적응하는 데 심각한 영향을 주는 경우도 많다.

그런 폐해를 막기 위해서 가장 중요한 일은 주위에서 그 사람의 특성을 잘 이해하고 이끌어주는 것이다. 또한 본인 스스로가 자신의 특성과 자신이 빠지기 쉬운 함정을 이해하고 행동을 수정할 수 있어야 한다. 스스로의 문제점을 파악하고 이를 극복하는 것을 자기 나름의 과제로 받아들이면 행동 면에서 크게 개선될 수 있다. 또한 본인을 받아들여주는 집단 안에서 생활하면 공감 능력이 발달되고 다른 사람에 대한 배려를 배우는 좋은 기회가 될 수 있다. 이런 경험이 큰 성장을 가져온다.

청년기에는 상대의 기분과 상관없이 행동하는 성향 때문에 연애를 하면서 트러블이 생기는 경우도 있다. 평소에 신뢰하는 존재가 적절한 조언을 함으로써 본인이 하기 쉬운 실수가 무엇인지를 자각하게 해주면 개선되는 경우가 많다.

◇ 용어에 대해서 ◇

아스퍼거 증후군은 오스트리아의 내과의사 한스 아스퍼거Hans Asperger가 1944년에 '자폐적 정신병질'이라는 말로 처음 정의했다. 현재 아스퍼거 증후군은 광범성 발달 장애 중에서 언어적인 발달 지연이나 인지 기능에 장애가 없는 가장 높은 기능을 가진 병을 가리킨다. 광범성 발달 장애 중에서 지적 장애가 없는(IQ 70 이상) 경우에는 '고기능 광범성 발달 장애'라고 부르기도 한다.

애착 장애, 아무런 감정도 보이지 않는다

프로이트의 막내딸이자 아동분석가였던 안나 프로이트Anna Freud 는 제2차 세계대전이 격렬했던 1941년, 런던에서 공습을 받아 부모를 잃거나 부모와 떨어져서 살게 된 아이들을 위한 보육원을 만들고 그 곳에서 아이들의 상태를 세밀하게 기록했다. 그 기록을 엮은 책《가 족을 잃은 아이들》은 부모와 떨어지거나 부모를 갑자기 잃은 아이들 에게 무슨 일이 일어나는지를 보여주는 귀중한 자료가 되고 있다.

안나가 남긴 기록 중에 토니라는 아이의 사례가 있다. 토니는 아빠 가 전쟁터에 나가서 엄마와 단 둘이 살고 있었는데, 엄마마저 폐결핵 에 걸리는 바람에 이리 저리 떠돌아야 했다. 33개월이 되었을 때 야뇨 증이 심해져서 돌봐주던 집에서 아이를 안나의 보육원에 데리고 왔 다. 안나는 다음과 같이 기록했다.

관찰한 결과 토니는 그때까지의 경험 때문에 완벽하게 그리고 무서울 정도로 사람에게 무관심해져버렸다는 사실을 알 수 있었다. 얼굴은 상당히 잘생겼지만 표정이 없고 때때로 억지웃음을 지었다. 수줍어하지도 않지만 특별히 나서지도 않고 자신이 놓인 자리에 아무렇지 않게 있을 수 있으며 새로운 환경에 전혀 두려움을 느끼지 않는 것처럼 보였다. 특별히 사람을 구별하지 않아서 누구를 따르지도 않고 거부하지도 않았다. 먹고 자고 놀면서 그 누구와도 문제를 일으키지 않았다. 유일하게 이상한 점은 감정이 전혀 없는 것처럼 느껴진다는 것이다.

토니는 보육원의 어떤 선생님에게도 정을 붙이지 않았다. 그런데 이 '얼음같이 차가운 상태'는 토니가 성홍열에 걸리는 바람에 격리되어 간호사와 마리 수녀의 돌봄을 받게 되면서 조금씩 무너지기 시작했다. 토니는 마리 수녀가 체온을 재기 위해서 자신을 무릎 위에 앉히고 어깨에 손을 둘러 주는 것을 좋아했다. 이 특별한 자세가 엄마 팔에 안겨있던 때의 기억을 분명하게 되살린 것이다.

이 케이스에서 살펴볼 수 있는 것처럼 적절하고 지속적인 애정과 양육을 받지 못해서 애착형성과 상호적인 대인관계에 지장이 생긴 상태를 '반응성 애착 장애'라고 부른다.

그런데 애정 부족이 반드시 '정서적인 은둔형 외톨이'로 나타나는 것은 아니다. 예를 들어 같은 보육원에서 안나가 보고한 사례 중에 레지라는 32개월 소년은 자신이 좋아했던 간호사인 메리 앤이 결혼해서 보육원을 떠났다가 2주 뒤에 다시 그를 찾아왔을 때 다음과 같은 반응을 보였다.

레지는 그녀를 쳐다보려고 하지 않았고 그녀가 말을 걸어도 딴 곳만 보고 있었다. 이윽고 그녀가 방에서 나가자 레지는 그녀가 나간 문을 지그시 바라봤다. 그리고 침대에 앉아서 이렇게 중얼거렸다.

"나만의 메리 앤! 하지만 너 같은 건 좋아하지 않아."

시설에 있는 아이들을 관찰해서 애착이론을 발전시킨 영국의 존 볼비John Bowlby에 따르면 엄마에게서 떨어져 시설에 맡겨진 유아들은 처음에는 울부짖으며 항의하지만, 얼마 안 있어 절망의 반응이 없어지고 '은둔형 외톨이' 상태에 빠진다. 분리가 더욱 길어지면 엄마와 재회해도 엄마를 무시하거나 적의를 보이는 '탈애착' 상태에 이른다. 볼비는 이런 체험을 반복한 아이가 '나는 사랑받지 못한다, 버려졌다, 부정당했다'는 생각을 가지게 된다고 기술했다. 이런 애착 장애는 어린 시절에 일시적으로 보이는 애착 장애 수준에 머물지 않고 평생에 걸쳐서 영향을 주게 된다. 볼비가 말하는 것처럼 아이의 건전한 인격 발달에는 양육자와의 따뜻하고 지속적인 관계가 필수불가결하다고 할 수 있다.

아무나 따른다 & 아무도 따르지 않는다

애착 장애는 크게 두 가지 유형으로 나뉜다. 하나는 토니처럼 누구와도 관계를 맺으려하지 않는 유형, 두 번째는 관계 맺기를 원하지만 동시에 타인에게 강한 경계나 긴장을 나타내고, 돌봐주는 사람에게조차 안심하고 기대지 못하는 유형으로 이를 '억제형'이라고 부른다.

또 다른 유형은 기댈 수 있는 상대라면 누구에게든 구분 없이 다가가며, 잘 모르는 사람에게도 과도하게 친근한 태도를 보이는 경계심이 결여된 유형이다. 이를 '탈억제형'이라고 부른다. 이 유형의 아이는 표면적으로 애착을 보이던 상대가 사라져도 그 사람을 그리워하거나 계속해서 집착하지 않고 금세 기댈 수 있는 다른 대상을 찾아나선다. 양쪽 유형 모두 지속적인 애착이 형성되기 어렵다는 점에서는 비슷하지만 표면적인 대인관계의 양상은 180도로 다르다.

이렇게 어린 시절에 몸에 베인 애착 패턴은 어른이 되어도 강하게 남아서 성격이나 행동양식을 통해 드러난다. 억제형 애착 장애는 회피성 인격 장애나 분열성 인격 장애로 발전하기 쉽고, 탈억제형 애착 장애는 경계성·연기성·의존성 인격 장애로 이어지기 쉽다.

애착 장애 아이가 균형을 찾는 과정

토니가 그 후에 어떻게 되었는지 궁금해 하는 이도 있을 것이다. 토니의 사례는 애정을 박탈당한 아이가 어떤 식으로 마음의 균형을 되찾아 가는지에 대해서 시사하는 바가 크기 때문에 소개하려고 한다.

마리 수녀와의 친밀한 관계 속에서 마음이 거의 회복되어가던 토니에게 또 다른 시련이 찾아왔다. 면회 날이 되면 다른 아이들 엄마는 찾아오는데, 자기 엄마만 나타나지 않자 낙담하고 만 것이다. 토니는 엄마 대신 작은엄마가 찾아와도 기뻐하지 않았고, 또다시 예전의 표정 없는 상태로 돌아가 버렸다. 사실 엄마는 병세가 악화되어서 끝내 숨을 거두고 말았던 것이다.

　　마리 수녀에 대한 토니의 집착은 점점 더 심해졌다. 그는 마리 수녀를 독점하려고 했으며 그녀가 다른 아이들을 보살펴주는 것을 매우 싫어했다. 그녀가 다른 아이와 손을 잡으려고 하면 "그 손은 내 거야!" 하고 소리쳤다. 마리 수녀에 대한 토니의 태도는 집착과 동시에 분노와 거부라는 형태를 취할 때도 있었다. 토니는 일부러 욕조에 장난감이나 인형을 던져 넣고 마리 수녀의 탓으로 돌리거나 재워주려고 하면 '마리가 싫다'면서 방에서 나가라고 명령하기도 했다. 하지만 마리 수녀가 정말로 나가버리면 울음을 터뜨렸다.

　　이처럼 애정을 갈구하면서도 솔직하게 표현하지 못하고 분노를 터뜨리거나 상대를 자기 마음대로 휘두르려고 하는 모습은, '경계성 인격 장애'를 가진 젊은이가 상대를 신뢰하지 못하고 어려운 문제를 내며 시험하는 것과 매우 비슷하다. 경계성 인격 장애인 젊은이를 상대할 때 대부분의 사람이 그런 것처럼 마리 수녀도 토니의 변덕스러운 감정 폭발에 말려들어 지칠 대로 지치고 말았다. 그녀 자신도 이렇게 상대해주는 일이 정말 토니를 위한 것인지 의구심이 들기 시작했다. 그도 그럴 것이 토니가 마리 수녀와 관계를 맺기 전에는 반응이 전혀 없기는 했지만 어떤 의미로는 손이 안 가는 다루기 쉬운 아이였다. 그러나 마리 수녀가 노력해서 가까워진 후로는 말을 전혀 안 듣고 말썽만 일으키게 되었다며 다른 직원들이 수군댔기 때문이다.

성격에 문제가 있는 사람을 도울 때도 이런 일이 일어나고는 한다. 도움을 주다보면 어느새 제멋대로 굴기 시작해서 다루기 어려워지는 것이다. 표면만 보면 상태가 완전히 악화되었다고 받아들일 수도 있다. 어리광을 너무 받아줘서 그렇다고 비난하는 사람도 있을지도 모른다. 그 시기를 극복하지 못하고 도움을 주려던 사람이 나가떨어지는 경우도 적지 않다.

하지만 마리 수녀는 안나와 다른 선생님들의 격려를 받으며 이 시련을 극복했다. 토니와 마리 수녀 사이에 굳건한 신뢰관계가 생긴 것이다.

그녀는 토니의 격렬한 폭발에도 변함없는 상냥함과 애정으로 응했다. 그 결과 그의 반응은 놀랄 정도로 짧은 기간 안에 변화되었다. 그는 원내에서 그녀와 떨어져 있을 때도 그녀의 존재를 믿을 수 있게 되었다. 그녀가 병실에서 바쁘게 일하고 있을 때는 보육실에서 혼자 놀았다. 그는 그녀가 어디에 있는지를 알고 언제든지 달려가서 그녀를 찾을 수 있으면 그걸로 만족했다.

눈앞에 없는 존재를 믿을 수 없다는 기본적인 안정감의 결여가 경계성 인격 장애인 사람을 괴롭히는 특징이라는 사실을 생각하면, 토니의 변화는 그것을 되돌리는데 무엇이 필요한지를 보여준다고 할 수 있다. 토니는 더욱 성장해갔다. 마리 수녀가 휴가 차 2~3일 동안 런던을 떠날 때도 짐 싸는 것을 도와주면서 그녀의 즐거움을 자신의 즐거움처럼 생각했고, 마리 수녀가 출발 시간에 늦지 않도록 배려해 주기까지 했다. 사랑하는 사람과의 동일화와 공감을 자신의 이기적 인 만족감보다 중요하게 생각하게 된 것이다.

그 후 토니는 아빠를 원하게 된다. 군복을 입은 병사를 발견할 때마다 달려가서 얼굴을 확인하고 아빠가 아니라는 사실을 알면 울기 시작했다. 그런데 토니가 목을 빼고 기다리던 아빠가 모습을 드러냈을 때 아빠는 젊은 여자와 함께 있었다. 그래도 토니는 아빠에게 어리광을 부리며 "나한테는 엄마가 없어. 아빠만 있고, 그 다음은 마리야"라고 말했다. 아빠가 돌아간 뒤에도 자신에 대한 관심이 점차 줄어드는 아빠의 사소한 부분까지 이상화했다.

이런 사례를 보면 어린 아이에게 있어서 부모가 얼마나 중요한 존재인지를 새삼스럽게 생각하게 된다. 하지만 정작 부모는 그 사실을 잊을 때가 많다. 토니의 사례는 결코 먼 옛날에만 있었던 이야기가 아니다. 과거에 비해 훨씬 풍요로워진 지금도 이런 아이들이 넘쳐난다. 다음에 등장하는 소녀의 사례도 그런 사례 중 하나이다.

초등학교 1학년인 N이 학교를 자주 빠져서 담임선생님이 집으로 찾아가보니 어른은 아무도 없고 N 혼자 집에 있었다. 엄마는 간밤에 나간 뒤로 돌아오지 않았다고 한다. N은 더러워진 속옷만 입고 있었는데 입을 만한 옷이 없는 것 같았다. 물어보니 어제부터 아무것도 먹지 못했다고 했다. 학교에 가면 급식을 먹을 수 있다고 하자 '엄마가 당분간 학교에 가면 안 된다고 했다'는 것이다. 몸을 살펴보니 맞은 것 같은 멍과 상처가 있어서 어떻게 된 거냐고 물었는데, N는 아무 말도 하지 않았다.

N의 가족은 엄마, 그리고 별거 중인 아빠가 전부인데 아빠는 좀처럼 찾아오지 않는 것 같았다. 엄마는 일을 하다가 최근에 그만둔 듯했다. 담임선생님이 N의 엄마와 만나기 위해 면담 약속을 잡았지만 결국 엄마는 나타나지 않았다.

이후 학대와 방임 혐의로 아동상담소가 개입하게 되었다. 엄마는 학대 사실을 인정하면서 눈물을 흘렸다. 그리고는 "아이가 어렸을 때 조부모 손에서 자란 탓인지 자신을 잘 따르지 않아서 정이 안 갔다", "자신도 모르게 손을 들게 된다"고 말했다. 이대로 가다가는 학대가 재발할 가능성이 높다고 판단되어 결국 N은 보육시설에 들어가게 되었다. 시설에 들어간 N은 사람들을 과도하게 경계하고 그 누구에게도 마음을 열지 않았다. 자기 기분을 말하는 일도 거의 없었다. 무슨 말을 해도 그저 순종적으로 고개만 끄덕였고, 얼굴에서 아이다운 표정을 전혀 찾아볼 수가 없었다. 다른 사람이 무언가를 해주는 것이 익숙하지 않은 듯했다. 다른 아이가 있어도 혼자 방 한 구석에 오도카니 앉아있는 일이 많았다. 엄마는 면회를 오지 않았다. 가끔 다른 아이의 소지품이 없어지는 일이 있었는데, 직원 중에는 N이 한 짓이 아니냐고 의심하는 사람도 있었다.

직원들은 N에게 계속해서 수용적인 태도를 보여주었다. N은 차츰 안정감을 회복하면서 말수가 늘었고, 웃는 얼굴도 보이기 시작했다. 직원들은 N이 많이 건강해졌다며 기뻐했다. 또래 아이들과는 아직 어울리지 못하지만 관심을 가져주는 직원들에게는 찰싹 달라붙어서 어리광을 부렸다. 심부름을 하고 싶어 하고 칭찬을 받으면 기뻐했다.

그러던 와중에 갑자기 트러블이 늘기 시작했다. 사소한 일이라도 자신의 요구를 들어주지 않으면 부모처럼 따뜻하게 돌봐주는 직원을 헐뜯거나 물건을 던져서 부수기도 했다. 종종 간식이나 먹을 것을 훔쳤다가 발각되는가 하면, 자신이 좋아하는 직원이 다른 아이와 다정하게 있는 모습을 보면 기분이 상해서 그 아이를 때리기도 했다. 평상시에는 또래 아이들에게 무관심하다가도 자신에게 조금이라도 상처를 준다 싶으면 상대를 불문하고 덤벼들어서 몸싸움을 했다. 그런 상태는 조부모에게 인도될 때까지 계속되었다.

이처럼 애착 장애는 부모가 학대하거나 방임했을 때 나타나거나, 부모나 어른의 사정으로 양육자가 계속해서 바뀌었을 때 나타나는 경우가 많다. 자신을 따르지 않는 아이에게 부모가 부정적으로 반응해서 점점 상황이 악화되기도 한다. N의 사례처럼 애착형성에 가장 중요한 시기에 부모와 좋은 관계를 맺지 못하고, 그 후에 부모가 키우더라도 아이가 잘 따르지 않는다는 이유로 학대를 당하는 예도 흔히 찾아볼 수 있다. 애정이 부족한 아이들은 성장이 부진하거나 영양이 부족해서 허약하며 야뇨증을 동반하는 경우가 많고, 애정과 관심을 받기 위해서 거짓말을 하거나 물건을 훔치는 경우도 있다.

분리불안, 엄마와 떨어지면 운다

보육 일에 종사하는 사람에게 3월은 상당히 우울하고 힘든 달이다. 처음으로 어린이집에 맡겨지는 아이들이 매일같이 절망적으로 울부짖기 때문이다. 울고 있는 아이를 두고 떠날 수밖에 없는 부모도 마음이 편치 않은 날들을 보내게 된다. 그래도 적응이 빠른 아이는 며칠이 지나면 울음이 짧아지지만, 개중에는 한 달이 지나도 계속 우는 아이도 있다.

정도의 차이는 있지만 어린 아이라면 누구나 엄마에게서 떨어지는 일에 불안을 느끼기 마련이다. 하지만 그 정도가 지나치면 사회생활을 시작하는데 지장이 생긴다. 엄마와 잠깐만 떨어져도 패닉을 일으키거나 우울한 상태에 빠지기도 하고, 신체적인 이상 증상을 보이기도 한다. 애착을 가지고 있던 인물에게서 떨어지는 일에 강한 불안을 느끼고 어떤 종류의 이상 증세를 보이는 것을 '분리불안 장애'라고 한다. 분리불안 장애를 앓는 아동과 청년은 약 4%로 빈도수가 상당히 높은 편이다. 공황 장애를 가진 엄마를 둔 아이에게서 흔히 나타난다는 보고도 있다.

분리불안 장애가 있는 아이는 어디를 가더라도 부모와 함께하지 않으면 불안해하고 부모와 온종일 붙어 있으려고 한다. 같은 침대에서 자려고 하는 경우도 많다. 부모가 잠시라도 외출을 하거나 귀가 시간이 늦어지면 불안해할 뿐 아니라 기분이 가라앉거나 안절부절 못하기도 한다. 단지 물리적이고 현실적으로 떨어지는 것만이 아니라 사랑하는 존재가 '죽을지도 모른다', '어딘가로 가버릴지도 모른다', '영영 없어질지도 모른다'는 불안 가득한 상상을 하고 그 생각에 사로잡힌다. 잠을 자는 것이나 어두운 곳을 무서워하고 애착을 가지고 있는 인물이 없어지는 악몽에 시달리는 경우도 많다.

불안의 근원은 모자 분리

어떤 사건이 발생하고 난 뒤에 강한 분리불안이 표면화되는 케이스도 적지 않다. 불안을 높이는 사건으로는 가족이나 애완동물의 죽음, 부모의 이혼이나 별거, 이사나 전학, 가족이나 본인의 병 등이 있다. 분리불안 장애는 유아기부터 초등학교 저학년 사이에 많은데, 다음 케이스처럼 비교적 높은 연령의 아이에게서 나타나기도 한다. 더 늦게는 청년기에 시작되는 경우도 있으며 등교 거부의 원인이 되기도 한다.

★ 엄마의 상담 상대가 된 아들

　중학교 1학년인 J가 몸 상태가 안 좋다는 이유로 학교에 자주 빠졌다. 전에는 성적이 좋았는데 최근에는 공부에 의욕을 잃고 숙제도 손에 안 잡히는 듯했다. 외출을 한 엄마가 조금이라도 늦게 돌아오면 짜증난 목소리로 전화를 하고, 엄마가 서둘러 돌아와서 보면 울 것 같은 얼굴로 방 안을 빙빙 돌고 있기도 했다. 항상 엄마와 같은 방에서 자려고 하고, 식욕도 없어서 어딘가 안 좋은 곳이 있는지 확인하기 위해 의료 기관을 방문했다.

　J의 집은 한부모 가정으로 부모님은 2년 전에 이혼했다. 부모님이 이혼한 뒤에 엄마와 함께 살게 된 J는 엄마를 잘 보필했다고 한다. 뭔가 짐작 가는 데가 없냐고 묻자 엄마는 어쩌면 2개월 정도 전에 있던 일 때문인지도 모른다며 이야기를 꺼냈다. 자신이 건강검진을 받았는데 이상 소견이 있어서 어쩌면 암일지도 모른다고 아들에게 털어놓았다는 것이다. 그때는 자신도 당황해서 말하면서 눈물까지 글썽였는데 J는 묵묵히 듣기만 했다고 한다. 다행히 정밀검사 결과 암이 아니었다고 했다. 엄마의 말하는 투로 추측하건데 지금까지도 아들을 상담 상대 삼아 뭐든지 다 이야기한 듯했다.

　J에게 물어보니 엄마가 울면서 암일지도 모른다고 했을 때 큰 충격을 받았다고 했다. 그 뒤로 불안해져서 공부에 집중이 안 되고, 언젠

가 엄마가 죽을 거라는 생각에 불안과 슬픔으로 기력이 없어져서 아무것도 할 수가 없었다는 것이다. 암이 아니라는 사실이 밝혀졌지만 불안감은 사라지지 않았다. 그는 언젠가 그런 날이 올 거라고 생각하면 어떻게 해야 좋을지 모르겠다고 했다.

J가 안고 있는 강한 분리불안에는 복선이 있었다는 사실이 그 후의 상담을 통해서 밝혀졌다. 사실 엄마는 이혼 전후에 정서적으로 매우 불안정한 시기가 있었고, 자살하고 싶다고 몇 번씩이나 J에게 말했던 것이다. J는 '이제 그만 죽고 싶다'고 울부짖는 엄마에게 매달려서 함께 운 적이 있다고 한다. 엄마는 조금 철이 없는 성격으로 자신의 기분을 주체할 수 없으면 상대가 아들이더라도 괴로운 마음을 모조리 쏟아냈다. 엄마가 암일지도 모른다는 염려가 결정타를 날려서 심각한 분리불안을 표면화시킨 듯했다.

J의 강한 불안 상태는 한동안 이어져서 그는 엄마와 같은 방에서 자고 싶어 했고, 가능한 엄마와 함께 행동하려고 했다. 상담 후 엄마는 아들을 대하는 방법을 바꿔서 귀찮아하는 대신에 안심시키려고 노력했고, 그 결과 J는 학교를 빠지는 일이 줄고 점차 밝은 성격을 되찾았다.

부모와 자식의 밀착도가 높은 오늘날, 청년기가 되어서도 분리불안에서 벗어나지 못하는 케이스가 적지 않다. 특히 부모가 불안해하는 성격인 경우, 이 사례처럼 아이가 그 불안의 배출구가 되어서 부모대신 불안을 떠안는 경우도 있다. 친구 같은 부모 자식 관계에서 빠지기 쉬운 함정이다. 분리불안 장애라는 이름을 달 정도는 아니지만 무슨 일을 하든지 엄마가 따라가야 하거나 엄마의 조언이나 격려가 필요한 아이도 많다. 커서도 분리불안이 지속되면 의존성 인격 장애나 회피성 인격 장애로 이행할 가능성이 있으니 주의해서 지켜봐야 한다.

◇ 대응 방법과 치료 포인트 ◇

안정감을 회복하면 분리불안도 자연스럽게 누그러들고 행동 범위도 넓어지며 패닉과 악몽도 사라진다. 서두르지 않는 것이 가장 중요하다. 증상에 지나치게 신경쓰는 대신 아이의 기분에 관심을 두자. 이런 아이들은 엄마가 불안해 하는 경우가 많은데, 엄마가 건강해지면 아이의 증상도 개선된다. 아이를 충분히 받아들이려 노력하고 얼마든지 함께 있어도 된다는 안도감을 주는 것으로 시작하는 게 좋다. 아플 때는 계속 함께 있으며 곁에 없더라도 항상 생각하고 있다는 메시지를 계속해서 보내야 한다.

엄마가 매일 아침마다 아이에게 꽃 한 송이를 주면서 "엄마라고 생각하고 학교에 가지고 가라"고 말한 사례도 있었다. 학교를 자주 빠지던 아이는 그 꽃을 부적처럼 꼭 쥐고 학교에 다니게 되었다. 어느 날 꽃이 없어지는 바람에 아이가 얼굴이 새하얘져서 꽃을 찾으러 뛰어다닌 적이 있었지만 말이다. 다행히 꽃은 신발장에 있었고, 아이는 완전히 시든 꽃을 소중히 안아 들고는 안도의 미소를 지었다고 한다.

증상이 심각한 경우에는 약물 치료나 행동 치료가 필요하다.

선택적 함구증, 특정한 곳에서 말을 하지 않는다

학교에서는 말을 할 수 없어요

초등학교 5학년인 N은 학교에 가서 말을 한마디도 하지 않았다. 3학년 때까지는 내성적이기는 했지만 평범하게 말을 했는데, 4학년 중간부터 갑자기 말이 없어졌다. 반면 아이 엄마의 말로는 집에서는 예전처럼 말을 잘 한다는 것이다. 어느 날 담임선생님이 N의 집에 전화를 했다가 수화기 너머로 들려오는 아이의 활기찬 목소리에 매우 놀라기도 했다. 새로운 담임선생님은 N이 항상 돌처럼 입을 꾹 다물고 있는 모습 밖에 보지 못했기 때문에 평소에도 말이 없다고 생각했던 것이다.

N처럼 어떤 상황에서만 말을 안 하는(말하지 못하는) 상태를 '장면함구증' 또는 '선택적 함구증'이라고 부른다. 새로운 환경에서 말이 없어지는 모습은 아이에게서 흔히 찾아볼 수 있는데, 선택적 함구증

은 말을 전혀 하지 않는 상태가 1개월 이상 이어지는 것을 말한다. 학교를 막 다니기 시작했다면 더 길게 상황을 지켜보아야 한다.

N의 경우에는 선택적 함구증은 있어도 학교는 계속해서 나갔다. 자신보다 힘이 센 아이에게는 말을 하지 않는 듯했지만, 예전부터 자주 함께 놀던 저학년 동생이나 자신보다 힘이 약한 아이에게는 말을 하는 경우도 있었다. 학교에서 수업시간에 발언을 하거나 필요한 대답을 하지 못해서 점차 뒤처지긴 했지만, 학교생활은 어떻게든 해나갔다. 입을 다물고 있어도 N의 기분이나 상황을 대변해주는 아이가 두세 명쯤 있었기 때문이다. 주위에서도 어차피 N은 말을 하지 않는다고 생각했기 때문에 처음부터 그의 발언을 기대하지 않았다.

N과는 대조적으로 그의 엄마는 매우 말이 많았고, 자신의 걱정을 곧장 입 밖으로 내서 자잘한 것까지 일일이 말하지 않으면 마음이 놓이지 않는 듯했다. N에게도 사소한 것까지 끊임없이 지적을 했고 N은 엄마가 하라는 대로만 했다. 엄마가 모든 걱정을 해주고 모든 일을 대신해주기 때문에 스스로 문제를 해결하려는 생각이 전혀 없는 것 같았다. 이처럼 선택적 함구증은 지배적인 엄마와 의존적인 아이의 조합으로 나타나는 경우가 많다.

선택적 함구증에 걸린 아이는 불안이 강해서 대인접촉을 피하려는 경향이 있다. 또한 아스퍼거 증후군 등의 발달 장애나 언어 장애가 함께 있는 경우가 적지 않다는 보고도 있다. 유병률은 보고서에 따라서 다르기는 하지만 대략 1만 명 당 3~18명 정도라고 알려져 있다. 남아

보다 여아에게 많고 미취학 아동기에 시작되는 경우가 많다. 중학생 때 발병하는 케이스도 있다. 부모나 형제의 폭력 등 만성적인 스트레스가 원인이 되기도 한다.

◇ 증상이 유사한 질환 ◇

말을 하지 않는 다른 질환으로 표현성 언어 장애나 자폐성 장애 등의 광범성 발달 장애, 지적발달의 지연 등을 고려해야 한다. 선택적 함구증의 특징은 가족 등 친한 사람과는 어느 정도 대화를 한다는 것이다.

◇ 대응 방법과 치료 포인트 ◇

말을 하라고 억지로 강요하거나 의식하게 만드는 것은 바람직하지 못하다. 아이를 안심시키는 것이 가장 중요하다. 부모가 문제를 먼저 해결해주거나 말을 대신 해주는 것이 습관이 된 경우에는 시간이 걸리더라도 도와주는 것을 줄여야 한다. 본인 생각과 기분을 스스로 표현하고 자기 판단으로 행동할 때까지 기다려주는 것이다.

치료를 할 때도 그림을 그리거나 놀면서 아이를 안심시키고, 자연스럽게 목소리를 낼 때까지 기다리는 것이 기본이다. 가족의 문제를 반영하고 있는 경우도 많기 때문에 가족 면담이나 가족 치료도 병행한다. 불안을 경감시키기 위해서 항우울제의 일종인 SSRI Selective Serotonin Reuptake Inhibitors (항우울제의 일종으로 우울증, 불안 장애 등을 치료하는 데 쓰인다—역자 주) 등의 약물을 사용하는 경우도 있다. 입 모양만 흉내 내는 것부터 시작해서 서서히 발성 연습을 하는 행동 치료적인 접근법도 효과적이라고 알려져 있다. 음운 장애나 언어 장애가 함께 나타나는 경우에는 언어 치료가 필요하다.

제4장

몸이나 행동으로 드러나는
마음의 신호

유아기, 먹는 것의 중요성

아기를 키울 때 가장 힘든 일이라고 한다면 누가 뭐래도 하루에도 몇 번씩 젖을 물리거나 분유를 주는 일일 것이다. 아기가 잘 먹으면 그나마 안심이지만 잘 먹지 않으면 어디가 안 좋은 것은 아닌지 마음을 졸이게 된다. 우유를 떼고 밥을 먹게 되면 어느 정도는 편해지지만, 그래도 잘 먹고 안 먹고는 항상 신경이 쓰이게 마련이다.

구체적인 원인이 없는데 젖을 잘 먹지 않거나 음식 섭취량이 충분하지 않아서 체중이 늘지 않는 것을 '섭취 장애'라고 부른다. 섭취 장애의 원인 중 하나로 생각해볼 수 있는 것은 발달의 지연이다. 운동기능 발달의 지연은 수유나 섭식에도 영향을 주기 쉽다. 또한 앞장에서 살펴본 것처럼 애착 장애가 있으면 보통 섭취 장애가 따라오는데, 이는 아이의 성장을 지연시킨다. 또 한 가지 흔한 원인으로는 부모의 불안이 지나치게 강한 것을 들 수 있다. 특히 첫 아이인 경우, 부모가 아이에게 분유나 밥을 먹일 때 과도하게 신경을 쓰고 완벽하게 하려는 경향이 있다. 그런데 정해진 양을 꼭 먹여야 한다는 생각에 구애받으면 악순환이 생긴다. 마음의 여유를 잃지 말고 아이의 반응을 잘 살피면서 유연하게 대응하는 것이 중요하다.

잘 먹던 아이가 어느 시기부터 먹은 것을 토해내거나 음식을 입안에서 계속 굴리는 경우가 있는데, 이런 상황이 계속되면 '반추 장애'가 된다. 이 또한 발달 지연과 함께 나타나기 쉽다.

먹지 못할 것을 먹는 행위를 '이식'이라고 하고, 이식 행위가 계속되는 것을 '이식증'이라고 부른다. 주로 흙이나 머리카락, 그림 물감, 종이, 코딱지, 나뭇잎 등을 먹으며, 단순히 입에 넣어보는 행위는 포함되지 않는다. 비타민이나 아연 등의 미네랄이 부족해서 이런 행동을 하는 경우도 있다. 발달 지연이 있는 아이에게서 종종 찾아볼 수 있는 증상이다.

말더듬증을 이겨내고 총리가 된 소년

전 일본의 내각총리대신으로서 한 시대를 쌓아올린 다나카 가쿠에이는 연설을 잘하기로 유명하다. 그런 그도 어린 시절에는 말을 심하게 더듬어서 주변에서 걱정이 많았다고 한다. 쓰모토 요의 《이형의 장군 다나카 가쿠에이의 생애》에 따르면 가쿠에이가 말을 더듬기 시작한 것은 디프테리아를 앓고부터라고 한다. 디프테리아(균에 의해 발생하는 급성 호흡기 감염병)는 당시에 아이들의 목숨을 빼앗아간 무시무시한 질병이었다. 병을 앓고 나서 가쿠에이는 점차 말이 없어지면서 내향적으로 변했고 집에서 노는 일이 많아졌다. 말을 더듬는다고 놀림을 받기도 했다. 그러던 어느 날 화가 치민 그는 자신을 놀리는 상대를 기다렸다가 죽창을 가지고 덤벼들었다. 놀란 상대방은 넘어지면서 도랑에 굴러 떨어졌고, 가쿠에이를 무서워하게 되어서 그 후로는 놀리지 않았다.

하지만 말더듬는 버릇은 전혀 나아지지 않았다. 교정법 책을 읽어보기도 했지만 효과가 없었다. 이상하게도 '잠꼬대를 할 때, 노래를 부를 때, 여동생 등 자기보다 어린 아이와 이야기를 할 때는 말을 더듬지 않았다. 키우던 강아지에게 말을 걸 때는 유창하게 말할 수 있었다'고 한다. 또 가쿠에이는 화가 나서 물건을 집어 던지면서 "야!" 하고 소리를 지를 때도 목소리가 잘 나온다는 사실을 깨닫게 되었다.

이윽고 그는 인적이 드문 산 속에 들어가 고성방가를 하기 시작했다. 당시에 유행했던 나니와부시(주로 의리나 인정을 노래한 대중적인 창—역자 주)에 재미를 느끼고 거기에 빠져들어서 스스로 사람들 앞에서 시를 읊조리기도 했다. 가락을 넣으면 그냥 말할 때처럼 말이 막히지 않았던 것이다. 또한 연설조로 말해야 말이 더 잘 나온다는 사실을 깨달았는데, 그의 독특한 연설 어조는 이때 탄생한 것이다. 이렇게 가쿠에이 소년은 인생의 첫 시련을 극복하고 차츰 자신감을 회복해갔다.

일반적으로 아이의 말더듬증 유병률은 약 1%라고 알려져 있다. 5세 전후에 발병하는 경우가 많고, 대부분 10세 이전에 시작된다. 남자아이가 여자아이보다 약 3배 많고, 실제로 말더듬이 증상이 있는 사람이 나중에 작가나 예술가가 된 케이스를 심심치 않게 찾아볼 수 있다. 작가인 이노우에 히사시井上夏와 시게마츠 기요시重松淸, 뉴스캐스터인 오구라 도모아키小倉智昭도 소년 시절에 말을 더듬어서 고생을 했다고 한다. 배우인 마릴린 먼로Marilyn Monroe는 성적인 학대를 받아서 말더듬이가 되었지만, 그녀는 오히려 자신의 혀 짧은 소리를 매력으로 어필했다. 말을 할 때의 핸디캡이 그들을 예술가로 만드는 원동력이 되었음이 분명하다.

◇ 증상이 유사한 질환 ◇

다른 지적 능력에 비해서 언어전달 능력이 현저하게 저하되어 있는 것을 '커뮤니케이션 장애'라고 부른다. 커뮤니케이션 장애에는 말더듬병 외에도 표출성 언어 장애, 수용-표현 혼합성 언어 장애, 음운 장애 등이 있다.

표현성 언어 장애는, 듣기 능력은 연령에 맞게 가능하지만 말하기 능력이 문법적, 어휘적, 구문적인 부분에서 서툰 것이 특징이다. 수용-표현 혼합성 언어 장애는 말하기 능력뿐 아니라 듣기 능력도 낮은 것을 말한다. 음운 장애는 발음이 불명확하고 올바르지 못한 것을 가리킨다.

50~80%가 자연스럽게 나아진다. 다나카 가쿠에이가 깨달은 것처럼 말더듬이 증상은 음독을 하거나 노래를 부를 때, 사람 이외의 대상에게 말을 할 때는 증상이 사라지는 경우가 많다. 왜냐하면 말을 더듬는 문제는 증상 그 자체보다 말을 더듬는다는 사실 때문에 본인이 자신감을 잃어서 사회생활을 회피하고 소극적으로 행동해 발생하는 부분이 크기 때문이다.

말을 유창하게 하는 것은 그다지 중요하지 않으며 무엇을 말하는지가 중요하다는 사실을 반복해서 강조해 주어야 한다. '말이 막혀도 상관없으니 하고자 하는 말이 있으면 마음을 담아서 끝까지 하라'고 지도하고, 말을 더듬는 것 자체에는 부정적인 평가는 물론이고 긍정적인 평가도 하지 말아야 한다. 형식이 아니라 내용과 감정에 집중하게 한다. 그리고 차분하게 그 사람의 이야기에 귀를 기울이고 내용에 공감히기를 반복한다. 증상을 고치려고 하면 오히려 완화되지 않는다.

최면요법은 일시적으로는 효과가 있지만 오래가지 못한다.

틱이란 의도치 않게 몸의 특정 부위가 갑자기 움직이거나 말이 튀어나오는 것으로 눈 깜빡거리기, 목 흔들기, 어깨 움츠리기, 얼굴 찡그리기, 침 뱉기 등의 동작을 하는 '운동 틱'과 헛기침하기, 킁킁거리기, 이상한 소리내기 등 소리와 관련된 '음성 틱'이 있다. 또한 안 좋은 말이나 욕설을 하는 '모욕증'과 상황과 상관없이 정해진 말을 반복하는 틱도 있다. 운동 틱뿐만 아니라 음성 틱이 빈번하게 일어나고 1년 이상 지속되는 경우 '투렛 증후군'이라고 부른다. 이 명칭은 질 드 라 투렛Georges Gilles de la Tourette이라는 프랑스 의사가 이 병에 대해서 최초로 기록한 것에서 유래되었다.

10~20%의 아이에게 틱이 나타난다고 알려져 있으며 6~7세 사이가 가장 많다. 대부분은 일시적인 현상으로 1년 이내에 자연스럽게 사라지지만, 투렛 증후군은 회복하는데 다소 시간이 걸린다. 틱은 스트레스성 요인이 강한데, 투렛 증후군은 유전적 요인이 커서 태내에

있을 때에 생긴 문제나 스트레스성 요인이 관여하기도 한다.

ⓘ 몸이 자꾸 반항해요

시설에 입소한 초등학교 6학년 남자아이가 있었는데, 초등학교 1학년 무렵부터 눈을 계속해서 깜빡였다. 일시적으로 증상이 거의 사라진 시기도 있었지만 아빠가 집에 잘 들어오지 않게 된 초등학교 3학년 무렵부터 다시 심해졌고, 얼굴을 찡그리고 어깨를 흔드는 등의 동작도 더해졌다. 최근에는 "제길"과 같은 안 좋은 말을 무의식중에 입 밖에 내기도 했다. 산만하고 눈을 가만히 두지 못하며, 주위를 두리번두리번 살피고 난폭한 행동도 했다. 이런 행동이 시설에 입소하는 결정적인 계기가 되었다.

엄마가 찾아와서 설교를 할 때마다 아이는 고개를 끄덕이며 열심히 들었다. 엄마 앞에서는 마치 다른 아이처럼 착하게 행동하려고 했는데, 엄마의 요구와 아이의 현실에는 차이가 꽤 있어 보였다. 엄마가 돌아간 뒤에는 매번 틱 증세가 악화되었다.

틱과 혼동하기 쉬운 것으로 상동운동 장애, 광범성 발달 장애에서 나타나는 상동운동, 강박성 장애에서 나타나는 강박 행위가 있다. 음성 틱은 통합실조증의 혼잣말과 비슷한 경우도 있다. 의도하지 않은 움직임은 무도병, 뇌염 후유증 등에 의한 뇌성마비, 레쉬니한 증후군, 다발성 경화증 등의 신체질환이나 안정제 등 약물의 영향으로 일어나기도 한다.

대부분의 틱은 시간이 지나면 없어진다. 과도하게 의식하면 오히려 나아지기 어렵다. 따라서 아이에게 틱이 나타나면 처음 한동안은 주위에서 신경을 쓰지 않는 편이 좋다. 어떤 일 때문에 스트레스를 많이 받고 있다면 그 일을 줄인다. 회복이 더딘 경우에는 다른 질환의 가능성이 없는지를 검사해보고, 생활에 지장이 큰 경우에는 행동 치료나 약물 치료도 시도해야 한다.

투렛 증후군에는 중추 신경 억제제 등을 투여하는 약물 치료가 효과적이다.

야뇨증, 불안하면 소변이나 대변을 참지 못한다

시바 료타로司馬遼太郎의《료마가 간다》에는 소년 료마가 늦게까지 야뇨증으로 고민했다고 기록되어 있다. 나중에 막부 말기의 지사가 되어서 한 시대를 움직인 영웅도 어린 시절에는 허약한 울보인데다가 '오줌싸개'였던 것이다. 우리같이 평범한 사람에게도 용기를 주는 에피소드이다.

아이들은 보통 네다섯 살쯤 되면 스스로 배변을 조절할 수 있게 된다. 그런데 다섯 살이 넘어도 오줌을 가리지 못하는 경우가 있다. 간혹 배변 자립이 이루어졌다가 나중에 다시 오줌을 가리지 못하게 되는 경우도 있다. 소변을 억제하지 못하는 것을 '요실금'이라고 하고, 대변을 억제하지 못하는 것을 '변실금'이라고 한다.

요실금은 유전적인 요인이 관여하는 케이스와 환경적인 요인이 크게 작용하는 케이스가 있다. 어떤 조사에서는 요실금이 있는 아이 중 약 70%는 부모 중 누군가에게 요실금이 있었다는 사실이 밝혀지기도 했다. 또한 요실금은 정신적인 스트레스나 외상 체험, 불안정한 양육 환경 등에 민감하게 반응해서 일어나는 경우도 많다.

엄마만 졸졸 따라다녀요

야뇨증 때문에 의료 기관을 방문한 초등학교 4학년 소년의 사례이다. 이 아이는 세 살 무렵에 거의 배변을 조절할 수 있게 되었다. 그런데 엄마가 일을 하기 위해서 아이를 어린이집에 맡기기 시작한 네 살 무렵부터 가끔씩 오줌을 참지 못하게 되었다. 자면서 뿐만 아니라 낮에도 소변을 가리지 못할 때가 있었다. 아이는 항상 엄마 뒤만 졸졸 쫓아다녀서 '금붕어 똥' 같다는 말을 듣곤 했다.

낮 시간에 실수를 하는 일은 초등학교에 들어가기 전에 없어졌지만, 밤에는 매일같이 실수를 했다. 초등학교 3학년 무렵부터는 실수를 하지 않는 날도 있었다. 그런데 한 달 전, 아빠가 갑작스러운 병으로 입원을 하게 되면서부터 다시 매일같이 이불을 적셨다. 뭔가 스트레스가 될 만한 일이 있거나 환경이 바뀌면 악화되는 듯했다. 엄마는 신경질적이고 걱정이 많은 성격으로 아이를 과보호하면서 지나치게 간섭하는 경향이 있었다. 아이가 실수를 할 때마다 끊임없이 잔소리를 하거나 한숨을 내쉬었다.

담당 의사가 아이의 엄마에게 야뇨증은 자연스럽게 개선되기 때문에 지나치게 예민하게 굴지 않는 것이 중요하다고 전하고 투약 없이 상태를 지켜봤다. 그리고 반년 정도 지난 후에 증상이 완전히 사라졌다.

이처럼 분리불안이나 환경 변화가 야뇨증의 도화선이 되는 경우가 많다. 요실금의 빈도는 5세에 5~10%, 10세에 3~5%, 15세 이상에서 약 1%로 알려져 있다. 요실금인 아이의 4분의 3은 부모 중 한 사람이 과거에 요실금이었을 것으로 보인다. 또한 변실금의 빈도는 5세 아동의 약 1%라고 알려져 있다. 높은 연령까지 야뇨증이 계속되는 사례를 살펴보면 종종 아이가 심각한 애정 박탈 체험을 한 경우가 있다.

변실금은 환경요인이 크게 관여하는 것으로 알려져 있으며 부모가 아이에게 지배적이고 강압적인 태도를 보이거나 완벽을 강요하는 경우가 많다. 엄하게 배변훈련을 시키는 것은 오히려 마이너스로 작용한다. 경우에 따라서는 화장실 공포증이 생겨서 오히려 변실금을 유발하기도 한다. 천재 피아니스트인 데이비드 헬프갓을 모델로 한 영화 〈샤인〉에는 강압적인 아버지에게 유학의 꿈을 거부당한 청년 데이비드가 욕조에서 자기도 모르게 큰일을 보고 아버지에게 심한 체벌을 받는 장면이 나온다. 이 장면은 배변행위의 본질을 잘 묘사하고 있다.

변실금에 시달리는 아이들의 부모를 보면 일반적으로 아빠는 상냥하지만 존재감이 부족하고, 엄마는 완벽주의에 지배적이고 강압적인 사람인 경우가 많다. 그 외에도 형제간의 갈등이나 외로움, 환경 변화 등도 변실금의 원인이 된다.

가족이 지나치게 민감하게 반응하는 바람에 아이가 스트레스를 받아서 야
뇨증의 악순환이 형성되는 경우가 많다. 대개는 자연스럽게 없어지기 때문
에 여유로운 마음을 가지는 것이 좋다. 또한 생활 리듬이나 식생활이 중요한
데, 저녁 식사 시간이 늦거나 음료수를 많이 마시는 것이 야뇨증의 원인이 되
는 경우도 있으니 밤에는 수분 섭취를 줄여야 한다. 자는 아이를 깨워서 화장
실에 데려가는 것은 수면 리듬을 깨기 때문에 좋지 못한 방법이다. 소변을 보
다가 중간에 멈추는 배뇨 중단 훈련을 하면 괄약근의 기능이 높아져서 야뇨
증을 개선하는데 효과가 있다. 15세를 넘겨서도 야뇨증이 계속되는 경우에는
약물요법을 사용하기도 한다.

변실금 또한 심하게 꾸짖거나 엄하게 지도하면 증상을 악화시킬 뿐 아니라
아이를 불안감이 높고 긴장을 잘하는 사람으로 만들 우려가 있다. 변비가 영
향을 주고 있다면 식사에 각별히 신경을 써야 한다. 하지만 어떤 경우라 할지
라도 과도하게 반응하지 않는 것이 좋다.

아이에 따라서는 화장실에 가는 일을 부끄러워하거나 변기를 사용하는 일
에 저항감을 느껴서 실수를 하는 경우도 있다. 최근에는 학교에서 남자아이
가 대변용 화장실을 사용하는 경우가 거의 없다고 한다. 아이들이 지나치게
청결한 문화에서 자라서인지 공용 화장실에서 배설을 하는 것에 필요 이상의
저항감을 느끼는 것 같다. 이런 분위기가 변실금 뿐만 아니라 젊은이들의 변
비 증가의 원인이 되고 있다. 아이가 안심하고 화장실을 사용할 수 있도록 학
교 선생님과 상담하는 것 또한 필요한 작업이다.

아이의 스트레스가 몸으로 드러나는 경우

아이들은 환경에 적응하는 능력이나 언어로 표현하는 능력이 부족하기 때문에 스트레스를 받았을 때 말을 하면서 자기 마음을 달래지 못한다. 그래서인지 아이들은 사소한 스트레스도 신체 증상으로 드러내는 경우가 많다. 마음의 스트레스가 몸으로 드러나는 경우 크게 두 가지로 형태로 나타난다.

하나는 정말로 병에 걸리는 것으로 위장 질환, 자가 중독, 두통, 천식 등의 증상을 보이는 것이다. 다른 하나는 증상을 호소하지만 검사를 해보아도 이상이 발견되지 않는 경우인데, 이를 '신체표현성 장애'라고 부른다. 신체표현성 장애에 대해서는 뒤에서 자세히 설명하겠지만, 어린 아이의 경우 증상이 가볍고 회복이 빠른 것이 특징이다.

두 경우 모두 그 배경에는 안정감과 애정 부족, 그리고 관심 부족이 얽혀있는 경우가 많다. 따라서 아이가 호소하는 증상에만 관심을 보일 것이 아니라 아이의 기분에 주목해야 한다.

《잃어버린 시간을 찾아서》라는 장편소설 단 한 작품만을 남긴 마르셀 프루스트Valentin Louis Georges Eugène Marcel Proust는 책에서 두근거리는 마음으로 침대에 누워 엄마의 굿나잇 키스를 기다리던 추억을 특유의 필법으로 묘사하고 있다. 엄마에 대한 기억은 마들렌 냄새처럼 달달한 추억이 되어서 평생 프루스트를 사로잡고 있었다.《잃어버린 시간을 찾아서》라는 작품 또한 어린 시절의 나날과 엄마를 사모하는 마음을 계속해서 쫓아가는 이야기이다.

프루스트와 엄마가 보통의 모자보다 끈끈했던 이유는 그가 어린 시절에 천식을 앓았던 것과도 관련이 있을 것이다. 엄마에 대한 그의 강한 집착은 과연 무엇을 의미할까? 계속해서 엄마의 그림자를 찾는다는 것은 사실 애정이 부족했음을 드러내는 것이라 할 수 있다. 그는 남동생이 태어난 뒤에 천식 발작을 일으키기 시작했다. 남동생의 존재가 프루스트에게 어떤 의미였는지를 보여주기라도 하듯이 그의 자전적 소설인《잃어버린 시간을 찾아서》에는 남동생의 존재가 완전히 지워져 있다.

실제로 동생이 생겨서 엄마의 관심이 그쪽으로 옮겨가고 난 뒤에 큰 아이가 천식을 앓기 시작하는 사례도 적지 않다. 아이는 신체 증상을 드러내어 엄마의 관심과 보살핌을 되돌리려고 하는 것이다. 안타까운 마음에 과도하게 어리광을 피우게 내버려두면 또 다른 폐해를 낳을 수도 있지만, 일단은 충분한 애정을 주고 보살펴주어야 한다.

아이가 한밤중에 갑자기 비명을 지르며 깨서는 방안을 어슬렁거리고 돌아다녀서 부모를 고민하게 만드는 사례가 의외로 많다. 수면 중에 겁에 질려서 비명을 지르는 것은 '야경증'이라고 부르는데, 이는 논렘수면NREM이라고 불리는 깊은 수면 상태에서 발생한다. 논렘수면은 밤 수면 중 최초의 3분의 1의 시간에 나타나기 때문에 야경증을 일으키기 쉬운 시간대는 부모가 막 잠이 들 때쯤이다. 4세부터 8세 무렵에 많이 나타나고 대부분은 자연스럽게 나아진다.

잠이 든 채로 일어나서 돌아다니거나 오줌을 누거나 계단을 오르락내리락 거리는 경우도 있다. 이는 이른바 몽유병인데 정식으로는 '수면보행증'이라고 부른다. 대부분의 경우 본인은 자신이 한 행동을 전혀 기억하지 못한다. 굴러 떨어지거나 다칠 수 있기 때문에 주의해야 한다. 야경증과 수면보행증(몽유병)의 빈도는 모두 1~5%로 흔한 질병이다. 악몽은 더 빈도가 높을 것으로 보인다. 부모가 야경증이나 수면보행증이 있으면 자녀에게도 발생할 확률이 그렇지 않은 사람에 비해 10배 정도 높다고 알려져 있고, 여자아이보다 남자아이가 다소 많다.

'악몽 장애'는 무서운 꿈을 반복적으로 꾸는 것으로 꿈의 내용도 선명하게 기억한다. 비명과 함께 깨어나면서 꿈이 끝나는 경우가 많다. 악몽은 야경증이나 수면보행증과는 달리 긴 렘수면의 끝에 나타나기 때문에 심야에 꾸는 경우가 많다. 이는 부모에게도 악몽이라고 할 수 있다.

가위눌림은 의학 용어로 '수면마비'라고 부른다. 수면과 각성의 중간 단계로 반쯤 의식은 있지만 몸을 마음대로 움직일 수 없는 상태를 말한다. 갓 잠이 들 때와 잠에서 깨어날 무렵에 일어나기 쉬우며 강한 불안이나 죽음에 대한 공포를 동반한다. 수면마비에 시달리는 사람은 청년이 많다.

'렘수면 행동 장애'는 렘수면기REM에 보이는 격렬한 운동폭발로 걷어차거나 때리는 등 폭력적인 행동이 나타나는 경우가 많다. 한밤중에 꿈을 꾸면서 발생하기 때문에 옆에서 자고 있는 사람을 다치게 할 때도 있다. 모두 통상적으로는 치료의 대상이 되지 않지만, 연령이 높고 증상이 심한 경우에는 렘수면을 억제하는 약물 치료가 효과적이다.

어린 루소의 나쁜 버릇

사회사상가인 장 자크 루소Jean-Jacques Rousseau는 《고백록》에서 자신에게 허언증과 도벽이 있었다고 고백했다. 후에 《에밀》이라는 유명한 교육론을 남긴 이 위대한 사상가도 어린 시절부터 청년기까지는 상당히 불안정한 나날을 보냈다. 청년 루소는 자신을 이해해주고 보호해줄 상류층 부인을 찾아다녔다. 이는 엄마를 대신해줄 사람을 구하는 여행이었음이 분명하다. 한 곳에 정착하지 못하고 이리저리 떠돌았던 그의 인생 전반기의 생활은 어머니를 빨리 여읜 것과 관련이 깊어 보인다. 그는 어머니가 사망하고 난 뒤에 감수성이 풍부한 시계 장인이었던 아버지의 손에 자랐다.

유소년기에 맛본 심각한 애정 부족으로 인해서 허언증이나 도벽이 있는 사람은 과도하게 자신을 드러내고자 하는 경향이 있다. 아이가 거짓말을 통해서 얻으려고 하는 것이나 절도를 통해서 얻으려 하는 것이나 결국은 애정의 대용품인 것이다. 도벽이 있는 사람은 때때로 자신이 왜 그런 물건을 훔쳤는지 모르겠다고 말한다. 훔칠 당시에는 분명히 갖고 싶었는데, 나중에 생각하니 왜 그런 물건이 갖고 싶었는지를 스스로도 이해할 수 없다는 것이다.

도벽이 있는 어떤 여성은 차고도 넘칠 만큼의 속옷과 생필품, 문구류를 잔뜩 모아놓고도 절도를 계속했다. 그녀는 사용하지 않을 것을 알고 있으면서도 보기만 하면 자기 것으로 만들고 싶어진다고 말했다. 또, 감쪽같이 사람들의 시선을 피해서 물건을 손에 넣었을 때 참을 수 없는 쾌감을 느끼기 때문에 사용하지 않을 것을 알아도 훔치게 된다고 고백했다.

허언증이 있는 사람은 나중에 자신의 거짓말이 밝혀질 거라는 사실을 알아도 거짓말을 하고 만다. 사람들을 놀라게 하고 관심을 받고자 하는 유혹을 거스르지 못하는 것이다. 마찬가지로 아이가 거짓말을 할 때 그 이면에는 반드시 애정 부족이 존재한다. 애정 부족을 비뚤어진 형태로 보충하려고 하는 것이다.

아동정신과 의사인 도날드 위니캇Donald W. Winnicott은 도벽이 있는 아이들의 수많은 사례를 보고했는데, 그 아이들은 모두 어린 시절에 애정 박탈을 경험했다고 한다. 애정 박탈은 내가 지금까지 치료에 관여한 수십 건의 절도 사례 중 대부분의 케이스에 해당하는 것이다. 예외적인 케이스는 뇌에 외상을 입었거나 뇌에 기능 장애가 있는 경우였다. 다음 남자아이의 이야기는 위니캇이 소개한 사례이다.

자꾸 물건을 훔치게 돼요

여덟 살 소년이 몇 차례나 도둑질을 하다가 발각되었다. 아이에 대한 애정이 많은 부모님이 있었고, 이렇다 할 문제가 없는 훌륭한 가정에서 자란 아이였다. 걱정이 된 부모님은 아이를 데리고 상담실을 찾았다. 그런데 과거를 들추다보니 애정이 부족했던 시기가 있었다는 사실을 알게 되었다. 아이가 두 살 때 엄마가 둘째를 임신했는데, 그 시기에 엄마가 정신적으로 불안정해서 첫째에게 그다지 마음을 쓰지 못했다. 그 후에 소년은 문제없이 자란 것처럼 보였는데 뒤늦게 생각지도 못한 문제가 벌어진 것이다. 치료를 받으면서 아이는 자신이 과거에 맛본 외로움에 대해서 이야기했다. 이를 계기로 엄마에게도 솔직하게 기댈 수 있게 되었다. 그와 동시에 도둑질이라는 행위도 자취를 감추게 되었다.

이처럼 자신이 맛본 외로움과 슬픔을 억누르면, 후에 타자와의 관계를 솔직하지 못한 것으로 만들고 곤란한 행동으로 배출되는 경우가 많다. 아이의 기분을 받아주어서 아이가 자신이 느낀 그대로를 표현할 수 있게 되면, 본래의 모습을 되찾고 잘못된 행동도 자연스럽게 사라진다.

Part *II*

사춘기
·
청년기

'아이'의 시기가 길어지고 있다. 아이들의 성장이 느려져서 이 시기가 길어지는 것은 아니다. 몸의 성장은 오히려 빨라지고 있는데, 어른으로서 자립하는 시기는 점차 늦어지고 있는 것이다. 이를 사춘기와 청년기가 길어지고 있다고 받아들일 수도 있고, 부모로부터 자립하는 과정이 매우 완만해졌다고 받아들일 수도 있다.

현재 사춘기의 시작점이 초등학교 4학년까지 내려갔다. 초등학교 4학년은 인생에서 한 번의 매듭을 짓는 시기로써 중요한 의미가 있다. 어른이 하는 말은 모두 옳다고 생각하던 초등학교 3학년까지와는 달리 어른에게 비판적인 태도를 보이게 되는 것도, 수업 분위기가 흐트러지거나 수업이 원활하게 진행되지 않는 것도 이 무렵부터인 경우가 많다. 또한 갑자기 남녀의 차이에 대한 관심이 많아지고, 성을 의식하기 시작하는 시기이기도 하다. 그전까지는 성별에 관계없이 어울려 놀던 아이들도 이 나이가 되면 남자는 남자끼리, 여자는 여자끼리 뭉치기 시작한다.

한편 사회인으로서 자립을 하는 시기는 한없이 뒤로 밀려나고 있다. 집에 틀어박혀서 부모의 도움을 받으며 사는 30, 40대도 드물지 않다. 청년 시기가 20~30년씩이나 이어지고 있다고도 볼 수 있다. 현대의 젊은이에게 자립은 결코 쉬운 일이 아닌 것 같다. 다르게 생각하면 사회가 풍요로워져서 자립이 반드시 필요하지 않게 되었다고 할 수 있을지도 모르겠다.

자립을 하는 것만이 중요한 가치가 아니게 되었고, 자립한 것처럼 보이는 사람도 많건 적건 무언가에 기대어 살고 있다. 하지만 모든 면에서 자립할 수 없는 심각한 장애를 안고 있는 사람일지라도, 스스로 어떤 일을 처리하거나 다른 사람에게 도움이 되는 일을 할 때 큰 자신감과 기쁨을 느끼게 마련이다. 이와 같이 부모와의 분리를 지향하는 것이 인간 본성을 반영한 욕구라는 사실을 알 수 있다. 그런 의미에서 본래 자립할 만한 능력을 가지고 있음에도 홀로서지 못하는 것은 큰 불행이다.

　그 과정은 마치 누에가 고치를 만들고 거기서 성충으로 변모해 날아갈 수 있느냐 없느냐를 결정하는 단계와 같다. 이 시기는 상당히 민감하기 때문에 실수를 하거나 어떤 문제에 직면하기 쉽다. 그러니 주변 사람들이 아이의 발목을 잡고, 더 큰 세상으로 나아가려는 움직임을 방해하는 일이 없도록 주의해야 한다. 그렇지 않으면 아이를 탈피해서 어른이 되려는 시도가 실패로 돌아가는 비극이 일어날 수도 있다.

제5장

반항과 격동의 시기,
어떻게 아이는 성장하는가

자립을 향한 싸움의 시작

청년기는 자립을 향한 격동의 시기이다. 부모의 울타리를 벗어나 사회에 정착하고 자립하기 위해서는 엄청난 에너지가 필요하다. 이 시기를 지나는 젊은이 특유의 넘치는 모험심과 활동성, 에너지는 사회에 잘 정착하기 위해 주어진 조건이라고 할 수 있다. 물론 에너지가 폭발하는 이 격렬한 시기에는 도를 넘어서거나 문제를 일으키기 쉽다. 그렇다고 '어렸을 때는 그렇게 얌전하고 착한 아이였는데……' 하면서 옛 모습만 그리워하거나, 반항적으로 변한 아이에게 불신의 시선을 보내면 아이에게 전혀 도움이 되지 않는다. 부모가 동요할수록 모처럼 시작된 아이의 자립 과정에 지장이 생길 수 있다. 한편으로 에너지와 모험심이 넘치는 아이가 원하는 대로 마음껏 행동하게 내버려두었다가 어떤 위험에 휘말리게 될지 모른다. 두 가지 태도의 균형을 어떻게 맞추느냐에 따라서 이 시기를 잘 극복할 수 있을지 없을지가 결정된다. 여기서 딱 한 가지 보증할 수 있는 것은, 아이와 진지하게 마주하면 반드시 길이 열린다는 사실이다.

반항에는 이유가 있다

아이가 사춘기가 되어서 반항하는 것 또한 자립을 위한 중요한 과정 중 하나이다. 〈이유 없는 반항〉이라는 영화에서처럼 언뜻 보기에는 이유도 없고 무의미하게 생각되는 반항에도 틀림없이 중요한 이유가 있다. 바로 '자기 자신이 되려고 하는 것'이다. 아이는 부모에게서 받은 기성의 껍질을 깨고 자기 자신을 획득하려는 시도를 하고 있다. 그러기 위해선 먼저 기성의 것을 부정해야 한다. 남들이 올바르다 해도 자기 힘으로 도달한 것이 아니면 일단 의심하고, 부정하며 다시 한번 스스로 발견하지 않으면 안 된다. 그렇게 해야 비로소 자신의 가치관이 된다. 그래서 아이들은 부모나 어른들이 내미는 것에 고개를 가로저으며 반항을 하는 것이다.

부모가 이런 아이의 마음 프로세스를 이해하지 못하면 어떻게 될까? 세상을 잘 아는 부모가 정한 가장 현명한 선택을 아이가 받아들이지 않을 때 부모가 불쾌하게 생각하면서 자기 생각을 강요하려고 하면 불행한 엇갈림이 시작된다. 쓸데없이 돌아가지 말라면서 직선 코스를 걷게 하려고 섣부르게 행동했다가 걷는 일조차 멈추게 만들 수도 있다.

아이가 부모의 방침이나 생각에 반대 의견을 내기 시작할 때, 배신당했다며 침울해하거나 화를 내서는 안 된다. 아이가 자기 자신이 아니라 부모의 생각을 우선시하게 되기 때문이다. 부모는 아이가 자신과 다른 의견을 가지게 되었다는 사실에 기뻐해야 한다. "드디어 네가 '자기 자신'이 되려고 하는구나"라며 축복해 주어야 한다. 이것은 어리광을 받아주라거나 뭐든 하고 싶은 대로 하게 놔두라는 뜻이 아니다. 아이가 어떤 생각으로 그런 선택을 하려고 하는지, 그리고 아이가 무엇을 하고자 하는지에 대해 무릎을 맞대고 잘 들어주어야 한다는 것이다. 그런 다음에 현실적인 조언을 하거나 정보를 주고 스스로 판단하게 해야 한다.

부모와 의논하고 나서도 아이가 다른 선택을 한다면 본인이 원하는 대로 하게 해주는 것이 인생을 잘 살게 하는 길이다. 대신에 본인이 선택한 일에 대한 책임을 스스로 지게 하고, 부모가 지원해 주는데도 한계가 있다는 사실을 분명하게 전달한다. 혹시 잘못된 행동이나 다른 사람에게 피해를 끼치는 행동을 하면 결코 그냥 넘어가지 않을 것이며, 나름의 수단을 강구할 거라는 사실도 미리 전해두어야 한다. 이처럼 주체성은 존중하지만 책임은 본인이 지게 하는 것이 원칙이다. 물론 아이에게 과도한 부담이 가지 않도록 도와주거나 지켜줘야 할 부분은 나름대로 배려해야 하겠지만 말이다.

성적 에너지가 폭발하는 시기

사춘기와 청년기를 한층 더 어렵게 하는 것은 이 시기가 자기(自己)에 눈 뜨는 시기일 뿐 아니라 성(性)에 눈 뜨는 시기이기도 하다는 사실이다. 아이는 자신이 완전한 존재가 아니라 반쯤 부족한 불완전한 존재라는 사실에 직면하게 된다. 그리고 남은 반쪽을 찾고자하는 격렬한 열망에 불이 붙는다.

〈프로작 네이션〉이라는 영화에서 주인공 소녀가 첫 월경을 했을 때 아이의 엄마는 이렇게 말했다. "너도 이제 끝이구나." 그 말대로 소녀는 얼마 지나지 않아 무사 평온했던 날들에 안녕을 고하고 자기 자신을 주체 못하는 맹수처럼 몸부림치는 생활을 시작하게 된다.

'성'이란 단세포생물의 세포분열과 같은 것이다. 그것은 몸이 두 개로 찢어져서 다른 새로운 존재를 낳는 것과 같은 행위이다. 고등생물의 성은 이보다는 세련되어서 몸 자체가 두 동강나는 일은 없다. 대신 두 존재가 각자 절반의 유전자를 합체해 새로운 생명을 낳는 곡예를 한다. 이를 위해서 자신과 타자의 방벽을 해제시켜야 한다. 타인 앞에서 알몸이 되어 서로를 탐하는 행위… 문자 그대로 나를 잊지 않으면 도저히 할 수 없는 행위이다. 그것을 가능하게 하는 것이 성이라는 미친듯한 정열이다.

성은 격렬한 갈망으로 타자(他者)를 향해 간다. 이것이 자립을 획득하는 원동력이 되기도 하지만, 몸을 태우는 듯한 괴로움의 근원이 되기도 한다. 성은 사람을 미치게 만든다. 많은 정신 장애가 사춘기와 청년기에 시작되는 것도 '성 에너지의 폭발'과 깊은 관련이 있다. 성 에너지가 증가하고, 사랑하는 사람을 구하기 위해 자타自他의 방벽이 한없이 얇아지면 그만큼 외부로부터 위협을 받기 쉽다. 그리고 안정감이 부족한 인간은 자신을 지탱할 수 없게 된다.

인간은 성 에너지라는 원동력이 있어야 부모의 중력장을 벗어나 자립할 수 있다. 하지만 이 원동력은 제어 기술에 비해서 지나치게 강하기 때문에 다양한 문제와 갈등이 생기기도 한다.

밖을 향할 것인가, 안을 향할 것인가

에너지가 높아지는 가운데 아이들의 관심은 점점 바깥 세계를 향한다. 그곳에는 수많은 낯선 존재와 아직 만나지 못한 이성이 있기 때문에 바깥을 향하는 것은 인생의 반려자를 찾고 자립을 이루기 위한 기회를 확보하는 일이기도 하다. 그런데 타자와 이성을 의식하기 시작하는 이 시기는 타인의 평가와 경쟁에 고스란히 노출되는 때이기도 하다. 따라서 상처받거나 실패할 위험이 항상 따라다닌다. 청춘의 시기는 낯선 세계, 그리고 반려자와 만나서 새로운 자신을 손에 넣고자 하는 욕구를 가짐과 동시에 그런 시도를 했다가 실패하고 자신이 부서져 버릴지도 모른다는 두려움 사이에서 갈등하는 시기이기도 하다.

상처받기 쉬운 사람이라도 외부를 향한 격렬한 욕구 때문에 일단은 타자와 세계를 향해 나아간다. 하지만 좌절이나 실패를 경험하면 걱정과 불안이 마음속에서 승리하게 된다. 이후 밖으로 향하는 일에 겁을 내고 안전한 내면세계에 틀어박혀 자기 자신을 지키려고 하는 경우도 있다.

안을 향하려는 욕구는 비단 현실적인 두려움과 불안을 피하기 위해서만 존재하는 것은 아니다. 이 시기에 강해지는 자기에 대한 탐구심은 마치 성 에너지의 반작용이라도 되는 양 내면세계에 깊게 몰두하게 만든다. 인간은 가장 격렬한 성욕에 시달리는 시기에 가장 내면적이고 금욕적인 삶의 방식을 동경하기도 하는 모순된 존재인 것이다.

청년기에 보이는 내면에 대한 깊은 몰입은 어떤 의미로는 성 에너지라는 폭풍으로부터 몸을 지키는 수단인지도 모른다. 성 에너지가 지나치게 강한 시기에 위험한 먼 바다로 나가는 것을 피하고, 바람이 조금 잦아든 뒤에 세계로 나가도 결코 늦지 않기 때문이다. 섬세한 성격인 사람이라면 편안한 삶을 살기 위해서 인생을 서두르지 않는 편이 좋을지도 모른다. 자립에 많은 시간을 소비하는 것이 때로는 더 큰 파도로부터 자신을 지키는 방법이 될 수 있다.

자기 자신이 되기 위한 여행

어떤 삶의 방식을 선택하든 정답은 없다. 본인이 원해서 선택한 길이라면 아마도 그게 최선일 것이고, 설령 실패한다고 해도 스스로 납득할 수 있을 것이다. 반대로 아무리 장밋빛으로 보이는 길이라 할지라도 누군가가 강요한 길을 걷는다면, 그 끝에서 성공을 했다고 해도 불만과 후회가 남게 마련이다.

《끝없는 이야기》와 《모모》 등의 작품으로 전 세계인의 사랑을 받고 있는 아동문학가 미하엘 엔데Michael Andreas Helmuth Ende는 직업을 여러 번 바꾼 끝에 천직을 찾은 사람이다. 그는 세계대공황이 일어난 1929년, 독일 바이에른 주에 있는 경치가 아름다운 마을에서 태어났다. 아버지는 초현실주의 화가였고, 어머니는 수공예품과 액세서리 가게를 운영해서 생활비를 벌었다. 엔데의 환상적이고 철학적인 작풍作風은 아버지의 영향이 큰 것 같다.

그의 어린 시절은 삭막했다. 독일에 불어 닥친 불경기로 인해서 어머니의 가게가 어려워졌고 나치즘이 등장하면서 아버지의 작품 활동에도 제약이 생겼다. 그림이 퇴폐적이라는 이유였는데, 이로 인해 아버지가 우울증에 걸렸고 생활은 점점 피폐해져 갔다. 경제적으로도 곤궁해진 부모님 사이에는 말다툼이 끊이지 않았다. 감수성이 풍부한 엔데가 암담함을 느낀 것은 가정만이 아니었다. 나치즘의 영향을 받아 전체주의적인 색채를 띠기 시작한 학교 분위기는 그에게 큰 고통으로 다가왔다. 그는 자기 주변의 또래 아이들에게도 강한 위화감을 느꼈다.

또 다른 곤경이 그의 가정을 덮쳤다. 아버지가 군대에 징집당한 것이다. 공부는 점점 더 손에 잡히지 않게 되었고 성적은 계속해서 떨어졌다. 김나지움(독일의 중등 교육기관—역자 주)에 진학하기는 했지만 낙제를 했고 그는 물에 빠져 죽으려고까지 했다. 김나지움에서 낙제한 에피소드 하면 헤르만 헤세Hermann Hesse의 《수레바퀴 아래서》가 떠오른다. 신동이라고 불리던 주인공 한스는 사람들의 기대를 한 몸에 받으며 김나지움에 진학하지만, 낙제를 하고 말았고 실의의 구렁텅이에 빠져서 스스로 목숨을 끊는다. 엔데도 한스처럼 깊은 좌절을 맛보고 자신의 존재가치가 무너져 내리는 체험을 한 것이다. 엔데는 스스로 쓸모없는 인간이라고 생각하는 자기부정감을 오랫동안 떨쳐내지 못했다.

그는 자기부정감을 안고서도 자기 자신을 찾을 방법을 모색했다. 전쟁이 격화되자 엄마와 떨어져 집단 소개(2차 세계 대전 때 폭격을 피해

대도시의 아이들을 지방으로 이주시켰던 일—역자 주)를 해야 했다. 그를 학교에서 해방시킨다는 점에서 오히려 좋은 기회로 작용했다. 엔데는 시골에서 시와 이야기를 쓰기 시작했다. 그 후 전쟁 상황이 악화되는 바람에 동급생들이 한 명씩 징집 당했고 그들은 차례로 전쟁터에서 죽어나갔다. 그러던 어느 날 엔데에게도 징집 영장이 날아들었다. 하지만 엔데는 징집 명령을 따르지 않고 도망쳐서 어머니 곁으로 숨어들었다.

전쟁이 끝나고 나치가 붕괴되었을 때 엔데는 열다섯 살이었다. 포로가 되었던 아버지가 돌아왔고 작품 활동을 재개했다. 엔데도 학교에 돌아갔지만 학교는 역시 그에게 마음 편한 장소가 아니었다. 그는 학업에는 전혀 마음을 쏟지 않고 연극과 연애에 빠져들었다. 부모님은 그를 연애 상대에게서 떼어놓기 위해 전학까지 보냈지만, 그는 옮겨간 학교에서 또다시 연애를 했다. 결국 엔데는 졸업시험도 치르지 못한 채 학교를 중퇴하고 배우 양성소에 들어갔다.

부모님 입장에서는 온갖 문제를 일으킨 끝에 학교를 그만둬버린 엔데에게 실망하는 마음이 컸겠지만, 이때 엔데는 온전히 스스로의 의지로 자기 인생을 선택했다고 할 수 있다.

그는 2년 뒤에 스무 살의 나이로 양성소를 졸업하고 순회공연 차 지방을 돌면서 희곡을 쓰기 시작했다. 그런데 당시에 일세를 풍미하던 독일의 극작가 브레히트Bertolt Brecht의 연극 이론을 배우고, 그의 이론을 충실히 따르면서 창작을 하는 동안 엔데의 상상력과 창조력은 오히려 시들어갔다. 이를 통해 그가 깨달은 것이 있다면 자신은 브레히트 같은 희곡을 쓸 수 없다는 사실이었다. 그런 그를 더욱 실의에 빠지게 한 사건이 있었는데, 사이가 좋지 않았던 부모님이 결국 이혼하고 그와 아버지의 관계가 흔들리게 된 것이다.

엔데에게 20대는 아직 역풍이 잠잠해지지 않는 시기였다. 20대 후반에 가까워지자 엔데는 도무지 재능의 싹이 보이지 않는 희곡에 매달려봤자 소용이 없다는 생각을 하게 되었다. 그러던 차에 그에게 작은 기회가 찾아왔다. 일러스트레이터인 친구가 함께 그림책을 쓰지 않겠냐고 제안한 것이다. 전혀 새로운 장르였다. 엔데는 가벼운 마음으로 이야기를 쓰기 시작했다. 브레히트 스타일의 딱딱한 이론에 메인 묘사가 아니라 그저 생각나는 대로 말과 스토리를 늘어놓은 것이다. 그런데 생각지도 않게 그의 펜 끝에서 계속 이야기가 쏟아져 나왔다. 그리고 10개월 뒤에 그의 처녀작인 《기관차 대여행》을 완성했다.

하지만 신인 작가의 장편 아동문학 작품을 출간해줄 출판사를 찾기란 녹록치 않았다. 그는 열 두 곳이나 되는 출판사에서 계속해서 거절당했다. 다행히도 열세 번째로 보낸 출판사 편집자의 눈에 들어서 그의 작품이 세상의 빛을 볼 수 있었다. 그의 책은 그 해 독일 아동문학상을 수상했고, 그는 일약 세계적인 인기 작가의 길을 걷게 되었다.

엔데의 작품의 매력은 무의식의 심층부까지 꿰뚫는 듯한 질 높은 판타지와 철학적인 함의를 가진 단어, 그리고 풍부한 상징에 있다. 남들에 비해 부족한 아이가 강인한 모습으로 다시 태어나는 성장 과정을 따라가는 것 또한 엔데의 작품을 읽는 묘미 중 하나이다. 책 속에 엔데 자신의 어린 시절과 자립 과정의 고민과 갈등이 형태를 바꿔서 반영되어 있기에 독자들의 마음을 사로잡는 것인지도 모른다.

엔데는 스스로 좌절 체험을 했을 뿐 아니라 부모님이 사이가 안 좋아서 계속해서 상처를 받아왔다. 그런 상처받은 아이의 마음은 그의 작품 곳곳에서 얼굴을 내밀고 있다. 엔데는 작품을 쓰는 행위를 통해서 영원히 빛나는 작품을 낳았을 뿐 아니라 자기 마음의 상처도 치유한 것이다.

제6장

스스로에 대한 부정적 시선을
가지는 아이들

악취가 날 것 같아 두렵다

몸에서 냄새가 나는 것 같아요

한 고등학생 소녀가 어느 날부터 학교를 자주 빠지기 시작했다. 고등학교를 간신히 졸업하고 대학 입학시험에도 합격했지만, 애써 들어간 1지망 대학인데도 불구하고 학교에 가려 하지 않았다. 이해할 수 없었던 부모님이 아이에게 이유를 물어도 애매한 대답만 할뿐이었다. 얼마 지나지 않아 학교는커녕 집 밖으로 한 발자국도 나가지 않았다. 걱정이 된 부모님이 아이를 데리고 상담을 하러 왔다.

소녀와 만났을 때 의자를 가능한 멀찌감치 놓고 방어하듯이 앉기에 의아한 생각이 들었다. 혹시나 해서 물어보니 역시 그랬다. 사실 소녀에게는 남모를 고민이 있었던 것이다. 자신의 체취가 주위 사람들을 불쾌하게 할까 봐 불안해서 전철을 타고 학교에 가는 것은 고사하고 거리를 걷는 것조차 꺼리게 되었다는 것이다. 그녀에게 있어서 자기 체취에 대한 이야기는 사람들이 자신의 알몸을 빤히 쳐다보는 것만큼 부끄러운 일이었다. 냄새 따위 나지 않는다고 말해도 그 생각이 결코 누그러지지 않는 모양이었다.

사춘기 후반은 냄새에 매우 민감해지는 시기이다. 체취에 지나치게 신경쓰는 경향이 나타나는 것도 10대 후반부터이다. 특히 지나칠 정도로 청결을 선호하는 현대 사회 문화는 이 나이대의 젊은이들을 냄새에 민감하게 만든다. 실제로 이 소녀처럼 존재하지 않는 체취 때문에 고민하는 젊은이가 적지 않다.

신경 쓰지 않아도 될 만한 체취가 타인을 불쾌하게 만들고 있다는 확신이 강할 때 이를 '자기취 망상'이라고 부른다. 자기취 망상증은 최근 현대인에게 많이 나타나는데 DSM-Ⅳ Diagnostic and Statistical Manual of Disorders-4th edition(현재 가장 널리 사용되는 정신 장애 분류 체계 중 하나—역자 주)에는 특별한 병명은 없으며 망상성 장애(신체형)로 분류된다. 망상까지는 아니더라도 냄새에 대한 걱정이 머릿속에서 떠나지 않는 것을 '자기취 공포'라고 말한다. 자기취 망상이나 자기취 공포는 10대 후반 여성에게 많은데 남성에게서도 나타난다. 자기취 공포에 시달리는 사람 중에는 내향적이고 결벽증이 있거나 대인 불안이 강한 성격인 사람이 많다. 이 사례처럼 등교 거부나 외출에 어려움을 겪는 원인이 되기도 한다. 실제로 암내로 고민하던 사람이 암내 제거 수술을 받고 냄새가 전혀 나지 않게 된 뒤에 이 병이 발병하는 사례도 있다.

냄새를 화제로 삼아 대화할 때 과도한 수치심을 느끼는 경우도 있지만, 반대로 냄새 때문에 걱정이 될 때마다 "냄새 안 나요?"라고 스스로 몇 번이고 확인하는 경우도 있다.

◇ 대응 방법과 치료 포인트 ◇

자신에게서 냄새가 나지 않는지 확인하는 케이스의 경우에는 본인이 만족할 때까지 냄새가 나지 않는다는 사실을 반복해서 말해주어야 한다. 대답하기 지친다고 해서 "아직도 같은 소리를 하고 있어?", "적당히 좀 해라." 하면서 밀어내지 말고 끝까지 맞춰주어야 회복될 수 있다. 반대로 가능한 냄새에 대해서 이야기하고 싶어 하지 않는 경우에는 함부로 이야기를 꺼내지 않는 편이 좋다.

약물 치료로는 SSRI와 소량의 메이저 트랭퀼라이저(정신분열증 등에 쓰이는 강력한 신경 안정제—역자 주)를 투여하면 효과적이다. 현재 집에 틀어박혀 지낸다고 할지라도 다른 장애가 없다면 다시 학교에 다니거나 일을 할 수 있게 되는 경우가 많다. 앞에서 소개한 사례에 등장하는 소녀도 상태가 호전되어서 학교에 나가게 되었고, 전보다 적극적으로 과외활동에 참가하고 있다.

간혹 자기취 망상이 통합실조증의 초기 단계로 나타나는 경우도 있기 때문에 방치하지 말고 빠른 시일 안에 적극적인 치료를 받게 하는 것이 중요하다.

누군가 나를 보는 게 신경 쓰인다

아일랜드의 탐미주의 작가 오스카 와일드(Oscar Fingal O'Flahertie Wills Wilde)의 소설 중에 《도리언 그레이의 초상》이라는 작품이 있다. 아름다운 청년 도리언 그레이가 욕망에 빠진 생활을 할수록 그의 초상화가 흉측한 모습으로 변해간다는 이야기이다. 작품 속에는 청년기 특유의 나르시시즘과 결벽주의적인 성향이 상징적으로 묘사되어 있는데, 이는 어떻게 보면 청년기에 많이 나타나는 '추모 공포(醜貌恐怖)'라는 이상 심리를 묘사한 것으로 해석할 수도 있다. 추모 공포는 오늘날 '신체추형 장애'라는 이름으로 불린다.

실제로는 특별히 못생기지 않았지만 스스로를 못 봐줄 만큼 못생겼다고 생각한다. 그래서 타인과 얼굴을 맞대고 이야기하거나 누군가 자신을 쳐다보면 불에 타는 듯한 고통을 느낀다고 한다. 이런 신체추형 장애를 앓는 사람은 주로 시선 공포(사람들의 시선을 두려워하는 것)나 적면 공포(얼굴이 빨개질까 봐 두려워하는 것)에 시달리기도 한다. 이들은 사람들 앞에 나서는 일에 소극적이게 되고 집안에 틀어박히기 쉽다. 대인관계를 피하는 회피성 인격 장애와 함께 발생하는 경우도 있다. 체육이나 수영처럼 자신의 몸을 사람들 앞에 드러내는 일에 강한 저항감을 나타내고 연애나 성관계를 피하기도 한다. 청년기에 은둔형 외톨이가 되기 쉬운 원인 중 하나이다.

신체추형 장애는 성별에 따른 빈도 차이는 없다. 성형외과를 방문하는 사람의 10퍼센트 전후가 이 장애에 해당한다는 보고도 있다. '얼굴'에 대한 추형 불안이 대부분이지만 '몸'에 대한 추형 불안에 시달리는 이도 있다. 신체추형 장애를 가진 사람들은 좌우비대칭을 지나치게 신경 쓰는 경우가 많다. 인간의 몸은 완전히 좌우대칭을 이루지 않는 것이 보통이다. 그러나 대칭이 신경 쓰이기 시작하면 당사자 입장에서는 자신의 얼굴이 좌우 비대칭이라는 사실이 견디기 힘든 결함처럼 느껴져 하루에도 몇 번씩 거울로 점검하기도 한다. 유리처럼 반사되는 물건을 피하는 사람도 있다. 개중에는 망상 때문에 성형수술을 반복하다가 절망에 빠져서 자살하는 사람도 있다. 아무리 성형수술을 한다 한들 본인의 망상부터 치료하지 않으면 상황은 나아지지 않는다. 우울증이나 불안 장애가 같이 나타나는 경우도 많다. 보통 자의식이 강해지는 사춘기에 발병하지만 유아기부터 시작되는 케이스도 있다.

'미녀와 야수' 이야기에서 성에 틀어박혀 혼자 생활하는 야수 또한 신체추형 장애 때문에 은둔하는 청년의 상징으로 해석할 수 있다. 그는 추한 용모 때문에 사람들이 자신을 싫어한다고 굳게 믿고 사람들을 피한다. 실제로 신체추형 장애의 3분의 1이 다른 사람들이 자신의 추한 용모를 비웃는다고 생각해서 일이나 사회생활을 피하고 집안에서만 생활한다.

그런 고독한 야수의 마음을 연 것은 저택을 찾은 미녀 벨의 상냥함과 밝은 성격, 그리고 믿음이었다. 다른 사람을 사랑하고 믿게 되었을 때 자신이 보기 흉한 존재이고 누구에게도 사랑받을 수 없다는 저주에서 풀려날 수 있었던 것이다. '미녀와 야수' 이야기는 신체추형 장애를 가진 청년의 회복의 드라마라고 볼 수도 있다.

신체추형 장애를 가진 사람은 뛰어난 자질을 가지고 있음에도 불구하고 자신감이 없고 강한 자기부정감이나 불안감을 안고 있는 경우가 많다. 이런 증상이 나타나는 이유는 양육자의 태도에서 자신감을 잃게 된 경험 때문일 확률이 높다.

💬 안경과 앞머리로 얼굴을 가릴 수밖에 없어요

스물 한 살의 내성적인 청년 J는 '밖에 나가려고 하면 불안하고 긴장이 됐다. 요즘에는 밤에 잠도 잘 안 온다'면서 의료 기관을 찾았다.

그는 색이 들어간 안경을 쓰고 눈을 덮을 정도로 앞머리를 길게 늘어뜨리고 있었다. 쭈뼛거리며 말하는 것이 처음 대면하는 의사를 앞에 두고 어색해하는 모습이었다. 어떤 식으로 불안한지를 묻자 한동안 망설이다가 "큰마음 먹고 말씀드리겠습니다" 하면서 자신의 진짜 고민을 털어놓기 시작했다.

그를 힘들게 하는 문제는 바로 얼굴이었다. "제 얼굴 이상하지 않아요?"라면서 그는 안경을 벗더니 앞머리를 쓸어 올리고는 의사에게 얼굴을 들이밀었다. "어때요? 이상하죠?" 청년은 진지한 말투로 이렇게 묻고는 걱정스러운 표정으로 의사의 반응을 살폈다. 그는 이목구비가 뚜렷한 얼굴로 단정한 마스크라고 할 만한 용모의 소유자였다. 멍이나 상처도 없었다. 특별히 이상하지 않다고 대답하자 청년은 믿지 못하겠다는 표정을 지으며 "정말요? 아시잖아요?"라며 초조한 말투로 되물었다. 모르겠으니 알려달라고 하자 그는 자기 입으로 말하기 싫지만 어쩔 수 없다는 듯이 "콧대요. 콧대가 오른쪽으로 휘었잖아요"라고 말했다. 듣고 보니 아주 살짝 오른쪽으로 휜 것 같기도 했지만 아무도 신경 쓰지 않을 정도였다. "그런가요?" 하고 고개를 갸우뚱거리자 청년은 의사의 반응이 만족스럽지 않다는 듯이 자신이 얼마나 괴로운지를 설명하기 시작했다. 그는 "이 얼굴로는 밖을 돌아다닐 수가 없어요"라고 말하며 앞으로 어떻게 살아야 할지 모르겠다는 등 자기 인생을 비관했다.

기본적으로는 본인이 안심할 수 있게 도와주고 자신감을 가질 수 있도록 격려해야 한다. 자기취 망상(또는 공포)에 시달리는 사람과 비슷하게 이런 유형의 장애를 가진 사람은 다른 사람 말을 진심으로 신뢰하지 못한다. 하지만 타인과 신뢰 관계를 쌓고 나면 증상 자체가 약해지는 경향이 있다. 무엇보다 있는 그대로의 자신을 인정받는 경험이 치료에 도움이 된다. 앞에서 소개한 청년도 치료 그룹에서 친구를 사귀면서 증상이 호전되었다.

우울증이나 불안 장애를 동반하는 경우에는 그것을 치료하는 것만으로도 증상이 사라지는 경우가 있다. 신체추형 장애는 세로토닌계를 활성화시키는 항우울제(클로미프라민)나 SSRI 등의 약물 치료도 효과적이다. 강박증에 사용되는 약물이 효과를 나타낸다는 사실로 유추해 볼 때, 자신이 추하다는 생각에 사로잡히는 것은 강박증과 같은 메커니즘으로 발생한다고 볼 수 있다.

마른 몸이 뚱뚱하게 느껴진다

'나는 추하다'는 생각에 사로잡히는 병이 신체추형 장애라면, '나는 뚱뚱하다'는 생각에 사로잡히는 병은 '신경성 무식욕증(거식증)'이다. 거식증에 걸리면 다른 사람이 볼 때는 뼈와 가죽 밖에 안 남은 것처럼 보일 정도로 말랐어도 본인은 뚱뚱해서 살을 빼야한다고 생각한다.

어떤 소녀는 체중이 28킬로까지 빠졌다. 살이 조금이라도 더 빠지면 생명이 위험하다고 할 만한 상태였다. 거의 먹지 않았지만 어쩌다 음식을 먹으면 모조리 토해냈다. 코에 튜브를 삽입해서 액체로 된 영양제를 위에 직접 투입할 때도 있었는데, 방심하면 그것까지 토해내려고 했다.

거식증에 걸리면 목숨이 왔다 갔다 하는 경우도 있다. 'Yesterday once more' 등의 곡으로 지금도 사랑받고 있는 카펜터스Carpenters는 오빠와 여동생으로 구성된 남매 그룹인데, 보컬인 여동생 카렌 카펜터Karen Carpenter는 거식증으로 인한 심부전으로 세상을 떠났다.

섭식 장애는 크게 '거식증신경성 무석욕증'과 '과식증신경성 대식증'으로 나뉜다. 거식증은 식사량 자체를 억제하는 유형과 자기유발성 구토를 해서 먹은 것을 토해내는 유형이 있다. 과식증도 닥치는 대로 먹은 다음 자기유발성 구토를 하는 유형과 그냥 많이 먹는 유형으로 나뉜다. 같은 섭식 장애라고 해도 거식증과 과식증에는 큰 차이가 있다. 여기서는 먼저 거식증에 대해서 살펴보려고 한다.

계속해서 체중이 줄고 있음에도 불구하고 먹는 양을 극도로 제한하고 토해내는 거식증은 자기 신체에 대한 이미지body image가 왜곡되어 있다. 그들은 뼈만 앙상한데도 '살이 찌면 큰일이다. 살을 빼야한다'는 생각에 사로잡히고는 한다.

✱ 저 그렇게 안 말랐어요

열여덟 살 여고생이 식욕 부진과 현저한 체중 감소로 엄마 손에 이끌려 의료 기관을 방문했다. 그녀는 키가 156센티미터였는데 진찰을 했을 때의 체중은 36킬로그램이었다. 볼이 푹 꺼지고 손발은 앙상했으며 바싹 마른 미라처럼 피부에도 생기가 없었다. 생리는 반년 전부터 멈춰 있었다. 그럼에도 불구하고 소녀는 밝고 활기가 넘쳤으며 끊임없이 말을 했다. 매일 아침 한 시간씩 조깅을 한다고 했다. 그녀는 "보시다시피 건강해요. 다들 너무 걱정이 많은 것 같아요. 저, 그렇게 안 말랐어요."라며 생글거리며 말했다.

어머니의 말에 따르면 먹는 음식은 몇 종류의 식품으로 한정되어 있고, 그것도 자신이 정한 양만큼 아주 소량씩 먹는다고 했다. 그것 이외의 음식을 억지로 먹이면 토하고 만다. 뭐든지 열심히 하는 노력가여서 성적도 좋았다. 수면 시간도 짧은 편으로 아침 일찍 일어나서 부지런히 움직인다고 한다.

까다로운 완벽주의 성향이 원인

거식증신경성 부식욕증에 걸리는 사람 중에는 이상에 대한 집착이 강한 완벽주의자가 많다. 그들은 자기 스스로 체중을 컨트롤 할 수 있다고 생각한다. "좀 지나쳤네요", "슬슬 원래대로 되돌려야 할 것 같아요" 하면서 자신이 얼마나 말랐는지를 자각하고 있는 것처럼 말하기도 하지만, 마음속에는 '살이 찌면 큰일이다. 좀 더 살을 빼고 싶다'는 생각이 뿌리 깊게 박혀있고 이 생각에 지배당하고 있다. 그래서 체중이 늘기는커녕 계속해서 빠지는 것이다. 앞에서 소개한 소녀 역시 40킬로그램 이하로 내려간 시점에서 "조금 위험한 것 같네요" 하더니 35킬로그램이 되자 "아무리 그래도 지금보다 더 마르고 싶지는 않아요" 라고 말했다. 그런데 1주일 뒤에는 체중이 30킬로그램까지 줄어드는 바람에 긴급 입원을 할 수 밖에 없었다. 이처럼 거식증에 걸리면 자신의 목표가 한없이 위험한 방향으로 향하는 것을 멈출 수 없는 경우가 많다.

200명 중 1명의 여성이 신경성 무식욕증을 경험한다는 조사결과가 있는데, 젊은 세대에서는 그 빈도가 더 높을 것으로 보인다. 여성이 남성보다 약 10배 정도 많다. 그들의 부모는 기분 장애가 있거나 강박적인 성향이 있는 경우가 많다고 알려져 있다.

최근 연구를 통해서 신경성 무식욕증 환자들은 대뇌피질의 세로토닌 수용체 결합률이 저하되어 있다는 사실이 밝혀졌다. 세로토닌은 불안이나 강박 등에 관여하는 신경 전달 물질이기 때문에 세로토닌 전달계의 불균형이 완벽주의나 집착, 부적절한 착각을 불러일으키고 있을 가능성이 있다.

10대 중반에서 후반에 시작되어서 딱 한 번 깡말랐다가 회복해서 그대로 완치되는 사람도 있지만 장기간에 걸쳐서 진행되는 경우도 많다. 처음에는 식사만 억제하던 유형도 나중에는 자기유발성 구토를 하게 되는 것이 보통이다. 이 때문에 영양 부족, 저체중과 함께 구토와 설사를 남용해서 전해질의 균형이 무너지고, 혈액 안에 단백질과 칼슘이 부족한 경우가 많다. 그런 상태가 이어지면 자궁과 간장, 뇌가 위축되어서 뼈에 구멍이 숭숭 뚫린 상태가 되다가 차츰 말기 암환자 같은 상태에 빠지게 된다. 생명이 위태로워져서 입원이 필요한 경우도 종종 있다. 10년 이상에 걸쳐서 서서히 회복되기도 한다.

어긋난 이상과 현실 수정하기

신경성 무식욕증인 사람은 자신이 머릿속에 그린 자기 이미지와 현실 사이에 어긋남이 생긴다. 이들은 이상적인 이미지를 우선으로 삼고 현실을 무시해버리기도 하는데, 증상이 악화되면 괴리가 점점 커진다. 어긋남을 가져오는 원인은 이들의 '왜곡된 신체 이미지'인데 왜곡은 신체 이미지뿐 아니라 대인관계나 공부, 운동, 일 등 모든 분야에서 일어난다. 이상이나 목표, 규칙이 현실을 무시하고 독주해 버리는 것이다.

부모는 자녀의 어긋난 생각에 대해서 계속해서 지적해줄 필요가 있다. 체중을 매번 체크하고 혈액 검사도 적절하게 실시해야 한다. 체중계에 올라가기 전에 스스로 몸무게를 예상해보게 하는 것도 좋은 방법이다. 스스로는 살이 쪘다고 생각하는데 실제로는 체중이 줄어 있는 경우가 많아서 본인이 착각하고 있었다는 사실을 깨닫는 계기가 되기 때문이다. 한계 체중 이하가 되거나 혈액 검사 결과가 안 좋으면 입원시키겠다고 미리 알린다. 또한 이것은 단순한 다이어트가 아니라 스스로 컨트롤 할 수 없는 '병'이라는 사실을 깨닫게 하고, 체중 문제에만 국한되지 않는 나쁜 영향이 있을 것임을 반복해서 말해준다. 이처럼 현실을 제대로 인식하게 하고, 대화를 통해서 지나친 다이어트가 본인이 그리고 있는 이상이나 인생 계획을 방해하고 있는 것은 아닌지 스스로 생각해보게 한다. 또한 왜곡된 신체 이미지를 수정하기 위해서 큰 거울에 자신의 몸을 비춰보게 하는 것이 효과적인 경우도 있다.

　신경성 무식욕증 환자는 상당히 완고해서 자기 생각을 쉽게 바꾸지 못하기 때문에 한번에 큰 성과를 기대하지는 말아야 한다. 끈기를 가지고 반복해서 말해주면 이들도 서서히 받아들이기 시작할 것이다.

◇ 대응 방법과 치료 포인트 ◇

'완벽을 추구하는 본인의 강박적인 성격', '살이 찌는 것에 대한 혐오와 공포', '뛰어난 아이만 인정하는 엄마'라는 세 가지 조건, 거기에 정신적 스트레스나 좌절 체험이 더해져 발병하는 케이스가 많다. 따라서 대응 방법은 그것을 개선하고 수정하는 방향으로 가야한다.

'음식을 거부한다', '토한다'는 증상에만 집중하면 해결이 어렵다. 증상이 나타나는 이유는 본인의 완벽주의적인 성향이나 집착이 강한 성격 등 근본적인 문제로 인해 유발되는 것이다. 이는 부모 자식 간의 어긋남을 반영하고 있는 경우도 있다. 어떻게 보면 거식증은 무의식중에 부모가 아이에게 바란 일의 결과이기도 한 것이다. 따라서 아이를 속박하고 있는 생각, 부모와의 관계, 그리고 부모가 아이를 대하는 방법을 모두 바꿔야 한다.

A. 가족들의 태도

아이에게 노력을 요구하거나 아이에 대해서 평가하기를 멈추고, 무언가를 금지하거나 명령적인 말투를 사용하는 것은 되도록 삼간다. 목표를 얼마나 달성했는지가 아니라 있는 그대로의 모습을 수용하는 자세를 가져야 한다. 아이 또한 부모의 기대에 따라서 움직일 것이 아니라 자기 스스로 생각하려고 애써야 한다. 부모는 아이의 취미에 관심을 가져주고 자연스럽게 대화 주제로 삼는다. 자신이 말하기보다는 아이의 이야기를 들어준다. 식사에 대해서 일일이 참견하면 역효과이다. 의사가 스톱하기 전까지는 넓은 시야로 지켜보는 것이 중요하다. 한숨이나 부정적인 말투는 사태를 악화시킬 뿐이다. 비교적 증상이 가벼운 경우에는 주위의 태도만 바뀌어도 상태가 개선된다. 반면에 부모와의 관계가 개선되지 않으면 아무리 정신 치료나 약물 치료를 해봤자 증상이 완화되지 않는다.

B. 외래 치료

아이의 기분을 받아들여 주고 공감하는 '정신 치료적 접근'과 환자의 왜곡된 인지를 지적하고 수정하는 '인지 치료적 접근', 병의 성질이나 영향에 대해서 설명하는 '교육적 접근'이 이루어진다. 강한 집착을 개선하고 음식 섭취에 대해서 과도하게 의식하는 것을 누그러뜨리기 위해서 약물 치료도 병행한다. 경우에 따라서는 세로토닌계에 효과가 있는 SSRI나 항우울제, 비전형적 항정신병제제 등이 유효하다. 또한 부모의 이해와 수용이 반드시 필요한데, 그것이 충족되지 못하면 치료는 제자리걸음을 하게 된다. 자기주장을 굽히지 않는 완고한 가족이 많기 때문에 가족에 대한 지도와 가족 카운슬링도 중요하다.

C. 입원 치료

체중이 40킬로 아래로 내려가고 체중 감소가 계속되는 경우에는 입원 치료도 고려해야 한다. 장기적으로 생각하면 입원을 해서 적극적인 치료를 받는 편이 좋다.

입원 치료를 할 때는 체중과 식사량에 맞춘 행동 제한과 영양 보급이 기본이다. 정해진 식사량을 채우지 못할 경우에는 비강튜브를 사용해서 위에 직접 영양을 공급한다. 가능한 시간을 들여 천천히 주입해야 구토를 방지할 수 있다. 영양을 공급한 다음에는 30분 이상은 침대에 누워있게 한다. 체중이 늘기 시작하면 조금씩 행동 제한을 푼다. A, B에 기술한 치료도 병행하면서 입원을 호전의 기회로 삼아야 한다.

제7장

사랑받고 싶어 흔들리는 아이들

애정결핍, 사랑받지 못할까 봐 불안하다

⭐ 저를 사랑해 주세요

자해와 자살기도를 반복하던 소녀 M이 가장 좋아하는 소설은 다자이 오사무 太宰 治의 《인간실격》이다. 그녀의 말에 따르면 주인공이 자신을 쏙 빼닮았다고 한다. 《인간실격》의 주인공처럼 그녀도 어린 시절부터 사람들과 함께 있어도 '나는 다른 사람들과 다르다'는 생각에 왠지 모를 위화감을 느꼈다고 한다. 항상 사람들이 좋아할 만한 사람을 연기했는데, 그것을 어딘가에서 냉소적으로 바라보는 또 다른 자신이 있었다. 그런 위화감은 사춘기 중반을 지날 무렵에 '나는 살아갈 가치가 없는 하찮은 인간이다. 인간을 사랑할 일도, 사랑받을 일도 없을 추하고 더러운 인간이다'라는 자기부정감으로 이어졌다.

그 후 M은 자기 나이의 두 배에 가깝게 나이가 많은 남성과 사귀게 되었다. 그 남성에게는 처자식이 있었다. 처음에는 아주 행복했다. 하지만 그것도 잠깐, 둘 앞으로 지옥 같은 날들이 펼쳐졌다. M은 사소한 말에 상처를 받고는 몇 번이나 자해를 하거나 자살을 시도했다. 상대 남성은 지칠 대로 지쳐서 나중에는 M을 피하기 시작했다. M은 그 남성을 무작정 기다리거나 집으로 전화를 걸어서 아무 말도 하지 않고 끊기를 반복했다. '이제 헤어져줄 테니까 마지막으로 한 번만 만나달라'는 M의 말을 믿은 그가 그녀의 집을 찾아갔을 때, 그녀는 약을 잔뜩 먹고 손목에서 피를 흘리며 쓰러져 혼수상태에 빠져 있었다.

자기부정감이 강하고 자살기도를 해서 주위를 컨트롤하려는 성향을 보이는 M은 '경계성 인격 장애 경계성 성격 장애'의 전형적인 모습을 보여준다. 자기 목숨을 위험에 빠트리면서까지 애정과 관심을 받으려고 하는 이유는 기본적인 안정감이 결여되어 있고 끊임없이 극심한 애정 결핍감에 시달리기 때문이다. 또한 이들은 기분이나 생각이 양극단으로 변하기 쉬운데, 마음에 안 드는 것이 있으면 하늘을 날던 기분이 갑자기 나락으로 떨어질 만큼 급변한다. 계속해서 '사랑의 증거'를 요구하고 그 기대가 충족되지 않으면 절망감에 사로잡혀서 아무렇지도 않게 자살을 시도한다. 자아의 기반이 약하고 해리 상태나 일시적인 정신병 상태를 보일 때도 있다. 자신을 지탱하기 위해서 약물이나 알코올에 의존하는 경우도 적지 않다.

경계성 인격 장애는 일반 인구의 1~2% 정도를 차지한다. 남성보다 여성이 많다. 대부분은 10대 때 겉으로 드러나기 시작하는데 20대나 30대에 시작되는 케이스도 드물지 않다. 그런 의미에서도 경계성 인격 장애는 결코 '성격'이 아니며 어떤 시기를 경계로 발병하는 '장애'라고 할 수 있다.

애정 없는 불안정한 성장환경

경계성 인격 장애의 원인 중 일부는 유전적인 소인에 기인한 것으로 보이는데, 그 이상으로 중요한 것이 양육환경이다. 경계성 인격 장애인 사람의 성장 과정을 보면 유소년기에 안정감을 위협받는 경험을 한 경우가 많다.

M도 그녀가 채 한 살이 되기도 전에 엄마가 중병에 걸리는 바람에 반년 가까이 엄마와 떨어져 지내야 했다. 그 후에도 몸이 약한 엄마는 M을 충분히 보살피지 못했다. 게다가 M이 초등학교에 들어갔을 때부터 부모님 사이가 안 좋아져서 M은 항상 두 사람을 중재하는 역할을 해야만 했다. 결국 초등학교 5학년 때 부모님은 이혼을 하고 말았고, 2년 반 뒤에 엄마는 다른 남성과 동거를 시작했다. 그때까지 계속해서 참아왔던 M은 그 무렵부터 차츰 엄마에게 반항하기 시작한다.

이는 경계성 인격 장애에 시달리는 사람들의 전형적인 성장환경이라고 할 수 있다. 최근에는 이런 환경이 아닌 아이가 경계성 인격 장애에 걸리는 케이스도 늘고 있다. 그때 겉보기에는 나무랄 데 없는 가정이라도 한 발짝 다가가보면 아이에 대한 애정이 결핍되어 있는 경우가 대부분이다.

M이 좋아하는 소설가 다자이 오사무도 그런 의미에서는 극히 현대적인 케이스를 먼저 경험한 사례라고 할 수 있다. 대지주 가문인데다가 지역 유명 인사였던 아버지 밑에서 태어난 그는 아무런 부족함이 없이 자랐다. 하지만 다자이는 평생 깊은 자기부정감에 사로잡혀 있었고 자신을 안심시킬 만한 확실한 애정을 갈구하며 살았다. 그의 유서라고 부를만한 작품인 《인간실격》에서 말하고 있는 것처럼 그는 자기부정감과 이유 모를 위화감에 고민했고, 그것이 강한 자살 충동으로 이어졌다. 자살미수와 동반 자살미수를 반복하다가 결국 타마 강에서 자신의 뜻을 이룬다. 무엇이 그를 이토록 살기 힘든 존재로 만들었을까? 그 열쇠는 소년 다자이의 경험에서 찾을 수 있다.

그는 아오모리에서 손꼽히는 대주지 집안이 쓰시마 가문의 여섯째로 태어났다. 아버지는 국회의원이었기 때문에 한 해의 대부분을 도쿄에서 보냈다. 병약한 어머니는 그의 양육을 유모에게 맡겼다. 그러나 얼마 안 되어 그는 유모에게서 분리되어 숙모에게 맡겨졌다가 다시 엄마 곁으로 돌아온다. 그의 작품 중에 《푸른 나무의 말》이라는 아름다운 단편이 있는데, 거기에 유모와의 재회가 묘사되어 있다. 작품을 통해서 중년에 가까운 나이임에도 불구하고 유모에 대한 절절한 마음과 향수에 젖은 다자이 오사무의 속마음을 살펴볼 수 있다. 당시 그는 약물중독으로 괴로워하고 있었고 자살미수 사건을 일으키는 등 몸과 마음이 엉망이었다. 그러던 중 우연히 유모와 재회한 후로 마음이 정화되는 경험을 했고 다시 태어날 것을 약속한다. 거기에는 다자이의 위로받지 못할 깊은 슬픔과 스스로도 의식하지 못하고 있는 '왜 그렇게까지 자기 파괴적인 충동에 사로잡혀야 했는가'에 대한 일부 사정이 담겨 있다.

혹자는 고작 그 정도 일로 그러냐고 생각할지도 모른다. 하지만 모자 분리가 끝나는 3~4세까지의 시기는 인격의 근간을 형성하는 매우 중요한 때다. 이 시기에 소중한 존재를 잃는 체험은 한 사람에게 평생 갈 만한 상처를 남긴다. 억지로 떨어지게 된 유모를 되찾기를 바라는 그의 마음이 많은 여성과의 비극적인 관계를 낳았고, 그것은 결코 보상받지 못할 시도였던 것이다.

⊛ 부모만 보면 돌변하는 소녀

한 16세 소녀가 자해행위를 하고 난폭한 행동을 해서 보다 못한 부모님이 아이를 데리고 의료 기관을 방문했다. 그런데 같이 온 아버지는 어찌할 바를 몰랐고 어머니는 울기만 했다. 소녀는 하얀 피부에 머리를 금발로 물들이고 있었는데, 이목구비가 곱상하고 체격이 가녀린 편이어서 언뜻 보기에는 조용한 성격으로 보였다. 진찰을 하는 의사에게도 나름대로 협조적이었고 말도 곧잘 했는데, 부모가 한 마디라도 끼어들면 마치 다른 사람처럼 욕설을 퍼부었다. "네 책임이잖아. 어떻게 좀 해보란 말이야!"라는 말을 들은 아버지는 겸연쩍은 표정을 지었지만 반론을 하기는커녕 "그러게. 아빠가 잘못했어" 하고 아이의 비위를 맞춰주었다. 소녀는 아버지를 향해 "항상 말 뿐이지. 한심해 정말!"이라고 내뱉듯이 말하고는 마치 더러운 것을 본 양 얼굴을 돌렸다.

소녀의 부모는 아버지의 여성 문제 때문에 아이가 초등학교 5학년 때부터 별거하고 있었다. 소녀는 조금 어두운 표정을 하고 다니는 시기도 있었지만, 당시에는 공부도 잘 하고 심부름도 해주는 착한 딸이었다고 한다. 그런데 중학교 2학년 무렵부터 가끔씩 면도칼로 몸을 긋는 자해행위를 시작했다. 인터넷 성인 사이트나 전화방에서 만난 성인 남성과 관계를 가지기도 했다. 그 사실을 눈치 챈 어머니가 막으려고 했지만 소녀는 들은 척도 하지 않았다. "닥쳐. 더 이상 나한테 이래라저래라 하지 마!"라는 폭언을 하고 도리어 화를 내면서 날뛰었다. 그럴 때마다 어머니는 울면서 헤어진 남편에게 전화를 걸어 도움을 요청했다. 아버지는 마지못해 오기는 했지만, 딸을 야단치지 않고 어떻게든 그 자리를 모면하려는 말만 늘어놓다가 도망치듯 돌아갔다.

게다가 최근에는 어머니에 대한 폭력과 폭언이 점점 심해지고 있었다. 거칠게 행동한 다음 조금 시간이 지나면 "엄마, 죄송해요" 하고 자기가 잘못했다며 눈물로 사과하고 아주 상냥해질 때도 있었다. 하지만 좋은 관계도 3일을 못 갔다. 자기 생각대로 되지 않는 일이 있으면 태도가 180도로 달라졌기 때문이다.

종알종알 신나게 떠드는 걸 보고 '기분이 좋은가 보다' 하고 있으면 사소한 말 때문에 표정이 싹 바뀌어서 갑자기 우울해하거나 화를 내기도 했다. 어머니는 딸이 무슨 생각을 하는 건지, 어떻게 해주기를 바라는 건지 도무지 모르겠다며 완전히 자신감을 잃은 모습이었다.

입원한지 얼마 안 되었을 때 소녀는 너무나도 약하고 불안한 표정으로 "누구라도 좋으니까 옆에서 계속 어깨를 감싸 안아줬으면 좋겠어요"라면서 외로움을 호소했다. 차츰 병동에 익숙해지면서 소녀는 기분이 좋아지는 것 같았다. 자기 이야기를 간호사나 다른 환자들이 들어주고 동정해주는 것에 매우 만족한 모양이었다. 하지만 1주일이 지나자 상태가 또 완전히 달라졌다. 다른 환자와 트러블을 빈번하게 일으켰고, 한밤중에 큰 소리를 내거나 자해를 하기 시작한 것이다.

이런 사례의 경우 대인관계에 어느 정도 거리를 둘 때는 좋은 관계가 유지되지만 급속하게 친해지면 문제가 빈번하게 발생하기 시작한다. 어떤 의미에서는 이때부터 본격적인 치료가 시작되는 것인데, 의료 기관에서는 다른 환자에게 피해가 가기 때문에 급하게 퇴원시키기 쉽다.

◇ 증상이 유사한 질환 ◇

정신병이라고 생각하게 하는 증상이 일시적으로 나타나기도 해서 통합실조증 등으로 오인되기도 한다. 다른 유형의 성격 장애와 혼동하는 경우도 종종 있다. 몇 가지 성격 장애가 병존하는 경우가 많아서 까다로운 병이다.

A. 당사자를 대할 때의 기본 방침

본인 스스로 '애정과 관심을 받지 못해서 손해를 봤다'고 생각하기 때문에 이를 보상받기 위해서 아기로 돌아가 인생을 다시 시작하려는 경향이 있다. 이때 취할 수 있는 방법은 두 가지다. 가능한 열심히 맞춰 주거나 원하는 대로 해줄 수는 없으니 스스로 극복해야 한다고 말해서 현실을 받아들이게 하는 것이다. 상태가 호전되는 케이스를 살펴보면 결국 둘 중 어느 한쪽이 효과가 있었다기보다는 양쪽이 아슬아슬한 선에서 잘 맞아 떨어져서 본인의 마음에 변화가 생긴 케이스가 많다.

어느 한쪽만 시도하는 것도 그렇지만, 방침이 양극단으로 흔들리는 것은 더욱 좋지 못하다. 환자 본인에게나 보호자에게 가장 현실적이고 무리가 없는 방법은 '여기까지는 도와줄 수 있지만 여기부터는 스스로 어떻게든 해결하라'고 일정한 선을 긋는 것이다. 다만 명심할 것은 내치기 위해서 선을 긋는 것이 아니라 아이가 자기 발로 걸을 수 있도록 돕기 위해 선을 그어야 한다는 사실이다.

일정한 한도 안에서 애정욕구와 의존욕구를 채워준다. 이 과정은 기본적으로 아이를 기르고 예의범절을 가르칠 때와 같다. 차이가 있다면 상대가 머리를 쓸 줄 알고 말도 잘하며 힘도 센 다 큰 아이라는 점이다. 상냥함과 엄격함이 모두 요구된다. 때로는 수용해주고 야단도 쳐야 한다. 경계성 인격 장애인 사람은 자신을 받아주는 것 이상으로 야단을 쳐줄 상대를 원한다. 아이의 성장을 위해서는 아이가 버림받았다고 생각하지 않을 만큼 야단을 칠 줄도 알아야 한다.

B. 외래 치료

수용하고 지지해줌과 동시에 본인의 생각과 행동에 편향된 부분이 있다는 사실을 인지하게 하고 이를 수정해 나가도록 도와야 한다. 무조건적인 도움은 오히려 독이 될 수 있다고 말하며 일정한 틀을 지키게 해야 한다. 자살 기도 등 위험한 행동을 하면 입원 치료로 전환할 가능성이 있음을 알린다. 부모가 비협조적이고 지나치게 냉정한 경우든, 아이를 무조건 감싸려드는 경우든 가족에 대한 지도와 원조는 환자를 지도하는 것만큼 중요하다. 고비가 찾아왔을 때 환자와 가족을 한자리에 모아서 실시하는 가족 치료가 큰 역할을 하는 경우도 많다.

항우울성 장애나 불안 장애를 함께 가지고 있는 경우도 많은데, 그럴 경우 기분의 기복이나 우울감에 대처하기 위해서 투약 치료를 병용하는 것이 좋다. 간혹 환자가 자살을 기도하기 위해 약물을 사용하는 경우도 있기 때문에 약은 원칙적으로 가족이 관리하게 한다.

C. 입원 치료

단순한 자해행위가 아닌 자살기도를 했거나 가족이 지쳐있는 경우에는 입원 치료도 중요한 선택지가 된다. 입원이 의존하고 있는 가족이나 연인에게서 거리를 두고 자기 발로 서는데 좋은 기회를 제공하는 경우도 많다.

빠지기 쉬운 약물의 유혹

젊은 세대의 약물 오남용이 심각한 수준이다. 그런데 젊은이들은 왜 드러그Drug에 빠질까? 미국의 정신분석가 하인즈 코헛Heinz Kohut은 드러그가 무엇인지에 관한 뛰어난 통찰을 보여주었다. 코헛은 드러그를 '자기대상Selfobject의 기능을 대신하는 것'이라고 정의한다. 자기대상이란 그 사람의 자기애를 위로하고 지탱해주는 존재이다. 그 기원은 공복을 채워주고 젖은 기저귀를 갈아주며 때로는 자신을 안고 부드럽게 어루만지면서 노래를 불러주고 말을 걸어주기도 하는 엄마의 모습이다. 우리는 성장하면서 그런 엄마를 자기 안에 넣고, '마음속의 엄마'라고 부를만한 자기대상을 길러낸다. 그렇게 함으로써 엄마가 바로 옆에 없어도 보호받고 있다고 느끼며 안심하고 다른 일에 열중할 수 있는 것이다.

그런데 자기대상이 충분히 자라지 못한 사람은 자기 스스로를 지탱하지 못한다. 불쾌한 일이 생겼을 때는 더욱 그렇다. 불쾌한 일이 생기면 그는 재빨리 자기대상 기능을 대행해줄 것을 찾아 나선다. 그것이 드러그다. 드러그는 어머니가 '옳지, 옳지' 하고 달래주는 부드러운 어루만짐이자 기분 좋게 몸을 흔들며 불러주는 자장가라고 할 수 있다. 그리고 자기가 원하면 언제든지 손에 넣을 수 있는 어머니의 팔 요람이기도 하다. 쉽게 상처받고 자신을 지탱할만한 힘이 없으면 드러그에 의존하기 쉽다. 똑같이 약물을 사용해도 어린 시절에 애정이 부족했던 사람이 더 깊이 탐닉하고 거기에서 벗어나지 못한다. 드러그를 끊기 위해서는 이를 대신할만한 지지와 애정이 필요하다. 그것 없이 드러그만을 거두어가면 절망해서 목숨을 끊어버리는 사람도 있다.

쾌감으로 가는 지름길

이제 '드러그란 도대체 무엇인가'를 뇌의 구조를 통해서 살펴보고자 한다. 드러그란 그것을 몸 안에 넣자마자 괴로움을 잊고 쾌감을 느낄 수 있게 만드는 도구이다. 그렇다면 왜 드러그에는 그런 작용이 있는 것일까?

애초에 마약이 '마약이 될 수 있는 이유'는 그것을 쾌감으로 감지하는 수용체가 뇌에 존재하기 때문이다. 마약 따위와는 일절 관계를 맺지 않고 평생을 사는 사람의 뇌에도 이런 수용체는 갖춰져 있다. 그렇다면 신은 왜 그런 것을 만들었을까? 젊은이들을 마약에 빠지게 하기 위한 의도는 분명히 아닐 것이다. 사실 이런 수용체가 존재하는 이유는 종을 보존하고 삶을 이어가게 하는 원동력을 제공하기 위함이다. 만약 이런 수용체가 없다면 성행위를 하는 이도 없을 것이며 몸이 찢겨나가는 듯한 고통을 감내하면서 아이를 낳으려 하는 이도 없을 것이다. 즉, 미래의 큰 목적을 위해서 눈앞의 고통이나 곤란을 감내하려 들지 않게 된다는 말이다. 인간이 고통을 감내하는 이유는 그렇게 하는 일이 인간에게 기쁨을 주는 구조가 갖추어져 있기 때문이다.

뇌에는 보상회로라는 일련의 시스템이 있다. 마약 수용체도 그 일부분이다. 종이나 개체의 생존에 이익이 될 만한 일을 하면, 그 보상회로의 신경단말에서 신경 전달 물질이 방출되면서 쾌감을 불러일으킨다. 대표적인 것이 성적 오르가즘으로 절정의 순간에 도파민과 엔돌핀 등 '뇌내 마약 물질'이 방출된다. 인간이 질리지도 않고 섹스를 하는 이유는 이 뇌 속 마약 물질의 힘 때문이다. 그러니 섹스에 마약적인 속박력이 있는 것은 당연하다. 섹스 중독인 사람의 뇌는 그야말로 성행위를 할 때 방출되는 '뇌 내 마약 물질'에 대한 의존증에 빠져 있다. 어떻게 보면 신은 성행위를 할 때만 인간이 마약에 취하는 것을 용납했다고도 할 수 있다. 이는 종의 보존이라는 성스러운 행위를 하는 것에 대한 특별한 보상이라고 보아야 할 것이다.

마약적인 드러그는 그 근본 이치를 깨트리고 있다. 마약이나 드러그는 쾌감을 불러일으키는 수용체에 직접 결합함으로써 혹은 신경 전달 물질을 넘치게 함으로써 어떤 노력이나 공헌 없이도 생화학적으로 격렬한 쾌감을 낳는다. 섹스를 하지도 않고도 오르가즘의 몇 배나 되는 쾌감을 맛보게 되는 것이다. 그것은 비유하자면 마라톤 선수가 도중에 코스를 이탈하여 달리는 고생을 생략하고는 갑자기 많은 관중의 박수갈채를 받는 경기장에 들어서는 것과 같다. 즉, 지름길로 가서 보상만 얻어가는 꼴이라고 할 수 있다.

시너의 부작용

부축을 받으며 진료실로 들어온 Y는 똑바로 걷지도 못하는 상태였다. 양발을 모으고 서있지도 못했으며 비틀거리는 폼이 금방이라도 쓰러질 것처럼 위태로웠다. 이는 '운동기능 상실'이라고 불리는 상태이다. 시력도 현저하게 저하되어 있었다. 안과 검사 결과 시신경염이 일어났는데 얼마만큼 회복될지 알 수 없다고 한다.

시너(유기용제) 중독증 환자는 환청을 듣기보다 환시를 보는 경우가 많다. 사람의 모습이나 그림자가 보이거나 벌레가 보이는 것이 전형적인 예이다. 그들은 벽에서 사람 손이 나온다는 말도 자주 한다. 또한 환각보다도 사물이 기묘하게 보이는 사례가 많다. 풍경이 일그러져 보이거나 길게 늘어져 보이거나 글자가 움직이는 것처럼 보여서 책을 읽기 힘든 경우도 있다. 빛의 입자가 보이거나 모양이 보이는 경우도 흔하다.

환각 증세에는 강한 초조감(불안해서 안절부절 못하는 느낌)을 동반하는 경우가 많다. 때로는 초조감만 반복해서 나타나는 경우도 있다. 그렇게 몸이 망가져서도 Y는 종종 시너를 빠는 꿈을 꾼다고 한다. 뇌가 아직 시너를 남용하던 때의 쾌감을 잊지 못한 것이다.

유기용제 남용의 부작용은 소뇌와 신경계 손상, 운동기능 상실, 시력 저하이다. 특히 시신경염은 회복이 더디고 약시가 되거나 심하면 실명에 이르는 경우도 있다. 그렇게 되고난 뒤에는 이미 때를 놓친 것이다.

⭐ 애정이 필요했던 뮤지션의 꿈

머리를 금발로 물들인 청년 I는 처음 진료실을 찾았을 때 기분이 안 좋은 듯이 홀쭉한 얼굴을 잔뜩 찡그리고 있었다. 팔과 어깨에는 문신이 새겨져 있었다. 그는 대마관리법위반으로 체포되었다. 원래는 아르바이트를 하면서 아마추어 밴드에서 드럼을 치고 있었는데, 대마에 손을 대면서부터 아르바이트도 그만두었다.

그의 아버지는 대기업에서 근무하는 회사원이고, 어머니는 부잣집 딸로 아버지보다 10살 이상 나이가 어렸다. I는 오냐오냐 하며 자랐는데 아버지가 육아에 그다지 협조적이지 않아서 어머니는 가끔 히스테리를 일으켰다. I를 혼자 두고 친정으로 가버리는 일도 있었다. I가 초등학교 2학년 때 어머니가 다른 남성과 집을 나갔고 부모님은 결국 이혼했다. 그 후로 어머니와 연락이 두절되었다. 아버지는 자신이 이

혼을 하는 바람에 힘들었을 거라며 I에게 과한 용돈을 주곤 했다. I의 생활이 흐트러지기 시작한 다음에도 미안한 마음 때문에 전혀 야단을 치지 않았다.

그가 초등학교 6학년이 되던 해에 아버지가 재혼을 했다. 처음부터 의붓어머니가 마음에 안 들었던 I는 그녀에게 노골적으로 적의를 드러내고 함께 식사도 하지 않았다. 중학생이 되면서부터 의붓어머니와 아버지에 대한 폭력이 시작되었다. 고등학교에 입학하자 I는 따로 빌린 원룸에서 혼자 생활하게 되었는데, I의 폭력을 견디다 못한 부모님의 고육지책苦肉之策이었다. 하지만 I는 매달 생활비를 다 써버리고는 돈을 받으러 찾아왔다. 의붓어머니가 돈을 건네지 않으면 물건을 부수며 날뛰거나 폭력으로 위협했다. 그러다가 그는 밴드를 하는 동료의 집에서 함께 살게 되었고 거기에서 대마를 배웠다. 돈 씀씀이가 점점 커지더니 수상한 금융회사에 거액의 빚까지 졌다.

새로운 밴드의 멤버로 영입된 후 도쿄 진출을 이루려던 참에 체포되었다며 그는 분통을 터트렸다. 약물이나 가정 내 폭력에 대해서는 어떤 반성의 기미도 없었다. 이런 곳에서 쓸데없이 시간을 허비하고 있다는 사실이 짜증난다며 험악한 표정을 지을 뿐이었다. 그리고 그는 "사람들 눈이 신경 쓰인다", "나를 우습게 보는 것 같다", "속으로 뭔가 꾸미고 있다", "의욕이 전혀 안 생긴다"고 호소했다. 이처럼 주위를 의식하고 피해를 입을까 봐 염려하며 의욕이 저하되는 이유는 약물 의존증 때문이었다.

그의 기분은 기복이 있었는데 대체로 기분이 가라앉아 있는 경우가 많았다. 어떤 일도 긍정적으로 받아들이지 않고 분노와 반감을 느꼈다. '아버지가 이상한 여자를 데려온 탓에 내 인생이 꼬였다'면서 분노를 쏟아내고 모든 실패를 부모님 탓으로 돌렸다. 그런 분노를 모두 쏟아냈을 때쯤 서서히 입에 담는 말에 변화가 보이기 시작했다. '아버지의 편지를 읽고 돌아가고 싶다는 생각이 들었다'는 것이다. 그렇게 욕하고 폄하하던 아버지가 보낸 격려 편지가 어지간히 기뻤던 모양이었다. 물론 돌아가는 길은 평탄하지 않았다. 매일같이 마음이 흔들렸다. 아버지에 대해서도 '돈을 안 줄 거면 참견하지 말았으면 좋겠다'면서 귀찮아하기도 했다. 다만 예전과는 달리 몸을 단련하고 독서도 열심히 했다. '여기서 신경과민을 완전히 고치고 싶다'면서 지금까지의 그의 발언과는 전혀 다른, 귀를 의심할만한 긍정적인 말도 했다. 평상시의 표정에도 생기가 돌아오기 시작했다.

하지만 가끔씩 가슴 아팠던 과거의 이야기를 꺼내기도 했다. 한 번은 어머니가 집을 나갔던 때의 이야기를 들려주었다. 그 당시 그는 겨우 초등학교 2학년이었다. 아버지는 아직 어렸던 여동생과 셋이서 동반자살을 하자고 말했다. 또 어느 날은 "시설에 들어가라"는 말을 하기도 했다. 아버지의 귀가가 늦어서 매일같이 인스턴트 라면만 먹었다. 그는 어머니가 집을 나가기 직전에 그에게 했던 말을 또렷이 기억하고 있었다. 엄마는 어린 아들에게 "좋아하는 일만 하면 된다"는 말을 남겼고, 그는 엄마의 말대로 살았다.

그는 그 후에도 흔들림은 있었지만 차츰 상태가 안정되고 약도 줄일 수 있었다. "아르바이트를 하면서 뮤지션이 되기 위해서 노력하겠다"고 말하며 아버지와 함께 집으로 돌아갔다.

그러나 최근의 약물 남용의 특징은 위의 사례와 다르다. 분명한 애정부족이나 가족 간의 문제가 없어도 심각하게 빠지는 경우가 많다. 다음은 그런 사례 중 하나이다.

💬 탄탄대로 소녀에게 다가온 각성제 주사

건축자재 가게를 운영하는 부모님과 세 살 아래의 여동생과 함께 살고 있는 장녀의 이야기이다. 소녀의 가정은 유복했고 어머니의 교육도 흠잡을 데가 없었다. 소녀는 성적도 중간 이상이었고 친구도 많았다. 중학교 시절 복장 위반을 한 적은 있지만 크게 탈선한 적은 없었다. 이목구비가 뚜렷하고 예쁘장했으며 장래에 연기자가 되겠다는 꿈을 가지고 있었다.

그녀가 고등학교 1학년 때 실연을 당한 충격으로 과호흡을 일으켰다. 이후 반년에 한 번 정도 발작이 나타났다. 고등학교 2학년이 되던 해, 중학교 시절의 남자 선배에게 '살 빠지는 약'이라고 속아 각성제 주사를 맞은 것이 비극의 시작이었다. 주사를 맞은 순간 머리카락이 거꾸로 서는 듯한 느낌이 들고 하늘을 날듯이 기분이 좋아졌다. 주사를 맞으면 이틀 정도는 잠을 자지 않고 계속해서 활동했다. 아이디어가 넘쳐 흘러서 쉬지 않고 글을 쓸 때도 있었다.

시설에 와서도 가끔씩 사람의 그림자가 보이거나 초조해지는 플래시백(마약을 갑자기 끊었을 때 일어나는 금단증상 중 하나로 마약을 하지 않았는데도 마치 한 것처럼 환청과 환각 증세가 나타난다—역자 주) 현상이 일어나서 머리를 감싸 안고 벽에 붙어서 몸을 잔뜩 웅크리고 앉아 있기도 했다. 지금도 각성제를 놓는 꿈을 매일 밤마다 꾼다고 한다. 자신의 탈선에 대해서는 "계속 착한 아이로 있었지만 부모가 자신을 속박하는 것에 지쳤다. 그래서 자유롭게 날개를 펼치려고 했는데, 좀 지나쳤던 것 같다"고 말했다. 또 "부모님은 성실하고 참한 아가씨로 자라기를 바랐겠지만 나는 다르다. 이 시설이 지금 내가 있을 곳이다. 여기 말고는 있을 곳이 없다"고 말하기도 했다. 이런 발언들은 아무 부족함 없이 자란 소녀의 입에서 나온 말이라고는 믿기 힘들 정도였다.

치료 중반을 넘어섰을 무렵에서야 비로소 스스로에 대해서 진지하게 반성하게 되었다. 규정 위반으로 처분을 받고나서부터는 '이대로 집에 돌아가면 또 주사를 놓을 것이 뻔하다'면서 자신의 불안한 마음을 솔직하게 털어놓기 시작했다. 그때부터 말 한 마디 한 마디가 안정되어 갔다.

집으로 돌아가서 아버지의 건축 자재 가게 일을 돕다가 취직했다. 각성제를 다시 사용하는 일은 없었고, 근무처에서 알게 된 남성과 결혼해서 두 아이의 엄마가 되었다.

영어 속담 중에 '호기심이 지나치면 위험하다Curiosity killed the cat' 라는 말이 있는데, 젊은이들이 약물을 접하게 되는 이유도 대부분 '약간의 호기심' 때문이다. 이 약간의 호기심이 되돌릴 수 없는 지옥문의 입구가 될 수도 있다. 그런데 모험을 좋아하고 무서운 걸 모르는 젊은이는 쉽게 그 덫에 걸리고 만다.

약물 후유증은 평생을 가기 때문에 더욱 무서운 존재이다. 앞에서 소개한 사례는 운이 좋았던 케이스이고, 보통은 일단 약물에 의존하기 시작하면 거기서 벗어나지 못하는 경우가 많다. 몸이 엉망이 되고 완전히 정신병에 걸려서 약물 사용 중에 갑자기 사망하는 케이스도 드물지 않다. 궁지에 몰린 끝에 죽음을 선택하는 경우도 있다. 주삿바늘을 통해서 C형 간염이나 에이즈 등에 감염되는 경우도 있다. 단 한 번의 호기심 때문에 지불해야 할 대가치고는 지나치게 무겁다. 약물 복용으로 치러야 할 엄청난 결과에 대해서 어려서부터 배울 필요가 있다.

사용 빈도가 높은 약물은 유기용제, 대마, 각성제 순이다. 반면에 정신 장애를 일으켜서 정신과 치료를 받는 케이스는 각성제에 의한 것이 반 이상을 차지해서 그 위험성을 보여준다. 중학생을 대상으로 2000년에 실시한 조사 결과, 시너 놀이를 한 번이라도 해봤다는 학생의 비율은 1.3%, 대마와 각성제의 사용 비율은 양쪽 모두 0.4%였다. 한편 1999년에 실시한 조사에서는 15세 이상 국민이 평생 동안 위법 약물을 경험하는 비율이 각각 1.5%, 0.8%, 0.4%였다. 사용 빈도는 낮지만 헤로인 같은 마약은 의존성이 강하다. 최근에는 대마, 코카인과 엑스터시 등의 합성 마약 사용이 늘고 있다.

연구에 따르면 유기용제 남용자의 경우 엄마와 아빠 모두 아이를 방임하거나 지도력 부족한 경우가 가장 많았고, 다음으로는 어머니는 아이를 무조건 받아주고 간섭이 많은 경향을 보이는 한편 아버지는 위압적인 케이스가 많았다.

스스로를 지키기 위한 고독한 싸움

약물은 단순히 약물만 끊으려고 하면 끊기가 어렵다. 그 사람의 인생이 약의 세계가 아닌 현실 세계로 새롭게 이어지지 않으면 반드시 약물로 돌아가게 되어 있기 때문이다. 현실 세계로 돌아가는 프로세스는 먼저 위기의식을 갖는 일에서부터 시작된다. '자신의 인생이 과연 이대로 괜찮은가' 생각하는 일이 출발점이 되는 것이다. 스스로 그런 마음을 가지지 않으면 누구도 어떻게 해줄 수가 없다.

약물에서 벗어나지 못하는 사람도 사실 마음속 어딘가에서 '이대로는 안 된다'는 생각을 하고 있다. 다만 원래의 세계로 돌아가는 일을 포기하고 있을 뿐이다. 혹은 자신은 '약물과 공존하면서 잘 해나갈 수 있다'고 믿으려고 한다. 이들은 정신이 점점 병들어 가고 인생에서 가장 중요한 것이 약물이 되어버렸음에도 불구하고, 스스로 컨트롤

할 수 있다고 생각하면서 자신을 속인다.

진짜 위기감을 느끼려면 자신 자신에 대해서 과신하고 있었다는 사실을 깨달을 필요가 있다. 깨달음의 순간은 자신이 실패할 리가 없다고 생각했는데 실패하고 만 순간에 찾아오는 경우가 많다. '이럴 리가 없는데…….' 하면서 놀라는 것이다. 그 순간에 어설프게 감싸주거나 도망칠 곳을 마련해주면 책임지지 않고 대충 넘어갈 수 있다고 착각할 수 있다. 그러면 모처럼 얻은 깨달음의 기회를 날려버릴 수도 있으니 주의하자. 스스로 위기감을 가지게 하기 위해서라도 문제를 쉬쉬하며 수습하기보다 본인에게 책임을 지게 해야 한다.

위기감을 느끼면 누구나 진지하게 약물을 끊어내기 위해서 어떻게 하면 좋을지를 묻게 된다. 이는 자신의 인생을 되돌리려는 시도이다. 지금까지 가족에게 불평불만만 늘어놓고 안 좋은 일은 모두 가족이나 주위의 탓으로 돌렸던 것이 사실은 눈속임에 불과하단 걸 깨닫게 된다. 그리고 가족이 필사적으로 손을 내밀어준 것에 대해서 감사한 마음도 가질 수 있다. 이런 과정을 거치면서 자기 자신, 그리고 주변 사람들과 진정한 의미에서의 관계가 다시 시작된다. 그리고 자기 사정에 따라서 제멋대로 이용하던 주변 사람들의 소중함을 깨닫게 된다. 약물의 유혹이 덮쳐올 때 방파제가 되어 주는 것은 신뢰할 수 있는 사람들, 그리고 가족과의 유대이다. 다시 옛날처럼 자기 자신을 잃고 싶지 않다는 생각을 하도록 돕는 것이다.

약물을 끊어내기 위해서는 마음의 틈이 생기지 않도록 주의하고,

계속해서 위기감을 환기시켜야 한다. 약물과의 싸움은 고독한 것이 되기 마련인데 이 고독감을 이기지 못하고 다시 약물에 손을 대는 경우도 있다. 이를 막기 위한 하나의 방법으로 약물 치료 상담센터나 약물 치료 기관에 찾아갈 것을 추천한다.

◇ 대응 방법과 치료 포인트 ◇

물질 관련 장애를 치료하려면 일반적으로 두 가지 문제에 대해서 각각 조치를 취해야 한다. 하나는 약물이나 의존성 물질의 후유증에 대한 치료이다. 여기에는 주로 약물 치료가 효과적이다. 플래시백 증상이 나타났을 때는 조속히 의료 기관을 방문해서 진료를 받고, 적절한 투약 치료를 받아야 상태가 크게 악화되는 것을 막고 빠른 회복을 기대할 수 있다.

조치가 필요한 또 다른 하나는 결코 만만치 않은 의존 문제이다. 의존에는 정신의존과 신체의존이 있는데 신체의존이 발생한 경우에는 입원 치료를 받는 것이 원칙이다. 신체의존이 있는 경우, 약물 사용을 갑자기 중단하면 금단증상이 일어나는데 그것을 안전하게 컨트롤해야 하기 때문이다.

또한 신체의존을 입원 치료로 끊어내고 사회에 복귀한다고 해도 아직 완전히 의존에서 벗어난 것은 아니다. 정신의존이 남아있기 때문이다. 약물을 사용하던 때의 쾌감에 대한 기억이 가슴속 어딘가에 새겨져 있다가 안 좋은 일이 생기면 악마의 유혹처럼 마음속에 숨어든다.

마약성 물질은 일단 의존성이 생기면 뇌가 그 쾌락을 영원히 잊지 못하고, 마음 어딘가에서 끊임없이 재회를 기다린다. 그리고 몇 년 동안 헤어져 있었다 하더라도 단 한 번만 재회하면 금세 과거의 의존상태로 돌아가고 만다.

그런 의미에서도 약물 의존은 가슴을 태우는 격렬한 사랑과 닮아있다. 잊은 것 같다가도 문득 만나고 싶은 생각이 복받쳐 오를 때가 있고, 애틋함에 몸부림치게 되는 것이다. 그러다가 한 번이라도 만나게 되면 다시 원점으로 돌아간다. 만나는 즉시 마른 장작에 불이 붙듯 불타오르기 때문이다.

그렇다고 약물을 원하는 마음이 계속 같은 수준으로 유지되는 것은 아니다. 파도가 있다. 발작과도 같은 그리움의 큰 파도를 어떻게든 넘기고 나면 거짓말처럼 마음이 편안해진다. 그렇게 그리워하다가도 어느 순간부터는 그다지 대수롭지 않게 느껴지는 것이다. 점차 파도는 잔잔해지고 파도가 치는 주기도 길어진다. 하지만 몇 년 만에 커다란 파도가 몰려오는 경우도 있기 때문에 결코 방심해서는 안 된다. 자신을 과신하는 순간, 실패가 시작되기 때문이다.

먹는 것으로 부족한 애정을 채우는 아이들

　인간은 무엇을 위해 먹을까? 의학적으로 봤을 때 통상적인 대답은 '영양을 얻기 위해서'라고 할 수 있다. 그런데 과식증 환자는 먹는 목적이 전혀 다르다. 그들은 애정을 대신해서 음식을 입에 넣는다. 그들에게 먹는 행위는 애정을 얻기 위한 보상행위인 셈이다. 이것은 아기였을 때의 상태에서 유래한다. 갓난아기에게 젖을 먹는 행위는 영양을 얻음과 동시에 애정과 안정감을 얻는 일이기도 하다. 이런 감정들은 원래 하나로 연결되어 있다.

　한 사람의 인격으로서 엄마로부터 분리와 자립을 이뤄가는 가운데 '먹는 일'과 '애정·안정감을 얻는 일'은 각기 다른 행위로 분화해간다. 그런데 분화가 충분하지 않거나 안정감에 손상을 입는 체험을 하면 인간은 어린 시절의 상태로 돌아가려고 한다. 실제로 과식증 환자의 먹는 모습은 젖을 탐하는 아기의 모습을 연상시킨다. 위가 가득 찰 때까지 계속해서 먹을 모습이 마치 젖을 먹는 아기처럼 먹을 것 외에는 아무것도 눈에 들어오지 않는 것 같다. 과식증이 애정 결핍을 안고 있는 경계성 인격 장애와 함께 나타나기 쉬운 이유는 앞에서 설명한 내용을 생각하면 납득할 수 있을 것이다.

약물 못지 않은 의존성

　과식은 외로움이나 애정 결핍을 '먹는다'고 하는 가장 원시적인 욕망을 과도하게 채움으로써 보상받으려는 행위이다. 신경성 대식증은 신경성 무식욕증보다 빈도가 높고 젊은 여성에게 많다. 신경성 무식욕증보다 늦게 발병하는 경향이 있다. 젊은 여성 중에 1~3%는 신경성 대식증이라고 알려져 있다. 먹는 행위에 브레이크를 걸지 못하는 이유는 먹는 것에 대한 의존성이 있기 때문이다. 실제로 과식증 환자의 먹고자 하는 욕구가 약물 중독자가 약물을 원하는 욕구에 뒤지지 않을 만큼 강한 경우도 있다. 의존증은 그 분야가 상당히 다양해서 쇼핑이나 도박, 도둑질, 연애 등에 탐닉하는 케이스도 적지 않다. '과식증', '의존증', '경계성 인격 장애'는 현대의 젊은 여성들이 가장 쉽게 빠지는 문제를 모아놓은 것이라 할 수 있다.

　과식증에는 자기유발성 구토를 동반하는 타입과 동반하지 않는 타입이 있다. 스스로 구토하는 경우 과식은 하지만 몸이 호리호리하다. 구토를 하면서 위액이 소실되어서 체액이 알칼리성에 가까워지고 피부와 낯빛이 건강하지 못하다는 인상을 준다. 하지만 거식증처럼 뼈만 앙상하게 마르지는 않는다.

과식행위는 약물중독 환자에게 있어서 드러그 파티나 마리화나 파티와 같은 쾌락의 향연이다. '오늘은 과식을 하겠다'고 마음먹으면 내심 기대와 흥분을 느낀다. 하지만 식사가 끝난 뒤에는 후회와 자기혐오가 밀려온다. 자기유발성 구토를 동반하지 않는 경우에는 당연히 체중이 늘어나는데, 과식하는 시기와 다이어트하는 시기를 반복하는 경우가 많다. 체중을 줄이기 위해서 설사약이나 이뇨제를 복용하기도 한다.

✳ 우등생 소녀의 성적 스트레스

고등학교 1학년 소녀인 K는 과식과 구토, 등교 거부, 어머니에 대한 폭력으로 부모님과 함께 의료 기관을 찾았다. K가 다니는 학교는 지역에서 유명한 명문고였다. 그녀는 통통한 체형이었고 체중감소는 그다지 눈에 띄지 않았다. 다른 사람에게는 예의 바르게 행동했지만 부모가 무슨 말이라도 하려하면 거친 어조로 덤벼들었다. 초등학교 시절에는 공부와 전자오르간, 영어 등을 배우러 매일같이 학원에 다녔다. 누가 봐도 치맛바람이 셀 것 같아 보이는 엄마가 쫓아다니며 가르쳤다고 한다. 그 덕분에 성적은 초등학교 때와 중학교 때 모두 우수했고 전자오르간 실력도 전국대회에 출전할 정도였다.

중학교 3학년 무렵부터 성적이 한계를 보이기 시작했다. 고등학교에 들어가자 중간 이하로 떨어지게 되었다. 지금까지 상위권에 있는 것에 익숙했던 K는 자신감을 완전히 잃고 말았다. 공부에 대한 의욕도 예전같지 않았다. 2학기 때부터 학교를 자주 빠지게 되었고 학년이 끝날 무렵에는 하루도 나가지 않았다. 그녀는 낮에는 자고 밤에 일어나서는 냉장고 안에 있는 음식을 전부 먹어치웠다. 그런 다음 화장실에 가서 토해내기를 반복했다. 엄마가 한마디 하면 폭언을 쏟아 붓고 폭력을 휘두르기까지 했다. 엄마는 초등학교 6학년 남동생이 수험을 앞두고 있어서 남동생 일에만 매달리고 있었다며 "딸이 지망하던 학교에 들어가서 너무 안심하고 있었던 것 같다"고 했다. 아빠는 대기업에 다니는 회사원으로 일이 바빠서 딸의 교육을 모조리 아내에게 떠넘긴 것에 대해 반성하고 있었다.

K는 분노 섞인 감정과 함께 눈물을 쏟아내며 "엄마가 시키는 대로 열심히 했더니 인생이 엉망이 되어 버렸다. 애초에 나한테는 공부가 안 맞았던 것 같다. 아기 때로 돌아가서 처음부터 다시 시작하고 싶다"고 말했다. 과식을 하는 것에 대해서는 "먹고 있을 때만 마음이 안정된다. 더 이상 먹을 수 없을 때까지 계속해서 먹는다. 그러고 나면 후회가 밀려와서 토하고 만다"고 했다.

과식증은 거식증처럼 생명에 지장을 주지는 않지만, 일단 이 수렁에 빠지면 본인은 물론이고 주변 사람들까지 점점 지치게 되고 궁지로 내몰리게 된다. 경계성 인격 장애나 다른 의존증과 함께 나타나는 경우도 많은데, 그런 경우에는 자살기도를 하거나 사람들을 이리저리 휘두르기 때문에 대응과 치료가 쉽지 않다.

일단은 느긋한 마음으로 지켜본다고 생각하고, 많이 먹는 것에 대해 과민하게 반응하지 말아야 한다. 주변 사람들이 감시하는 듯한 시선을 보내는 것은 마이너스로 작용한다. 과식의 배경에는 애정 결핍감과 외로움이 있기 때문에 과식 자체를 논하기보다는 애정욕구를 티 안 나게 충족시켜 주는 방식으로 대응하는 것이 바람직하다. 과식을 하면 스스로도 죄의식을 느끼는데 이때 책망하는 것은 역효과일 뿐 아니라 자해행위나 자살기도를 유발하는 일이 될 수도 있다. '과식은 알코올을 대량으로 섭취하는 것과 마찬가지여서 몸에 좋지 않지만, 가끔 하는 과식은 그렇게 신경 쓸 필요가 없다'고 말해줌으로써 죄의식을 가지거나 지나치게 의식하지 않도록 하는 것도 하나의 방법이다. 과식증 환자는 이상에 대한 집착과 강박이 심한 경우가 많은데, 그런 경우일수록 자기유발성 구토를 동반하기 쉽다. 먹어도 좋은데 "먹었으면 책임을 지고 토하지 말아야 한다. 토하는 것은 책임을 회피하는 것이다"라고 말하는 방법도 있다. SSRI 등이 집착을 누그러뜨리고 과식과 구토를 컨트롤하는데 도움을 주기도 한다.

대응을 하거나 치료를 할 때는 경계성 인격 장애나 물질 의존 부분에서 기술한 원칙이 대부분 적용된다. 과식 자체를 문제 삼아서 통제하려고 하면 큰 효과를 볼 수 없다. 배경에 있는 문제가 해결되거나 스트레스가 줄어들면 자연스럽게 호전된다. 그리고 대부분 근본 원인은 모자관계나 애정 문제이다. 이들은 어린 시절의 어느 시기에 부모가 심리적으로 불안정했거나, 병약했거나, 다른 문제에 온통 마음이 쏠려있었던 바람에 애정 박탈을 경험한 경우가 많으며 그 상처를 쉽게 극복하지 못한다. 그럴 경우 치료자가 부모의 역할을 대신해주면서 모자관계를 개선하도록 지도해야 한다.

자기유발성 구토가 심한 경우에는 신경성 무식욕증 치료에 준해서 치료하는데, 정도가 심하면 입원 치료 대상이 된다. 식사량을 사전에 제한함으로써 토하지 않으면 체중이 늘어날 거라는 불안감을 경감시킨다. 식사 후 일정 시간은 화장실에 가지 않는 것을 목표로 삼고, 간호사와 담소를 나누거나 현재 기분이 어떤지에 대해 이야기하는데 시간을 쓴다. 토하고자 하는 환자의 욕구는 다른 사람과의 대화를 통해서 애정욕구가 충족되면 차츰 극복할 수 있게 된다.

제8장

스트레스와 트라우마로
이상 행동을 하는 아이들

환경에 적응할 수 없다

　인간은 환경에 적응하면서 살아간다. 하지만 우리를 지탱해주는 환경이 때로는 부담감과 스트레스를 주기도 한다. 환경에 적응하는 일이란 '마음의 부담'과 우리를 지탱해주는 '안식처', 그리고 우리가 가진 '적응력'이라는 세 가지의 균형을 맞추는 일이다. 하지만 인생이 늘 우리 뜻대로만 되지는 않는다. 스스로는 도저히 해결할 수 없는 온갖 일이 벌어지기도 하고 환경 또한 끊임없이 변화한다.

　인간은 어느 정도의 적응력을 갖추고 있지만, 강한 스트레스가 장기간에 걸쳐서 계속되면 한계를 넘어서 세 가지 균형이 깨지게 된다. 본인을 지탱해주는 기반이 충분하지 않으면 더욱 그렇게 되기 쉽다. 이처럼 스트레스로 인해서 발생하는 우울이나 불안 때문에 생활에 지장이 생긴 상태를 '적응 장애'라고 말한다.

　적응 장애의 원인은 다양하다. 학생의 경우 '학교에서의 문제, 부모의 애정과 관심 부족, 부모의 이혼, 이사나 전학' 등이 많다. 사회에 진출할 나이의 청년이 되면 '취직이나 직장 문제, 연애 문제, 경제 문제'가 두드러진다. 사별 때문에 겪는 불안이나 우울 상태는 적응 장애에 포함시키지 않고 별도로 '사별 반응'이라고 부른다.

요즘 아이들과 젊은이들은 전반적으로 스트레스에 매우 약하고 민감하다. 반대로 아이가 주위 사람들에게 스트레스를 줄만한 행동을 아무렇지 않게 하기도 한다. 서로 괴롭히고 괴롭힘 당하는 상황이라고 할 수 있다.

하나의 스트레스 원인뿐 아니라 복수의 스트레스 원인이 겹쳐 있으면 한층 더 적응 장애를 불러일으키기 쉽다. 실제로 의료 기관을 방문하는 케이스를 살펴보면 하나의 문제만 있었을 때는 어떻게든 버텼는데, 거기에 또 다른 요인이 겹치는 바람에 증상이 시작된 경우가 많다. 다음 소개할 소녀의 사례가 그렇다. 처음에는 하나의 직접적인 원인에만 시선이 쏠렸었지만, 실타래를 풀어가다 보니 몇 가지 스트레스 원인과 환경 문제가 얽혀있었던 케이스이다.

⭐ 인기 많던 여고생이 왕따가 된 이유

유난히 활발하고 반에서도 인기가 많았던 중학교 2학년 소녀 J가 어느 날부터 우울해하고 학교도 자주 빠지자 엄마와 함께 상담을 받으러 왔다. 등교 거부는 3주씩이나 이어지고 있었다.

긴장이 풀어지니 J는 학교에서 있었던 트러블에 대해 이야기하기 시작했다. 한 학년이 올라가면서 새로운 반 친구들과 합숙을 했는데,

이때 같은 방을 썼던 아이와 친해졌다. 그런데 합숙 마지막 날에 그 아이와 사소한 문제로 말다툼을 하다가 모두가 보는 앞에서 몸싸움까지 벌이고 말았다. 그 후로 같은 반 아이들도 J에게 한 발짝 거리를 두는가 하면 뒤에서 험담도 했다. J는 새로운 학급 환경에 섞이지 못하고 붕 떠 있었다. 그녀는 중학교 1학년 때는 즐거웠는데 지금은 그렇지 못하다며 슬퍼했다.

그날부터 J는 정기적으로 상담을 받으러 오게 되었다. 두 번째 상담 때부터는 마치 다른 사람처럼 말을 잘했는데, 그녀의 이야기를 듣던 중에 처음에는 몰랐던 사정 몇 가지를 알게 되었다. 하나는 행복했다던 중학교 1학년 때도 가끔씩 학교를 빠지는 경우가 있었다는 것이다. 그 원인도 같은 반 친구와의 사소한 말다툼 때문인 경우가 많았다. 아무래도 J는 학교에 있을 때 활발하고 말이 많으며 친구들에게 주목받을만한 말과 행동을 하는 것을 좋아하는 듯했다. 그러다 보면 자기도 모르게 친구들의 마음을 상하게 할 만한 말을 할 때가 있는 모양이었다. 그야말로 입이 방정이라고, 친구들과의 트러블 대부분은 J가 지나친 말을 하는 바람에 시작되는 듯 보였다.

한 가지 더 확실해진 것은 J의 가정 상황이다. 알고 보니 두 살 위인 J의 오빠도 집에서 게임만 하면서 1년 이상 학교를 가지 않는 상태가 이어지고 있었다. 오빠는 사소한 일로 화를 내면서 J에게 폭력을 휘둘렀다. "어머니는 아시니?" 하고 묻자 엄마는 교대근무로 일하고 있어서 밤에 집에 없을 때가 많다고 했다. 게다가 엄마는 오빠를 편애해서 오빠가 잘못을 해도 아무 말도 하지 않는 데다가 아빠는 지방에서 일하고 있어서 한 달에 한 번 밖에 집에 오지 않기 때문에 오빠를 혼내줄 사람이 없다고 했다.

또한 J는 엄마가 자신에게 집안일을 강요하는 것에 불만을 가지고 있었다. 워킹맘이었던 엄마는 집안일을 할 시간이 부족해서 J에게 떠맡기곤 했는데, J가 집안일을 제대로 하지 않으면 매우 언짢아했다. 엄마는 정신적으로 약간 불안정한 부분이 있었다. 그래서 J는 어렸을 때부터 엄마의 안색을 살피면서 고분고분 따랐지만, 최근에는 엄마에게 이용당하는 것이 싫어졌다. 엄마는 아빠가 돌아와 있는 며칠 동안만 집을 깨끗이 치우고 집안일을 하는 등 마치 다른 사람처럼 행동했다. 그런 모습을 보고 자란 J는 엄마에 대해서 상당히 비판적이었다.

어머니와 상의해서 가사 분담을 정하는 것이 어떠냐고 제안하자 J도 그렇게 해보겠다고 고개를 끄덕였다. 아이의 어머니는 그때부터 J가 상담을 받으러 올 때 따라오지 않게 되었는데, J는 불만을 쏟아내고 이야기를 하는 동안에 자기 생각을 정리할 수 있어서 기분이 편안해진 듯했다. 이후 그녀는 학교를 다시 다니기 시작했고 어머니와의 관계도 좋아진 것 같았다. 학교에서 '눈에 띄기 위해서 지나치게 애쓰거나 주위 사람들에게 너무 신경을 쓰지 말라'고 조언했는데, 본인도 주목 받으려고 기를 쓰지 않아도 되니 편하다고 말했다.

가정에서 자신을 받아들이지 않는다고 느끼는 아이는 학교에서 주위 사람들의 관심을 끌만한 행동을 하기 쉽다. 부모 형제와 제대로 된 관계를 맺지 못하면 학교에서 친구들과도 제대로 된 관계를 맺기 어렵다. 그리고 사소한 일로 상대에게 상처를 줄만한 행동을 하기 쉽다. 자신이 보호받을 곳이 없다고 느끼면 과도하게 공격적이 되거나 타인의 주목과 관심을 끌려고 지나친 행동을 해서 대인관계의 균형을 잃게 되는 것이다. J의 사례도 그 마음속 깊은 곳에는 부모의 관심을 받지 못하는 것에 대한 불만과 초조함이 자리 잡고 있었다.

대부분의 적응 장애는 초기 단계일 경우, 스트레스 원인으로부터 떨어져서 휴식을 취하거나 자신을 지탱해주는 환경을 개선하면 급속도로 좋아진다. 아이에게 중요한 어른(부모나 교사)이 아이의 마음을 이해해보려는 시도를 하는 것만으로도 상황이 크게 달라진다고 할 수 있다.

⭐ 학교에 가기 싫은 소년

고등학교 1학년 소년 Y는 2학기에 들어서면서부터 기운이 없어졌다. 식욕도 없어서 제일 좋아하는 카레라이스도 남길 정도였다. 2학기가 시작되면서부터 지각도 잦아지다가 결국에는 아침에 일어나지 못하기에 이르렀다. 아무리 깨워도 이불 밖으로 나올 생각을 하지 않았다. 걱정이 된 엄마가 이유를 묻자 밤에 잠을 잘 못 잔다고 말했다. 무슨 일이 있었냐고 물어도 아무 대답도 하지 않았다. 하지만 그 험상궂은 표정을 보면 아무래도 예전의 Y가 아닌 것 같았다.

조금 쉬고 나면 기운을 차릴 거라는 생각에 일단 상황을 지켜봤지만, 아이는 3일째 아침이 되어도 역시 일어나려 하지 않았다. 당황한 엄마가 어쩌려고 그러냐고 추궁하자 Y는 귀를 의심할 만한 소리를 했다. '학교를 그만두고 싶다'는 것이었다. 이유를 묻자 자신에게는 학교가 안 맞는 것 같다고 말했다. 드디어 지망하던 학교에 입학했다고 기뻐하던 것이 엊그제 같은데 도대체 무슨 말인가 하고 엄마는 혼란스러워졌다. 그만두고 어떻게 할 작정이냐고 묻자 일을 하겠다고 했다. 하지만 아침에 일어나지도 못하면서 일을 할 수 있을 리가 없었다.

고민하던 엄마는 '중요한 일을 결정하기 전에 일단 전문가에게 상담을 받는 편이 좋을 것 같다'고 판단, 내키지 않아 하는 아이를 겨우 설득해서 함께 의료 기관을 찾았다. Y는 중학교 시절에 계속 운동을 해온 덕분에 체격이 좋았고 원래는 적극적인 아이였다고 한다. 그러나 상담실에서는 우울하고 괴로운 표정을 짓고 있었다. 처음에는 반강제로 끌려온 탓인지 입을 꾹 다물고 있다가 그가 좋아하는 운동 이야기를 꺼냈더니 조금씩 말을 하기 시작했다.

Y는 1학기 때부터 고등학교 생활이 자신이 기대하던 것과 달랐다고 한다. 담임선생님은 교칙에 엄격했고 숙제를 산더미처럼 내주었다. 마이웨이 기질이 있는 Y는 숙제를 제출하지 않을 때가 많아서 담임선생님의 눈 밖에 나게 되었고, 반 친구들 앞에서 선생님께 심하게 혼이 났다. Y는 자신의 체면이 완전히 구겨졌다고 느꼈다. 선생님은 노골적으로 Y를 문제아 취급하면서 "공부할 생각이 없는 녀석은 빨

리 그만둬야 한다"며 그를 내치는 듯한 말을 했다. 그 말을 들은 Y는 '학교는 더 이상 자신이 있을 장소가 아니다'라고 느낀 것이다.

Y는 의욕이 저하된 경도의 우울증 상태를 보이면서 학교에 가지 않게 되었는데, 증상의 정도로 봤을 때 우울증까지는 아니었고 분명한 스트레스 요인 때문에 발생한 적응 장애였다. 이는 스트레스 요인을 제거하면 호전된다. 하지만 대부분 스트레스 요인을 금방 제거하기 어려운 상황일 것이다. 그럴 경우에는 지지기반을 강화하거나 본인의 적응력을 높일 수밖에 없다.

Y에게는 지금 당장 퇴학이라는 중대한 결정을 내리기에는 너무 지쳐있기 때문에 일단 1주일 동안 쉬고 그 후에 어떻게 할지를 결정하라고 조언했다. 어머니에게는 담임선생님께 지금 상황에 대해서 전달하도록 요청했다. Y는 의사의 의견을 받아들여서 1주일 동안 집에서 휴식을 취했다. 한 주가 지나자 마음이 한결 편안해진 듯했고 학교를 계속 다녀보겠다고 말했다. 매일 가지 않아도 되니까 가기도 하고 쉬기도 하면서 점점 익숙해지라고 조언했다.

그 해 Y의 출석 일수가 부족하고 성적이 안 좋아서 결국 유급을 했다. 모두들 Y가 이대로 학교를 그만두지 않을까 걱정했지만 그의 결론은 '학교에 가겠다'는 것이었다. 다행히 새로 담임이 된 선생님은 본인의 페이스와 기분을 존중해주는 사람이었다. Y는 새로운 담임선생님의 도움을 받으면서 한 살 아래인 반 친구들과도 잘 어울렸다. 1년 늦기는 했지만 졸업을 할 때까지 열심히 학교에 다녔다. 그는 중간에 주춤했던 것을 보충하기라도 하듯이 더 강인해지고 상냥해졌다.

◇ 대응 방법과 치료 포인트 ◇

우선적으로 필요한 일은 아이의 괴로움을 받아주고 공감해주며 이해하는 것이다. 아이는 괴로움과 피로뿐 아니라 좌절감과 자신감 상실도 맛보고 있기 때문에 결코 책망해서는 안 된다. 보통은 일단 놓여 있던 환경에서 떨어져서 휴식을 취하면 서서히 회복된다. 휴식을 취하는 사이에 무엇이 문제였는지에 대해서 대화를 나누는 것이 중요하다. 그리고 마음이 정리되고 여유가 생기기 시작하면 일단 학교로 복귀해야 한다. 지나치게 느긋한 마음으로 쉬다가 '괴로운 현실에서 달아날 수 있다'는 2차적 이득에 익숙해져 버리면 복귀가 어려워지기 때문이다.

환경이 본질적으로 아이와 맞지 않는 경우에는 그곳에만 집착할 것이 아니라 신속하게 다른 가능성을 찾아야 한다. 그렇게 하는 편이 결과적으로 좋을 때가 많다. 본인의 의지에 반해서 무리하게 참고 견디게 하면 상처가 깊어지거나 마음의 병이 지속될 수도 있다. 이런 시련을 좌절이라고만 생각할 것이 아니라 자신을 재발견하는 기회로 삼겠다는 생각으로 대처하면 둘도 없는 성장의 기회가 될 수도 있다.

증상의 정도에 따라서는 약물 치료도 병용한다.

신체로 드러나는 스트레스

　스트레스는 종종 신체적인 증상으로 나타난다. 스트레스 때문에 실제로 몸에 이상 증상이 생기는 것을 '심신증心身症'이라고 부른다. 스트레스는 자율신경계와 내분비계의 균형이 깨지게 하는데, 그것이 일정 한도를 넘어서면 몸에 이상 증상이 일어난다. 심신증 중에서 젊은 세대에게 많은 것은 두통, 구역질, 위와 십이지장궤양, 과민성 대장 증후군, 궤양성 대장염, 비만, 빈맥(심장 박동수가 지나치게 빠른 상태—역주), 여드름, 아토피성 피부염, 두드러기, 기관지 천식 등이다. 심신증이 있다면 병의 치료뿐 아니라 스트레스를 줄이고 생활방식을 재검토하는 것이 중요하다.

　심신증과 달리 검사를 해도 신체적인 원인이 발견되지 않아서 정신적인 원인 때문에 몸에 증상이 나타난다고 판단되는 것이 '신체표현성 장애'이다. 신체표현성 장애에는 몇 가지 유형이 있다.

아무 이상 없어도 온 몸이 아프다

신체표현성 장애 중에서 몸의 온갖 이상 증상을 호소하는 것을 '신체화 장애'라고 부른다. 신체화 장애가 있는 사람은 마치 '걸어 다니는 종합 병원'처럼 몸의 이곳저곳이 아프다고 호소한다. 아직 젊고 한참 건강한 청년이 자신의 몸 상태를 지나치게 신경 쓰는 경우도 있다. 병원에 가는 것이 취미인 것처럼 사소한 증상을 과장해서 표현하고, 이런 저런 검사를 받지만 아무 이상이 없다는 진단이 내려지는 경우가 다반사이다. 하지만 이들은 지치지도 않고 또 다른 의료 기관을 찾는다.

일상에서 만족감을 느낄 수 없어요

U는 왜소하지만 도시적이고 세련된 마스크의 젊은이다. 호스트클럽에서 일하던 시절에는 가게에서 두 번째로 인기가 있었다고 한다. 가게 손님이 주는 팁으로 지갑 안에는 항상 20만 엔 이상의 현금이 들어 있었다. 하지만 검사를 위해 의료 기관에 입원했을 때는 옛 모습을 찾아볼 수 없을 만큼 마르고, 누가 봐도 병자라고 생각할 만큼 혈색이 안 좋았으며 몸의 온갖 기관이 아프다고 말했다. 회진할 때 몸은 좀 어떠냐고 물으면 그때마다 안 좋은 곳이 한 군데씩 늘어났다. '위와 장과 폐와 머리가 아프다'는 식으로 자랑스러운 듯이 아픈 곳을 늘어놓는 것이다. 하지만 아무리 검사해도 이상 소견이 없었고, 정신

적인 문제라고 판단한 의사가 정신과 진료를 권했다.

면담을 통해 U가 애정이 극도로 부족한 환경에서 자랐다는 사실을 알게 되었다. U의 부모님은 그가 어렸을 때 이혼했는데, 어머니가 어린 여동생만 데리고 가는 바람에 그는 아버지 곁에 홀로 남겨졌다. 아버지는 얼마 지나지 않아서 다른 여성과 재혼하면서 U를 시설에 맡겼다. U가 부모님 곁으로 돌아가는 기간이라고는 고작 여름 방학과 겨울 방학 때 4~5일 정도였다. 하지만 U가 어느 정도 자라자 그런 짧은 만남조차 끊기고 말았다. 그는 누구의 돌봄도 받지 못하고 성장했다.

U는 지금까지도 종종 몸 상태가 안 좋다면서 몇 군데의 의료 기관에서 진료를 받거나 검사를 위해 입원을 반복하고 있다. 병원에서 안 좋은 곳이 없다며 퇴원하라고 하면, 그는 다시 아무 일도 없었던 듯이 밤의 세계로 돌아가고는 했다.

U의 사례처럼 신체화 장애의 경우, 그 원인을 애정 상실 체험이나 애정이 현저하게 부족한 성장 과정에서 찾게 될 때가 많다. 어린 시절에 학대를 당하거나 방치되었던 경우도 적지 않다. 신체화 증상은 애정과 관심에 대한 욕구를 충족시키기 위한 수단이라고 할 수 있다. 이들은 몸 상태가 안 좋을 때만 애정과 관심을 받을 수 있었던 것이다.

젊은이뿐 아니라 중장년층의 신체화 장애도 이런 케이스가 많다. 만약 누군가가 계속해서 몸 상태가 안 좋다고 호소한다면 애정과 관심이 부족한 것이다. 신체화 장애는 남성보다 여성에게 5배 정도 많고 사회적인 지위나 학력, 경제적 상황이 좋지 않은 사람에게 많은 것으로 알려져 있다. 이는 신체화 장애가 일상생활에서 건전한 형태의 만족감을 느끼지 못하는 것과 관련되어 있다는 사실을 간접적으로 보여준다. 이들은 증상이 심하다고 호소하면서 점점 약 복용량을 늘리기 쉽다. 약을 받으면 안심하고 약을 줄이자고 하면 저항한다. 그렇기 때문에 약물 의존증에 걸리기 쉽다.

스스로 병에 걸렸다는 낙인

신체표현성 장애 중에는 신체화 장애와 비슷하지만 조금 다른 '건강 염려증'이 있다. 이 병을 앓는 사람도 몸 상태가 안 좋다고 말하거나 계속해서 이상 증상을 호소하는데, 신체화 장애와 한 가지 다른 것이 있다. 그것은 자신이 병에 걸렸다고 먼저 결론 내린다는 점이다.

이런 유형은 자신의 병을 증명하지 못한 의사는 모두 돌팔이라서 이상 소견을 놓치고 있다고 생각한다. 이들은 '이상이 없다'는 말을 들으면 안심하는 것이 아니라 오히려 실망하고 의혹을 품는다. 그리고 자신의 병을 진단해줄 '명의_{名醫}'를 찾아서 온갖 의료 기관을 방문한다. 이들은 자신이 암이나 에이즈, 심장병 같은 중병에 걸린 것 같다며 계속해서 의심한다. 그런 병을 이상하리만치 두려워하면서 동시에 그런 병이 아니라는 말을 들으면 믿지 못한다. 망상적이라고 할 만큼 비현실적인 확신을 가지고 있어서 어떤 논리적인 설득도 통하지 않는다. 이를 '건강 염려 망상'이라고 부른다. 건강 염려 망상은 우울증이나 통합실조증 환자에게서 흔히 찾아볼 수 있다.

최근에는 다양한 검사 기술의 발전으로 몸의 이상을 발견하는 것이 그다지 어렵지 않게 됐다. 그래서 검사를 하다 보면 그들이 원래 걱정했던 병과는 다른 이상 소견이 발견될 때도 있다. 어떤 이상 소견이 발견되면 그들은 걱정하기보다는 '난 역시 병에 걸린 거였어' 하고 안심하는 경우가 많은데, 그 병을 치료하기 시작하면 진짜 '죽을병에 걸린 사람'처럼 행동하면서 사회생활에서 멀어지는 경우가 많다.

신체화 장애인 사람은 약을 원하고, 건강 염려증인 사람은 검사 받기를 좋아한다. 내과에 통원하는 환자 중에서 5% 전후가 건강 염려증 환자라고 한다. 20대에 발병하는 경우가 가장 많다.

⊙ 작은 병 때문에 회사를 그만둔 청년

20대 초반 청년의 이야기다. 그는 전문학교를 나오고 취직해서 회사생활을 하고 있었다. 원래 신경질적인 면이 있었지만, 사회에 나와서 일하면서 차츰 성격이 유해졌다. 그런데 건강하던 어머니가 갑자기 심장 발작으로 돌아가신 뒤로 자신의 사소한 컨디션 변화에도 지나치게 신경을 쓰게 되었다. 아침에 양치질을 할 때마다 헛구역질이 난다며 위내시경과 CT 검사를 받았는데 아무 이상이 없었다. 그 다음에는 눈이 침침하다면서 안압 검사와 안저 검사를 받았는데 이때도 별다른 이상이 없었다. 하지만 청년은 자신이 병에 걸린 것 같다는 불안을 떨치지 못하고, 사소한 증상만 있어도 병원을 찾았다. 어느 날 밤, 심장이 심하게 두근거린다면서 그는 구급차를 불러 응급실을 찾았고 가벼운 부정맥이 있다는 말을 들었다. 사실 전혀 문제가 되지 않을 정도였는데도 그는 의사가 내린 '부정맥'이라는 진단을 머릿속에 새기고 말았다.

그 후로도 그는 종종 '부정맥 발작'을 일으키게 되었고, 병에 걸렸다는 이유로 회사에도 나가지 않게 되었다. 주위 사람들에게는 "어차피 어머니와 같은 심장병으로 죽을 텐데 일을 해봤자 뭐하냐"는 말을 하기도 했다. 온종일 아무것도 하지 않고 지내면서 병원만 왔다갔다 했다. 식욕이 없어서 점점 말라갔다. 간호사인 친척이 아무래도 정신적인 문제 같다며 정신과 진료를 권했다. 진찰 결과 패닉 발작을 동반하는 '불안 장애', '우울 상태', '건강 염려증'이라는 진단이 내려졌다.

이 사례처럼 건강 염려증은 불안 장애나 우울성 장애를 동반하는 비율이 높다. 또, 가까운 사람이 생각지도 못한 병에 걸리거나 병으로 사망해서 충격을 받은 경험이 발병의 방아쇠를 당기기도 한다. 이들은 자신이 병에 걸렸다는 사실을 증명하기 위해 애쓰는데, 병이 아니라는 말을 반복적으로 듣다 보면 저절로 괜찮아지는 경우도 많다. 하지만 정말로 병이 발견되면 대부분 실제의 상태보다 '중병인'이 되어버린다. 이 사례처럼 사회적 기능의 저하를 초래하는 경우도 적지 않다.

불안감이 높아져 있는 상태에서 현실적인 스트레스를 회피하려는 방위 메커니즘의 결과로 발생하는 질환이다. '병'이라는 진단을 받는 일이 회피할 수 있는 적당한 구실을 마련해 주기 때문이다.

현실 도피로서의 증상

심적 요인이 몸의 증상으로 표현되는 신체표현성 장애의 또 다른 유형으로 '전환성 장애'가 있다. 이 병의 경우 감각 마비, 눈이 보이지 않는 증상맹 盲, 서지 못하거나실립 失立, 걷지 못하거나실보 失步, 목소리가 나오지 않는실성 失聲등의 운동 마비, 경련 등의 신경학적 증상이 일어나는데 검사를 해도 이상을 찾을 수가 없다. 그런데 이 유형은 지금까지 살펴봤던 두 가지 유형처럼 스스로 검사나 진찰을 요구하면서 소란을 피우지는 않는다. 깜짝 놀라서 소란을 떠는 것은 보통 주위 사람들이다. 본인은 오히려 남 일처럼 담담해하고 왠지 모르게 만족한 듯이 주위 사람들이 허둥대는 모습을 지켜본다.

신경학적으로 발생하는 증상과는 미묘하게 다르기 때문에 전문가가 보면 금방 부자연스러운 점을 발견할 수 있다. 이들은 대개 누군가가 보고 있을 때 보란 듯이 증상을 일으키는 경우가 많다. 경련 증상을 일으키거나 쓰러져도 다치는 경우는 거의 없다. 그것이 의식적으로 병을 연기하는 꾀병이라는 뜻은 아니다. 본인은 의식하지 못하는 곳에서 이런 증상이 일어나고 있기 때문이다.

⭐ 상처받으면 경련을 일으키는 여성

대학을 졸업하고 취직한지 얼마 안 된 한 여성의 사례이다. 그녀는 회사에 출근하기 시작한지 2개월 정도 지난 어느 날 함께 식사하러 가자는 상사의 제안을 거절했다. 상사는 "비싸게 군다"면서 언짢아했다. 그 일이 있고 며칠 뒤에 그 상사에게 업무에 관한 지적을 받았다. 그녀는 지적 받은 것에 대해서 납득할 수 없었지만 일단 물러났다. 다음날 출근을 하던 길에 지하철 역 계단에서 갑자기 몸이 움직이지 않았다. 경련도 일으켜서 구급차로 의료 기관에 실려 왔다.

진료실에 들어왔을 때 그녀는 들것 위에서 활처럼 몸을 뒤로 젖히고 천장을 향해 들어 올린 오른손을 움찔거리며 경련을 일으키고 있었다. 안정제를 놓자 경련은 가라앉았지만 이번에는 아기처럼 손가락을 빨고 바닥을 기어 다녔다. 황급히 달려온 가족들은 아기처럼 행동하는 여성을 보고 아연실색했다. 그녀는 회사가 무섭다며 흐느꼈는데, 그 이상 이야기하려고 하면 몸이 또다시 경련을 일으키기 시작했다. 일단 회사는 당분간 쉬라고 말하자 증상이 가라앉았다.

다음날이 되자 불안정한 상태는 호전되었지만, 그 후에도 싫은 일이 있으면 상반신에만 경련이 일어났다. 상사에게 전화가 왔을 때 가장 심한 경련을 일으켰다고 한다. 그 외에는 비교적 정상적인 생활을 하고 있는 듯했다. 결국 회사를 그만두고 집에서 요양을 하게 되었는데 가끔씩 상반신 경련을 일으켰다. 싫은 일이 있으면 발작을 일으키는 것이다.

그 뒤로 많은 이야기를 나누다가 다음과 같은 사실을 알게 되었다. 그녀는 오스트리아에서 유학했을 때 중국인 유학생과 사귀다가 임신을 하게 되었다. 부모님께 비밀로 하고 임신 중절 수술을 받았는데, 그 일이 가슴속에 커다란 상처로 남았다. 귀국 후에 그 남성과의 관계도 결국 파국을 맞이했다. 그녀는 그 일에 대해서 완전히 극복하지 못하고 성적인 죄의식을 안은 채로 살고 있었다. 그래서 상사가 함께 식사하러 가자고 권했을 때 지나치게 예민하게 받아들일 수밖에 없었고, 상사의 비아냥거리는 태도에 몇 중으로 상처를 입었던 것이다.

전환성 장애는 스트레스에 반응해서 일어나는데 병의 증상으로 현실을 회피함으로써 '질병 이득'을 얻는 구조로 되어 있다. 누가 보더라도 분명한 이상 증상을 일으켜서 주위 사람들은 허둥대지만, 정작 본인은 슬퍼하기는커녕 오히려 만족스러운 듯이 보이는 경우가 많다. 이를 '흡족한 무관심'이라고 부른다. 어느 날 갑자기 눈이 안 보인다고 해서 주위 사람들은 어찌할 바를 모르며 걱정하고 있는데, 정작 당사자는 아무렇지 않은 표정을 하는 경우도 있다.

신경학적으로 일어날 수 없는 증상이 일어나기도 한다. 한 소녀는 걷지 못하게 되어서 휠체어를 타고 왔는데 이상하게도 뒤로는 걸을 수 있다고 했다. 놀란 표정을 짓자 실제로 뒤로 걷는 것을 보여주면서 어딘지 모르게 자랑스러운 표정을 짓기까지 했다.

사춘기에는 전환성 장애가 많은데, 특히 스트레스가 많은 집단생활을 하거나 시설에 있는 아이들에게서 자주 발견된다. 주위 사람들이 야단법석을 떨면서 극진하게 보살피면 오히려 증상이 악화된다. 모르는 척 하고 무시하고 있으면 경련 발작이나 걷지 못하는 증상이 차차 사라진다. 물론 진짜 경련인지 아닌지를 구분할 필요가 있다. 걷지 못하게 되었다가도 기저귀를 차면 금방 걷기 시작하는 경우도 많다. 하지만 아기로 돌아가는 것 자체가 본인에게 유리한 경우에는 오히려 증상이 악화된다.

전환 증상은 말 못할 마음의 문제에 대한 표현이다. 자신이 안고 있는 문제를 말로 제대로 표현하고 정리하는 것이 가장 바람직한 극복의 형태이다. 즉, 전환 장애를 통한 커뮤니케이션을 대화를 통한 커뮤니케이션으로 바꿔야 하는 것이다.

신체표현성 장애의 경우, 병의 증상을 마음의 신호로 해석해야 한다. 그것은 아프다고 호소하는 것을 가볍게 여기라는 말이 아니라 증상 자체보다는 그 배경에 있는 외로움과 불안에 눈길을 주어야 한다는 말이다. 신체화 장애나 전환성 장애 성향을 보이는 아이들이 상당히 많은데, 등교 거부 아동의 20% 가까이가 이런 증상을 보인다고 한다. 병이라고 이름 붙일 정도는 아니더라도 스트레스를 받으면 복통이나 두통 등의 신체 증상이 쉽게 나타내는 경우가 많다. 이럴 때 아이의 불안을 헤아리고 쉬게 하거나 애정을 보충해주는 것도 필요하지만, 동시에 싫은 일을 회피하는 질병 이득을 지나치게 취하지 못하도록 주위를 기울여야 한다. 병으로 쉴 때는 하루 동안 푹 쉬게 하고 다른 일은 하지 못하게 하는 것이 좋은데, 특히 게임을 하거나 텔레비전을 보는 일은 금지할 필요가 있다.

또한 치료를 할 때는 아이의 성격을 잘 알고 있는 한 명의 의사가 담당하는 것이 바람직하다. 이 병의 성질을 잘 모르는 여러 명의 의사가 자기 전문 과목의 관점에서만 검사와 치료를 하다 보면 점점 병이 악화되는 경우가 있다. 전문 분야가 분화된 오늘날의 의료 현장은 그런 의미에서 의원성 질환(의료행위가 원인으로 작용해서 생기는 질환이나 장애─역자 주)이 생기기 쉽다고도 볼 수 있다.

의식이나 기억을 잃어버린다

⭐ 자고 일어나면 낯선 곳이에요

대학생 D는 어느 날 낯선 벤치 위에서 눈을 떴다. 역의 대합실 같았는데 기억나지 않는 장소였기 때문에 그는 왜 자신이 그곳에 있는지 도무지 알 수가 없었다. 그 주변을 조사해보고 그 역이 자살 명소로 유명한 낭떠러지 근처라는 사실을 알게 되었다. 기억을 더듬어보려고 했지만, 전날 집을 나선 뒤로는 전혀 기억나는 것이 없었다. 사실 D가 이런 경험을 하는 것은 처음이 아니었다. 한 달쯤 전에도 정신을 차려보니 공항에 있었다. 그런데 왜 자신이 공항에 있는지 전혀 짚이는 데가 없었다.

걱정이 된 D는 의료 기관을 방문했다. D의 뇌파에는 알파파Alpha Wave보다 조금 느린 주파수인 세타파Theta Wave의 파장이 보통 사람보다 조금 많은 것으로 드러났지만, 전환성 발작파는 없었다. 뇌의 단층사진에도 아무 이상이 없었다. 상담을 하는 동안 D에게 수십만 엔의 카드빚이 있는데, 부모님께 이 사실을 털어놓지 못하고 혼자 고민하고 있다는 사실을 알게 되었다. D는 가능만 하다면 이 세계에서 도망치고 싶다는 생각을 했다는 사실을 인정했다. 하지만 의사에게 그런 말을 들을 때까지는 자신의 기묘한 행동과 최근의 고민을 연결 짓지 못했다.

D의 사례처럼 의식이나 기억, 자기 동일성의 연속성이 끊기는 것을 '해리'라고 부르고, 기질에 의한 것이나 중독에 의한 것 등 다른 원인 없이 해리를 반복하는 상태를 '해리성 장애'라고 한다. D처럼 정신을 차리고 보니 낯선 장소에 와있는 것을 '해리성 도주', 기억이 사라지는 증상을 동반하는 것을 '해리성 건망'이라고 한다. 대부분의 경우 해리성 장애는 심리적으로 강한 압박을 받는 상황에 있을 때 그에 대한 회피적 방위 기재로 발생한다.

도덕의식과 의무감이 강하던 시대에는 해리성 장애 환자가 현재보다 더 많았다. 해리성 장애를 가진 사람의 전형적인 성격 특성으로 '지나치게 착실하고 의무감이 강하면서 동시에 마음이 약하고 현실에 대처 능력이 부족하며 연약한 자아'를 가진 것을 들 수 있다. 이들은 의식이나 기억을 분리함으로써 '꼭 해야만 하지만, 도저히 할 수가 없다'는 딜레마를 외면하려는 것이다. 한편, 최근 상당히 늘고 있는 해리 장애는 심적 외상 체험이나 버림받은 경험 때문에 일어나는 다음과 같은 케이스이다.

꿈이 많고 책을 좋아하는 소녀 U는 몇 번씩이나 자해행동을 했다. 하지만 그때마다 U는 자신이 왜 자해를 했는지를 기억하지 못했다. 정신을 차려보면 상처난 손목에서 피가 철철 흐르고 있다는 것이다. 또 어떤 때는 백일몽을 꾸거나 목을 매단 여자의 환영을 보고, 죽은 사람이 밤에 만나러 온다는 이야기를 하기도 했다. 쾌활하게 웃으며 말을 잘 한다 싶다가도 일주일 동안 한 마디도 하지 않을 때도 있었다. U는 어머니와 단 둘이 살다가 어머니가 정신적으로 불안정해지는 바람에 초등학교 고학년 무렵부터는 여기저기로 시설을 옮겨가며 생활했다.

알고 보니 소녀는 중학교 3학년 때 불량 서클에게 집단 강간을 당한 경험이 있었다. 그 광경이 아직도 뇌리에 생생하게 떠올라서 불안과 공포에 사로잡힐 때가 있다고 했다. 그렇게 말하는 U의 태도는 마치 다른 사람 이야기를 하는 듯했다. 그 사건이 일어난 무렵부터 밤 세계에 몸을 담기 시작했는데 시설을 빠져나와 몰래 유흥업소에서 일하기도 하고, 전화방에서 알게 된 남성과 원조교제를 하기도 했다.

U처럼 트라우마로 인해 심적 외상 후 스트레스 장애가 생기거나 자아 기반이 약한 경계성 인격 장애 환자는 종종 해리증상을 겪기도 한다. 이런 유형은 전형적인 해리와는 달리 상당히 개성 있고 표현력이 풍부하며 자신을 드러내려고 한다는 인상을 주는 경우가 많다. 또

한 만성적인 학대나 따돌림에 시달린 사람도 스트레스 상황에서 해리반응을 나타내기 쉽다. 방화나 돌발적인 범죄의 배경에 해리성 장애가 있는 경우도 있다.

무의식적 소망이 불러온 히스테리

프로이트의 친구이자 공동 연구자였던 조세프 브루어Josef Breuer는 '안나 오Anna O.'라고 이름 붙여진 여성의 사례를 보고했다. 안나는 오스트리아 빈의 유복한 가정에서 자란 참을성 많고 배려심 있는 젊은 여성이었다. 그녀는 지적호기심과 상상력이 풍부하고 시를 읽거나 스스로 이야기를 만들어내기를 좋아했다. 하지만 감정 기복이 심했다.

건강하고 쾌활하던 안나가 이상 증세를 보이기 시작한 것은 사랑하는 아버지가 결핵에 걸린 후였다. 그녀가 밤낮으로 정성스레 간호했지만 아버지의 증상이 점점 악화되어서 더 이상 회복 가능성이 없다는 사실을 알게 되었다. 그 무렵 처음 나타난 증상은 심한 기침이었다. 브로이어에게 진단을 요청한 것도 기침 때문이었는데, 검사 결과 결핵성 기침은 아니었다. 그런데 안나는 쉽게 지치고 식사도 하는 둥 마는 둥 하더니 결국 몸져눕고 말았다. 오후에는 꾸벅꾸벅 졸며 지냈는데 밤이 되면 신경이 날카로워지고 흥분하기 시작했다. 그녀는 "후

두부에 통증이 느껴지고 물건이 이중으로 보이며 벽이 기울어지고 있는 것 같고 팔이 옥죄어온다"고 호소했고 마비를 일으킬 때도 있었다. 또한 슬픔에 잠겨서 불안해 보일 때가 있는가 하면 갑자기 다른 사람이 된 것처럼 폭언을 쏟아내고 손에 잡히는 데로 물건을 집어 던지는 등 걷잡을 수 없이 난폭해지기도 했다.

결국 아버지는 돌아가셨고 주치의가 이 사실을 전했을 때 안나는 마치 못 들은 것처럼 무시했다. 의사가 담배 연기를 얼굴에 뿜어서 주의를 끌려고 하자 안나는 그를 응시하더니 갑자기 문을 향해 뛰었다. 그리고 문의 손잡이를 잡으려다가 의식을 잃고 그대로 쓰러졌다.

안나의 사례는 당시에 '히스테리'라고 불리던 증상의 전형을 보여주는 케이스이다. 히스테리란 원래 '자궁의 병'이라는 의미인데, 당시 사람들이 히스테리를 부리는 여성을 두고 여성으로서의 욕구가 충족되지 않아서 정신적인 문제를 일으키는 것이라고 생각했기 때문에 이런 이름을 붙인 것 같다. 이 사례는 무의식적인 소망이 다양한 증상을 불러일으킨다는 프로이트의 정신분석 개념에도 큰 영향을 주었다.

안나처럼 히스테리 환자는 '전환증상'과 '해리증상' 모두를 보이는 경우가 적지 않다. 어떤 때는 전환증상을 주로 보이는데, 다른 때는 해리증상을 보이는 일도 흔히 있다. 즉, 해리와 전환은 그 본질적인 메커니즘에 공통점이 있다고 할 수 있다. 그런 의미에서 히스테리의 개념은 그 명칭이 오해를 낳는 측면이 있기는 하지만, 병의 원인을 논할 때는 전환과 해리를 다른 병처럼 다루는 DSM의 진단 기준 보다 뛰어난 측면도 있다. 그래서 WHO의 진단 기준인 ICD-10에서는 전환성 장애가 신체표현성 장애가 아니라 해리성 장애와 함께 분류되어 있다.

◇ 증상이 유사한 질환 ◇

해리성 건망은 남성보다 여성에게 일어나기 쉬우며 젊은 사람에게 많다. 천재지변, 전쟁, 사별, 빛, 연애 문제, 자살기도 등 강한 정신적 스트레스가 원인이 된다. 배우자로부터의 폭력이나 아동학대로 인해서 일어나는 경우도 적지 않다. 기억 장애를 동반하는 기질성 뇌 장애나 뇌의 변성질환과는 달리 자신에게 불리한 일을 기억에서 삭제한다. 기질성 뇌 장애로 일어나는 역행성 건망은 오래된 기억일수록 잘 보존되는데 반해서 해리성 건망은 새로운 기억은 남아있는데 떠올리고 싶지 않은 오래된 기억은 '잊는다'. 또 전생활사건망全生活史健忘(자신의 이름과 생년월일, 성장 내력, 과거의 경력 등 주로 자기의 생활사에 대한 기억을 상실한 상태—역자 주)처럼 현저한 기억 탈락을 일으키면서도 자신과 관계없는 물건의 명칭이나 칫솔질 하는 법 따위는 기억해서 일상생활을 하는 데는 문제가 없다. 이는 뇌에 장애가 일어났을 때는 거의 찾아볼 수 없는 현상이다.

해리성 도주는 초등학생 이하에서는 보기 드물고, 대부분은 중학생 이후에 발생한다. 신원미상으로 보호받는 아이들 중 일정한 비율이 해리성 도주인 것으로 보인다. 해리성 도주처럼 무의식중에 어딘가로 가는 행위를 찾아볼 수 있는 또 다른 질환으로 '복잡 부분 발작'이 있다. 이 병은 전환 발작의 하나로, 일련의 행동을 하는 운동 발작이나 환각 등이 보이는 감각 발작을 일으킨다. 측두엽에 병변이 나타나는 것도 특징이다. 전환 발작이 일어난 뒤에 나타나는 '전환성 혼미상태'에서도 도주가 일어나는 경우가 있다.

◇ 대응 방법과 치료 포인트 ◇

이들은 마음이 불안한 상태에 있기 때문에 우선은 안심을 시키는 것이 가장 중요하다. 심리적인 안정감을 주기만 해도 시간이 지나면서 자연히 회복되는 경우가 많다. 상담을 할 때 기억을 무리하게 끄집어내려고 하면 오히려 저항하게 만들어서 역효과가 날 수 있다. 항불안제 등을 투여하면서 환자의 안심감을 급격하게 위협하지 않도록 스스로 이야기할 수 있는 범위 안에서 당시의 상황을 회상하게 하고 서서히 통합을 꾀해야 한다. 기억이 나더라도 자신에게 불리한 일은 이야기하지 않는 경우도 있는데, 그럴 때 무리하게 고백하게 만들 필요는 없다. 회복이 느린 경우에는 이소미탈 면담(수면제인 이소미탈을 정맥에 주사하면서 행하는 면담)이나 최면 상태에서 심리적인 부담이 되고 있는 상황이나 외상 체험에 대해서 털어놓게 하고, 마음의 짐을 가볍게 하는 방법을 취하는 경우도 있다.

현실이 아닌 듯한 기분이 든다

'이인離人'이란 일시적으로 현실감을 잃은 것을 말한다. 당연하게 느껴지던 현실이 왠지 인위적으로 만들어진 것 혹은 기계 장치처럼 느껴지거나, 자신의 행동이 현실에서 일어나는 일이 아닌 것처럼 실감이 나지 않기도 한다. 이인 상태가 반복되면서 지속적으로 나타나는 것을 '이인증'이라고 부른다.

《정신분열증 소녀의 수기》라는 스테디셀러가 있다. 스위스의 정신의학자인 마그리트 세슈에Marguerite Sechehaye가 통합실조증 진단을 받은 르네라는 소녀의 수기를 정리한 것이다. 여기에는 이인증에 대한 인상적인 묘사가 나와 있다. 르네가 처음으로 고민하기 시작한 증상은 '비현실감'이었다. 그것은 그녀가 다섯 살 때 처음으로 시작되었다. 르네가 시골 길을 혼자서 산책하면서 초등학교 앞을 지나는데, 마침 음악시간이었는지 독일 노래가 들려왔다(르네는 스위스인이다). 르네가 노래를 들으려고 멈춰선 순간, 후에 그녀를 고민에 빠트리게 되는 감각이 덮쳐왔다. 그녀는 당시 상황을 이렇게 말했다.

어느새 학교는 학교가 아니라 마치 병영처럼 크게 느껴졌고, 노래를 부르는 아이들은 노래 부르기를 강요당하고 있는 죄수처럼 느껴졌습니다. 그리고 학교와 아이들의 노래는 마치 세계에서 동떨어져 있는 것 같았지요.

르네가 세계를 그런 식으로 불안정하고 낯선 것으로 느끼게 된 데에는 이유가 있었다. 이 시기는 아버지에게 다른 여자가 생겨서 어머니가 슬퍼하고 있다는 사실을 알게 된 직후였던 것이다. 르네는 어머니가 '만약 아버지에게 버림받으면 자살하겠다'고 말하는 것을 듣고 큰 충격에 빠졌다. 그 후로 르네는 열두 살 무렵까지 여러 번 이런 비현실감에 사로잡혔다. 어느 날 학교에서 쉬는 시간에 친구와 줄넘기를 하고 있을 때 그녀를 덮쳐온 기묘한 현실감의 변모도 그런 것이었다.

친구가 제 쪽을 향해 뛰어오르는 것을 봤을 때 저는 갑자기 패닉에 빠지고 말았습니다. 그녀가 누군지를 모르게 된 것입니다. 그 아이라는 사실은 눈으로 보고 알고 있는데 역시 그 아이가 아닌 거예요. 건너편 끝에 서 있을 때는 작게 보이는데, 서로 가까이 가면 그 아이가 부풀어 오르면서 커지는 거죠.

그럼에도 불구하고 르네는 우수한 성적으로 초등학교 과정을 마치고 중학교에 올라갔다. 하지만 그녀는 중학교에 올라가서도 비현실감에 시달려야 했다.

　제 주변에 있는 다른 아이들은 고개를 숙이고 열심히 공부를 하고 있었는데, 제 눈에는 마치 눈에 보이지 않는 조종 장치로 움직이는 로봇이나 꼭두각시 같았습니다. 교단 위에서는 선생님이 말을 하거나 글씨를 쓰기 위해 칠판을 올리며 움직이고 있었는데, 그 모습 또한 괴기스러운 깜짝 상자의 인형 같았어요.

　르네의 사례처럼 이인증은 통합실조증의 전조 증상으로 나타나는 경우도 있지만, 우울증이나 다른 해리성 장애, PTSD, 공황 장애, 약물 남용과 함께 나타나는 경우도 많다. 다른 정신질환과 상관없이 이인증이 나타나는 것을 '이인성 장애'라고 부른다. 다음에 소개할 사례도 이인성 장애 중 하나이다.

💬 어디에도 없는 나

　대학교 1학년 청년 B는 자신의 인생이 완전히 끝났다며 의료 기관을 찾았다. B는 학교도 제대로 다니고 수업도 듣고 있지만 하루하루가 고통스럽다고 말했다. 살아있다는 실감이 나지 않고 감정조차 느껴지지 않는다는 것이다. 그는 무엇을 하고 있어도 기쁘거나 즐거운 감정이 없고, '자기'라는 존재조차 '환영'처럼 느껴진다고 고백했다. 그런 느낌은 특히 많은 사람이 모여 있는 장소에 있을 때 더 심해졌다. B는 동급생들이 모여서 대화를 나누는 자리에서 대화에 참여하려고 노력했지만 낄 수가 없었다. 다른 학생과 자기 사이에 보이지 않는 벽이 있는 것처럼 거리감이 느껴지고 자신만 다른 세계의 사람인 양 붕 떠 있는 것 같았다. 빠른 템포로 진행되는 대화가 B에게는 외국어를 주고받고 있는 것처럼 느껴져서 끼어들 틈이 없었다. 친구들의 웃음소리도 B에게는 의미를 알 수 없는 포효처럼 들릴 뿐이었다. 그는 참기 힘든 기분을 꾹 누르고 웃는 척을 하면서 주위 사람들에게 맞춰주고 있었지만, 도대체 뭐가 재미있는지 이해할 수가 없었다. 누군가 말을 걸어도 느끼는 것이 전혀 없어서 해야 할 말이 머릿속에 떠오르지 않았다. 떠오르지 않았다기보다는 정말로 느끼고 있는 것을 말하면 상대방이 의아한 표정을 지을 것이 뻔했다. 상황이 이렇다보니 새 친구도 생기지 않고 점점 고립되어서 즐거운 대학 생활을 기대하던 B는 점차 희망을 잃어갔다.

중학교 때까지만 해도 밝고 명랑했던 그는 친구도 많았고 성적도 우수했다. 그런데 1지망이던 명문고에 턱걸이로 합격한 것이 독이 되었다. 주위에 뛰어난 학생들이 넘쳐나자 자신의 능력 없음을 통감하게 됐던 것이다. 중학교 때는 상위권이었던 B의 성적은 꼴등 언저리를 맴돌았다. "그 전까지는 스스로에게 나름대로 자신감이 있었는데, 고등학교에 들어가서는 열등감 덩어리가 되어 버렸어요." 이렇게 말한 그였지만 부모님의 기대가 컸기 때문에 대학진학을 위해서 열심히 공부할 수밖에 없었다.

그 무렵이었다. 아침 조례를 위해 체육관에 모여 있을 때 그는 기묘한 감각에 사로잡혔다. 자신이 거기에 있다는 사실이 분명하게 느껴지지 않았을 뿐 아니라 자신이 어디에도 없는 것처럼 느껴졌다. 줄을 맞춰 서 있는 학생들도 단상 위의 선생님도 도대체 뭘 하려고 그곳에 있는지를 알 수 없어서 혼란스러웠고, 영화 촬영을 위해 모인 엑스트라들이 짓궂은 장난을 하고 있는 것 같았다. 예외적인 순간 뿐 아니라 평상시에도 현실감을 느끼지 못할 때가 늘어났다. 정신을 차리고 보니 아무것도 느끼지 못하고 그저 매일같이 한심한 성적을 받기 위해 책상을 향하는 자신이 있었다. 그가 이런 상황에 놓여 있었다는 사실을 분명히 알 수 있게 된 것은 그의 상태가 어느 정도 회복되어서 자기 기분을 말로 표현할 수 있게 되고 나서의 일이다.

B뿐만 아니라 이인증은 현대의 젊은이들에게 상당히 흔한 빈도로 나타난다. 일반인구의 70% 정도가 어떤 형태로든 이인증을 경험한 적이 있다고 한다. 어른보다는 현실 감각이 미숙한 어린아이나 젊은 층에서 많이 나타난다. 어떻게 보면 쉽게 가상 체험을 할 수 있고 현실 감각을 기를 기회가 부족한 환경에서 자란 젊은이들이 생각하는 '현실감'이 과거 사람들이 생각했던 것과는 다르다고도 할 수 있다. 하지만 현대인의 이인증적인 정신 구조가 비단 가상세대의 젊은이들부터 시작된 것은 아니다. 지식인들은 옛날부터 이인증 때문에 고민해왔다.

사르트르 《구토》의 정체

프랑스의 작가이자 철학자인 장 폴 사르트르의 소설 《구토》는 주인공인 앙투안 로캉탱의 일기 형식으로 구성되어 있는데, 거기에는 그에게 일어난 기묘한 감각의 변모 과정이 상세히 묘사되어 있다.

무언가가 나에게 일어났다. 더 이상 의심할 여지가 없다. 그것은 흔한 확신이나 명백한 증거로서가 아니라 병처럼 찾아온 것이다. (중략) 좀 전에 내 방에 들어가려고 했을 때 나는 갑자기 멈춰 섰다. 차가운 물건이 내 손 안에 있었는데, 그 개성적인 것이 나의 주의를 끌었기 때문이다. 손을 펴고 쳐다보았다. 나는 그저 문의 손잡이를 잡고 있었던 것에 지나지 않았다. 오늘 아침 도서관에서 독학자(獨學者, 로캉탱이 지인에게 붙인 별명)가 나에게 인사를 하러 왔을 때 그가 누구인지를 생각해 내기까지 10초 정도 걸렸다. 나는 본 적이 없는 얼굴을, 어떻게든 얼굴이라고 부르는 것을 바라보고 있었다. 그리고 또 두터운 풍뎅이 같은 그의 손이 내 손 안에 있었다. 나는 곧바로 그것을 뿌리쳤다….

로캉탱은 지금까지 익숙했던 일상적인 광경과 사물이 그 자명함을 잃고 위화감을 가진 낯선 것으로 인식되는 체험을 한다. 그는 친구의 얼굴조차도 익숙하지 않은 물체처럼 느끼고 그것을 무감정하게 바라보고 있다. 그리고 눈에 보이는 광경과 손에 잡히는 모든 물건에 대해서 '구토'를 느낀다. 그는 그 불쾌함에서 벗어나서 성적 욕망에 몸을 내맡기려고 카페를 찾는다.

나는 문턱에 서서 들어가기를 주저하고 있었다. 그런데 하나의 소용돌이가 일어나고 하나의 그림자가 천장을 지나 내 앞에 쓱 하고 다가오는 것이 느껴졌다. 나는 표류하고 있었다. 온갖 장소에서 나의 내부에 동시에 들어온 빛나는 아지랑이 때문에 감각을 잃었다. 마들렌이 둥둥 떠다니다가 나에게 와서는 내 외투를 벗겼다. 그녀가 머리카락을 뒤로 바짝 묶고 귀걸이를 하고 있다는 사실은 알았지만, 그녀라고 인정할 수가 없었다. 나는 귀 쪽으로 흐르면서 구획이 지어지지 않은 큰 뺨을 바라보고 있었다. 광대뼈 아래의 움푹 파인 곳에 이 궁상스러운 살덩이에 실증이 난 듯한 장밋빛 반점이 있었는데, 그 둘은 서로 상당히 떨어져 있었다. 뺨이 흘러내렸다. 귀 쪽으로 흘러내렸다. 그리고 마들렌이 미소를 지었다. "어떤 걸로 하실래요? 앙투안 씨?"

그때 '구역질'이 나를 사로잡았다. 나는 의자 위로 무너져 내리듯이 앉았다. 나 자신이 도대체 어디에 있는지를 알 수가 없었다.

그 후로도 구역질은 계속해서 로캉탱을 따라다녔다. 그 전까지의 일상적인 체험이 익숙함을 잃어버리고 진부하고 기괴한 것으로 느껴졌다. 사르트르는 그것에 '일상성에 덮여서 숨겨져 있던 존재 그 자체와 만나는 체험'이라는 의미를 부여하려 했지만, 정신의학적으로 보면 그를 사로잡은 '구역질'의 정체는 이인증이라고 할 수 있다.

이인증과 현대인

　이러한 감각은 20세기의 문학과 예술 전체를 사로잡았던 감각이라고 말해도 과언이 아닐 것이다. 현실에 대한 이러한 서먹함은 많은 예술가들을 사로잡으며 거대한 조류를 만들었다. 그것은 당연한 듯이 생활하고 환경과 조화를 이루며 사는 일에 갑작스런 균열이 생기는 일이기도 하다. 현대인은 살아간다고 하는 본능과 함께 희노애락喜怒哀樂 하는 일에 곤란을 느꼈다. 그것은 자의식 과잉의 반증이라고 할 수도 있고, 세계 자체가 있는 그대로 존재하는 것이 아니라 '만들어진' 어색함을 가지게 되었기 때문이라고 할 수도 있을 것이다.

　지식인의 이런 고민은 지적 활동 자체가 어떤 부분에서는 가상적인 조작과 불가분의 관계에 있다는 사실에 적잖이 영향을 주고 있다. 지성을 담당하는 대뇌피질과 본능을 담당하는 대뇌변연계 등의 기관 사이에 불균형이 발생하고 있는 것이다. 피질이 지나치게 확장된 인류의 뇌는 불가피하게 '이인증'을 짊어지게 되었다. 대뇌피질의 외연 장치라고 할 수 있는 정보처리 시스템의 거대한 네트워크 안에서 사는 일이 이 불균형을 더욱 강화하면서 현대인의 이인증적인 정신구조에 박차를 가하고 있다.

　일시적인 이인 상태는 많은 사람이 경험한다. 특히 아이들은 자아와 세계의 관계가 아직 불안정하며 현실감이 흔들리기 쉽기 때문에 이인 상태를 경험하는 경우가 많다. 앞에서 말한 것처럼 일시적인 이인증은 약 70%가 경험한다고 알려져 있다. 남성보다 여성에게 2배 더 많다.

현실감의 회복

이인증을 치료하려면 우선 다른 정신질환이 없는지 판단해야 한다. 통합실조증에 따른 이인증은 섬뜩함이나 공포감을 강하게 느끼다가 점차 망상의 전조 증상이나 망상을 보이게 된다.

임상적으로 만나는 이인증은 우울 상태나 심적 외상과 함께 나타나는 경우가 많다. 극도의 피로나 수면 부족은 이인증 상태를 불러일으키기 쉬운데, 우울 상태에 동반된 이인증 또한 신경 전달 물질의 고갈에 의해서 생생한 감각이나 감정을 느끼지 못하게 된 상태라고 할 수 있다. 우울 상태를 동반하는 이인증의 경우에는 우울증을 치료하면 함께 개선된다. 대부분은 치료에 대한 반응이 상당히 좋은 편이다. 다만 뇌종양이나 간질과 함께 이인증이 출현하는 경우가 있기 때문에 그런 가능성이 없는지를 먼저 파악해야 한다.

'이인증성 장애'는 이인증의 핵심적인 증상인데, 근본적인 개선까지는 상당한 시간이 소요되는 경우가 많다. 이인에 걸리면 사회생활을 진심으로 즐기지 못하고 소외감을 느끼거나 고립감을 맛보기 쉽다. 많은 경우 우울 상태나 강한 불안이 동반된다. 이런 증상을 개선하면 생활이 어느 정도 편해질 수 있다.

심적 외상이 얽혀있는 경우도 있다. 이 때 본인이 안정감을 느끼고 외상 체험에 대해서 스스로 말할 수 있게 되면 외상 체험이 자신의 인생 안에 통합될 수 있다. 그러고 나면 얼어붙었던 감정이 점차 되살아난다. 본인의 주체성이 무시당하고 원하지 않는 일을 강요당했을 때도 이인증이 만성적으로 나타나는 경우가 있다. 이런 경우에는 무엇보다 주체성의 회복이 중요하다.

◇ 대응 방법과 치료 포인트 ◇

주변 사람들은 이해하기 어려워서 그냥 멍하게 있다거나 게으름을 피우고 있다고 오해하기 쉽다. 따라서 환자의 상태와 괴로움을 이해하는 것이 최우선 과제이다. 우울 상태로 인해 이인 증상이 나타나는 경우도 많기 때문에, 우울 상태를 극복하는 것을 우선으로 생각하고 마음의 여유를 가지면 호전될 수 있다. 마음의 상처를 받아들이지 못하는 경우에는 평소에 대화를 할 기회를 늘리는 일도 중요하다. 통합실조증 때문에 이인증 증상이 나타날 수도 있기 때문에 정확한 원인 파악을 위해서는 전문의와 상담해야 한다.

마음속이 전쟁 후 폐허로 변하는
외상 후 스트레스 장애

'심적 외상 후 스트레스 장애(PTSD)'라는 말이 일본에서 자주 쓰이게 된 것은 1995년 한신·아와지대지진 이후부터이다. 이 사건을 계기로 일본에서 처음으로 대규모 자연재해에 의한 PTSD 조사가 행해졌다. 2001년 이케다 초등학교 무차별 살인 사건이 일어난 직후에도 충격적인 사건이 아동에게 미치는 PTSD 가능성에 대한 우려의 목소리가 높아졌고 카운슬링 등의 개입이 이루어졌다. 이제는 재해나 범죄 피해뿐 아니라 일상적으로 빈번하게 일어나는 학대, 가정폭력 등에 의해 발생하는 PTSD가 일반에 널리 알려지게 되었다.

역사적으로 PTSD의 존재가 알려진 것은 베트남전쟁의 귀환 병사들에게 일어난 정신 장애에 대해서 치료와 연구가 이루어지면서부터였다. 베트남전쟁 이전에도 '전쟁 정신병'이라는 것이 있다는 사실은 알려져 있었다. 하지만 베트남전쟁에서는 이전까지와는 규모가 다르게 병사들의 마음에 큰 후유증이 남았다. 대의를 잃고 국민들에게조차 찬성 받지 못하는 전쟁에서 싸워야만 했던 병사들은 싸움 자체뿐 아니라 그 무의미함과 사람들의 부정적인 시선에 이중으로 상처를 받았던 것이다.

베트남전쟁을 다룬 영화로 아카데미상을 수상한 〈디어 헌터〉라는 작품이 있다. 펜실베이니아주의 산골마을에 사는 러시아 이민자 출신의 젊은이 마이클은 절친인 닉과 함께 징집되어 베트남 정글로 갔다. 그들은 전쟁의 비참함을 경험했고 점차 마음의 균형을 잃어갔다. 이윽고 마이클은 펜실베이니아주의 고향으로 귀환하지만, 다리가 얼어붙은 것처럼 집으로 돌아갈 수가 없었다. 닉을 베트남에 남겨두고 왔기 때문이다. 닉은 전쟁 중에 완전히 변해서 도박과 마약으로밖에 자신의 참담한 기분을 이겨내지 못하는 인간이 되어버렸다. 베트콩이 함락되기 직전에 닉을 찾아낸 마이클은 함께 탈출하자고 제안하지만, 닉은 돌아가지 않겠다며 거부한다.

정신의학자인 루이스 허먼Judith Lewis Herman은 자신의 저서《심적 외상과 회복TRAUMA AND RECOVERY》에서 심적 외상 체험이 그 사람의 인생에 작용하는 본질을 '박리'라는 표현을 통해 설명했다. 박리란 '그가 본래 있었던 생활과 사회적 관계에서 분리되어 떨어져 나가는 것'을 의미한다. 외상을 입히는 사건은 피해자가 가지고 있는 세계의 안전성에 대한 기본적인 전제를 파괴한다. 자기에 대한 적극적(그리고 긍정적)인 평가를 파괴하고, 창조된 세계의 의미 있는 질서를 파괴하는 것이다. 외상 체험은 마음에 상흔을 남기는데 그치는 것이 아니라

그 사람 자체 즉, 그가 살고 있던 세계와 그 전까지 쌓아 올린 인생을
되돌릴 수 없을 만큼 파괴한다.

⭐ 나를 지워버리고 싶어요

F는 아름다운 외모의 18세 소녀이다. 하지만 그녀의 몸과 손목에는
스스로 낸 가슴 아픈 상흔이 새겨져 있다. 소녀는 스스로가 더럽고 추
악한 존재처럼 느껴진다고 말했다. 종종 '이 세계에서 흔적도 없이 사
라져버리고 싶다'는 생각에 사로잡힌다는 것이다. 평소에는 밝고 유
머러스하며 다른 사람을 잘 챙기는 아주 매력적인 아이였다. 그러나
어느 순간 기분이 침울해지기 시작하면 마치 다른 사람처럼 어둡고
우울한 표정으로 변했다. 그럴 때면 머리를 감싸 안고 벽 쪽에 웅크리
고 앉아 있고는 했다. 갑자기 날카로운 비명을 지르거나 짐승 같은 소
리를 내기도 했다. 그런 정신 나간 상태는 30분쯤 지나면 가라앉았는
데, 평소의 모습으로 돌아오면 그 전에 자신이 어떻게 행동했는지 기
억나지 않는다고 했다.

상담을 진행하던 중에 그녀는 그럴 때마다 같은 광경이 눈앞에 덮
쳐온다는 사실을 털어놓았다. 의붓아버지가 무서운 짐승처럼 그녀의
몸을 농락하는 광경이다. 그런 일이 초등학교 5학년 때부터 2년 정도
이어졌다. 하지만 F는 지금도 그런 의붓아버지를 진심으로 원망할 수
가 없다고 했다. 그녀가 달콤 쌉싸름한 자해의 맛을 느끼기 시작한 것
도 그녀가 자해를 하면 의붓아버지가 안절부절 못하면서 상냥하게

대해주기 때문이라는 것이다. 의붓아버지를 원망하지만 그런 사람에게라도 기대지 않으면 살아갈 수가 없었다. F는 의붓아버지도 약한 인간이라고 생각한다고 말했다. 그녀는 그런 점에서는 자신과 똑같다며 스스로를 억지로 납득시키려고 하고 있었다.

F는 깊은 죄책감과 자기부정감을 떠안고 자신은 살아갈 자격이 없다는 생각에 시달려왔다. 사람들이 자신을 막 대해도 어쩔 수 없다는 것이다. 하지만 한편으로는 누군가의 애정에 기대지 않고는 살아갈 수가 없었다. 설령 상대가 폭력을 휘둘러도 그것이 두 사람을 이어주는 유대감처럼 느껴질 때도 있다고 말했다.

PTSD의 세 가지 증상

심적 외상 후 스트레스 장애라는 진단을 내리기 위해서는 '매우 강한' 외상 체험을 한 다음 ① 외상 체험이 반복되는 재체험을 하고, ② 외상 체험을 상기하기를 회피하고, ③ 각성 항진 증상을 일으키는 일이 1개월 이상 지속되어야 한다.

① 외상 체험의 재체험이란 반복적으로 악몽을 꾸거나 꺼림칙한 광경이 갑자기 생생하게 떠오르는 플래시백 현상에 사로잡히거나 환각이 보이는 것을 말한다. 뒷부분에서 살펴보겠지만 어린아이의 경우는 외상 체험을 상징하는 놀이를 반복하는 일도 포함된다. 외상 체험에

대한 기억이 마치 이물질처럼 일상생활 속으로 침입해 오는 것이다.

② 외상 체험을 상기하기를 회피하는 것은 사건에 대해서 말하거나, 사건과 관련되거나 그 일을 연상시키는 장소나 인물을 피하는 것을 비롯해서 전반적인 사회적인 활동을 피하게 한다. 또 타인이나 인생에 무언가를 기대하기를 포기하게 만드는 등 인생관이나 삶의 방식까지 영향을 미친다. 허먼은 이런 영향을 뭉뚱그려서 '협착狹窄'이라고 불렀는데, 외상을 입은 사람은 생활 범위뿐 아니라 미래에 대한 희망까지 축소함으로써 새로운 상처로부터 자신을 지키려고 하는 것이다.

③ 각성 항진(과각성)은 수면을 방해할 뿐 아니라 신경이 과도하게 긴장하고 흥분한 상태를 의미하는데, 교감신경의 과도한 흥분을 동반한다. '안절부절 못하거나 분노가 폭발하고 집중하지 못하는 현상', '과도하게 흠칫거리거나 경계심이 강한 현상'으로도 나타난다. 학대를 당한 아이는 몸이 닿기만 해도 펄쩍 뛰어오를 만큼 놀라는 경우도 있다.

PTSD가 있으면 약물이나 알코올에 대한 의존이 생기기 쉽다. 약물이나 알코올이 과각성 상태를 가라앉히고 의식을 의도적으로 협착시킴으로써 외상 체험이 떠오르는 것을 피하는데 일시적으로 도움이 되기 때문이다. 하지만 이런 의존은 본질적인 개선으로 이어지지 않을 뿐 아니라 문제를 점점 더 복잡하게 만든다.

금지된 장난과 추모의식

영화 〈금지된 장난〉은 프랑수아 부아예François Boyer의 원작을 거장 르네 클레망René Clément이 영화화한 작품인데, 향수를 자극하는 기타 선율과 함께 우리에게 깊은 감동을 준다.

영화의 배경이 되는 시대는 제2차 세계 대전이 한창이던 시절이다. 전쟁을 피해서 가재도구를 끌고 다니며 집단 피난을 하는 한 무리의 사람들 안에 다섯 살짜리 여자아이 폴레트가 있었다. 폴레트의 엄마는 기관총에 맞아 죽었다. 그리고 아빠도 같은 날 총탄을 맞고 쓰러졌다. 아빠의 주검 앞에 우두커니 서 있던 폴레트는 결국 그 장소를 벗어나서 앞으로 나아갈 수밖에 없었다. 부모의 죽음을 슬퍼하는 일조차 허용되지 않았던 것이다. 이후 폴레트는 작은 마을 농가에 맡겨졌다. 그 집에는 미셸이라는 남자아이가 있었는데 이 소년은 장난이 심해서 항상 어른들에게 혼이 나고는 했다. 그런 미셸도 폴레트에게는 상냥했다. 폴레트는 미셸을 친오빠처럼 따랐고, 미셸도 폴레트를 필사적으로 지켜주었다. 둘은 어느 날부터 비밀 놀이를 하기 시작한다. 개미나 파리, 쥐의 무덤을 만드는 놀이였다. 이 놀이는 점점 강도를 더해가다가 나중에는 무덤을 만들기 위해 예배당에 있는 십자가까지 훔치기에 이르렀다. 마을이 발칵 뒤집히고 결국 두 아이는 비밀 놀이를 하고 있었다는 사실을 들키고 만다.

이런 폴레트의 놀이가 비단 이야기 속에만 존재하는 것은 아니다.

앞에서 소개한 안나 프로이트도 전쟁으로 인해 공포를 경험하고 부모를 잃은 아이들이 하는 놀이에 대해서 보고한 바가 있다. 그 중에 버티라는 네 살짜리 소년에 대한 기록이 있다. 버티 일가는 폭격으로 피해를 입었고 아버지가 돌아가셨는데 버티는 현실을 받아들이려고 하지 않았다. 그는 종이로 집을 짓고 거기에 구슬 폭탄을 쏟아 부어서 집을 부쉈다. 그런 놀이를 하는 아이는 버티 말고도 있었지만, 다른 아이들의 놀이와 한 가지 다른 점이 있었다. 마지막에 반드시 모든 사람을 구하고 다시 원래대로 집을 짓는다는 점이다. 버티는 아버지의 죽음을 부정하는 동안 그 놀이를 강박적으로 반복했다. 반년 뒤에 드디어 아버지의 죽음을 인정한 그는 "우리 아빠는 돌아가셨고, 엄마는 병원에 갔어요. 엄마는 전쟁이 끝나면 돌아오겠지만 아빠는 돌아오지 않아요"라고 말했다. 그 후 계속 반복하던 놀이를 더 이상 하지 않게 되었다.

허먼은 앞에서 소개한 저서에서 정신적 외상을 입은 아이들의 놀이에 대해 다음과 같이 기술했다. "보통 아이들의 놀이는 즐겁고 자유로운 것인데, 외상을 입은 아이들이 하는 놀이는 단조롭고 지루하다. 그리고 같은 놀이가 장기간에 걸쳐서 강박적으로 반복된다."

트라우마가 생긴 아이들이 그리는 그림이나 상자정원 작품(상자 안에 정원을 꾸미는 놀이 치료 소품—편집자 주)에서 이런 편집증적인 집착을 찾아볼 수 있다. 그들에게서는 같은 주제가 집요하게 반복되고 재현된다. 그런데 그런 반복 행위가 트라우마에서 회복되는데 필요한 단계였다는 사실이 밝혀졌다. 아이들의 놀이는 말로는 표현할 수 없는 슬픔을 표현하기 위한 또 다른 수단이었던 것이다. 그리고 슬픔이 슬픔으로서 표현될 때 잃어버린 것에 대한 애도의 작업 즉, 모닝워크(슬픔 치유의 과정—역자 주)가 급속한 진전을 보이는 것이다. 그런 의미에서 십자가를 세우고 무덤을 만드는 '금지된 장난'은 폴레트에게 있어서 부모의 죽음을 애도하고 금지된 슬픔을 해방하려는 무의식적인 추도의식이었다고 할 수 있을지도 모른다.

인생을 다시 연결하는 작업

PTSD에서 회복하려면 몇 가지 단계를 거쳐야 한다. 허먼에 따르면 최초의 단계는 '안전 확보'다. 이 단계에서는 환자에게 병명을 알리고 앞으로 마주하게 될 문제에 이름을 부여함과 동시에 치료 목적을 분명히 하고, 안전하다는 느낌을 줌으로써 자기 컨트롤 능력을 회복하게 하는 단계이다.

두 번째 단계는 '상기와 애도'다. 병원 스텝들의 지지로 확실한 안심감을 얻고 나면 환자는 외상 체험과 마주할 용기를 가지게 된다. 기억하고 싶지 않은 경험에 대해서 점차 이야기할 수 있게 되는 것이다. 처음에는 중간에 끊기는 단편적인 것에 불과하지만 점차 하나로 이어지는 커다란 스토리로 통합된다. 그런 과정은 끝없이 계속될 것처럼 보이지만 사실은 그렇지 않다. 시간이 흐르면서 이윽고 출구가 보이기 시작한다. 괴로웠던 경험을 이야기해도 더 이상 몸과 마음이 흔들릴 일이 없어진다. 이제 외상 이야기는 다른 기억과 별반 다를 바 없는 것이 되고, 다른 기억이 시간이 흐름에 따라서 색이 바래기 시작한다. 외상이 인생이라는 긴 스토리 안에서 가장 중요한 부분이 아닐 뿐더러 가장 흥미로운 부분도 아니라는 사실을 본인 스스로도 깨닫는 것이다.

세 번째 단계는 '재결합'이다. 과거와 화해를 했다면 이제 원래의 일상으로 되돌아가야 한다. 그것은 앞으로 살아갈 인생에 대해서 새로운 의미를 발견하는 것이기도 하다.

내 안에 서로 모르는 여러 가지 인격이 있다

대니얼 키스Daniel keyes의 《24인의 빌리 밀리건》은 실제로 있었던 해리성 동일성 장애 청년의 사례를 다룬 놀랄만한 다큐멘터리이다. 해리성 동일성 장애는 일찍이 다중인격 장애라고 불리던 것으로 동일 인물이 어느 순간에 전혀 다른 아이덴티티를 가진 인격으로 바뀌는 것이다. 그야말로 해리가 극단적인 형태로 나타나는 것임과 동시에 상당히 무거운 PTSD적인 측면을 가지고 있다고 할 수 있다.

1977년 미국 오하이오 주에서 일어난 연쇄 강간 사건의 용의자로 한 청년이 체포되었다. 22세였던 청년의 이름은 빌리 밀리건Billy Milligan이었다. 하지만 그는 사건 당시의 기억이 전혀 없었다. 처음에 그를 검사한 임상심리사는 통합실조증을 의심했다. 빌리 밀리건은 정신 감정을 위해 사우스웨스트커뮤니티 정신위생센터로 옮겨졌다. 그 센터에서 그와 마주하게 된 심리학자 도로시 터너Dorothy Turner는 매일 상담실에서 만날 때마다 이름을 비롯해서 어조와 말투, 연령, 인격, 국적까지 변하는 몇 개의 인격에 당황한다. 처음에 도로시는 정신 이상을 가장한 연기일 것이라고 생각한다. 하지만 5일 동안 완벽하게 바뀌는 인격과 대면하게 된 그녀는 그것이 연기가 아니라고 확신한다. 이윽고 빌리 밀리건 안에는 24개의 인격이 존재한다는 사실이 드러났다. 그녀는 그가 어린 시절에 심한 육체적 학대와 성적 학대를 받았다는 사실을 알아냈다.

상당히 오래전부터 이중인격이 존재한다는 사실은 알려져 있었다. 하지만 이중인격은 《지킬박사와 하이드》처럼 가상 세계의 이야기로만 여겨졌다. 그런데 최근 20년 사이에 해리성 동일성 장애는 너무나 적나라한 현실의 일이 되었다.

임상적으로 만나는 해리성 동일성 장애는 대부분 여성이며 남성인 경우는 드물다. 하지만 사법 정신의학 분야에서는 빌리 밀리건처럼 해리성 동일성 장애를 가진 남성의 케이스가 종종 보고된다.

기억을 지우기 위한 최후의 방어 수단

해리성 동일성 장애의 모든 케이스에서 찾을 수 있는 공통점은 어린 시절에 심적 외상을 입는 체험을 했다는 사실이다. 심적 외상 체험은 육체적·성적 학대인 경우가 많은데 근친상간의 피해를 입은 경우가 전형적인 케이스라고 할 수 있다. 그런 상황에서 도움의 손길을 뻗어줄 존재도 의지할 곳도 없었던 경우가 많다.

이들의 뇌의 단층을 촬영해보면 해마의 위축을 발견할 수 있다. 해마는 인간의 기억 보존과 관련이 깊은 부위이다. 따라서 트라우마 기억을 지우기 위해서 해마에 기능 저하가 일어나고 그 결과 이 장애가 생긴다는 가설도 나오고 있다. 해리성 동일성 장애는 자기 힘으로는 어찌할 수 없는 견디기 힘든 경험으로부터 '스스로를 지키기 위한 최후의 방어 수단을 사용한 결과'라고 할 수 있을지도 모른다. 이 장애를 가진 사람들은 뇌파에 이상이 많다. 또한 최면에 잘 걸리는 사람이 이 장애를 일으킬 가능성이 높다는 말도 있다.

오랜 연구 끝에 해리성 동일성 장애가 치료가 가능하다는 게 밝혀졌다. 통상적으로 복수로 나타나는 인격은 상당히 위험한 인격부터 중개자 역할을 하는 인격, 유아성을 가진 인격 등이 있는데 이들 중 중개자 역할을 하는 인격을 통해서 통합을 꾀하게 된다. 통합을 위해서는 과거의 심적 외상 체험과 마주하고 그것을 극복해나가야 한다.

제9장

불안정한 마음이 주는
공포감에 떠는 아이들

공황 장애, 불안한 생각을 제어할 수 없다

명장 데이비드 린이 사실상 마지막으로 감독한 작품이 된 〈인도로 가는 길〉은 영국 작가 에드워드 포스터Edward Morgan Forster의 걸작을 영화화한 것이다. 거대한 동굴에 있는 유적을 견학하고 있던 영국인 여성이 반미치광이처럼 비명을 지르며 깜깜한 동굴 밖으로 뛰쳐나오는 인상적인 장면으로 시작된다. 여성의 갑작스러운 이상 증세는 인도인 남성이 성폭행을 했기 때문이 아니냐는 의혹을 불러왔다. 당시 인도는 영국의 식민지였기 때문에 정치적으로도 큰 문제로 발전했다. 하지만 그녀는 공황 발작을 일으킨 것뿐이었다. 당시에는 공황 장애에 대해서 아는 사람이 없었기 때문에 오해는 확산될 수밖에 없었다.

오늘날 공황 장애는 우울증과 함께 '현대인의 병'이라 불릴 만큼 친숙한 것이 되었다. 일본에는 공황 장애로 고민하는 사람이 100만 명 이상이라고 한다. 미국에는 더 많은 환자가 있다고 추정되는데, 선진국일수록 흔한 정신질환 가운데 하나이다. 최근 일본에서는 유명 연예인이 자신의 공황 장애 체험을 고백해서 많은 공감을 불러일으키고 있다. 운동선수 출신인 나가시마 카즈시게처럼 체격이 좋은 사람도 이 장애를 피할 수 없다는 사실에 의외라고 놀라면서, 한편으로는 용기를 얻은 사람도 적지 않았을 것이다. 실제로 공황 장애는 평상시에 몸을 단련해서 체력에 자신 있는 사람에게 나타나는 경우도 많다.

검도로 단련된 청년 M은 밤낮으로 죽도를 휘두르며 열심히 연습했다. 스스로 육체적으로나 정신적으로나 충실한 생활을 하고 있다고 느꼈다. 그러던 어느 날 밤, 자려고 이불에 들어갔을 때 갑자기 심장이 요동치기 시작했다. 금방 괜찮아질 거라고 생각했지만 이상 증상은 오래 동안 계속되었다. 그러다가 숨 쉬기가 괴로워졌고 몸이 떨려왔다. 금방이라도 심장이 멈출 것 같았고 이대로 죽는 것이 아닐까 하는 공포감에 사로잡혔다. 식은땀이 솟으면서 이명이 들렸고, 주변 세계가 멀어져가는 느낌을 받았다. 지금까지 한 번도 경험한 적 없고 통제할 수 없는 공포였다. 발작은 불과 10분 만에 가라앉았지만 이 10분의 체험은 M의 인생관을 바꿀 만큼 충격적이었다. 그 후로 그는 자려고 이불에 들어가는 일이 두려워졌다. 하지만 이불 속으로 들어가는 일을 마냥 피할 수는 없기에 매일 매일이 불안과 공포와의 싸움이었다. 엎친 데 덮친 격으로 이불 이외의 장소에서도 발작이 일어나기 시작했다. 무엇을 하든지 불안에서 자유로워질 수 없었다. 평소 자기 육체와 정신력에 자신이 있었던 그였기에 더욱 충격이 컸다. 자신이 지금까지 쌓아온 것이 한 순간에 무력해진 느낌을 받았기 때문이다.

공황 발작 공포의 본질은 자신을 제어할 수 없다는 사실에 있다. 컨트롤이 불가능하기 때문에 공포와 불안에 압도당하게 된다. 그리고 한 번 압도당하는 경험을 하게 되면 그때까지 길러온 자신감과 안정감이 송두리째 흔들리게 된다.

두려움으로 좁아지는 생활 반경

공황 발작을 경험한 사람은 M처럼 언제 덮쳐올지 모르는 불안의 그림자에 두려워 떨게 된다. 불안을 불안해하게 되는 것이다. 이런 현상을 '예기불안'이라고 한다. 당연했던 일상의 행동이 마치 외줄타기를 하는 것처럼 위태로운 일로 변한다. 생활의 확실한 토대를 잃어버렸다고 느끼기 때문에 활동은 차츰 소극적이 되기 쉽다. 발작과 연관지을 수 있는 행동이나 상황, 장소를 피하게 된다. 예를 들어 막힌 장소에서 과호흡 발작을 일으켰던 사람은 창문을 굳게 닫아놓은 장소에 가면 질식할 것 같은 느낌을 받는다.

공황 장애와 함께 나타나기 쉬운 것은 '광장 공포'라고 불리는 증상이다. 광장 공포란 중간에 탈출할 수 없는 상황을 두려워하는 것이다. 광장 공포를 일으키는 주된 장소는 전철이다. 같은 전철이라도 역마다 서는 열차는 탈 수 있지만, 긴 구간을 정차 없이 통과하는 급행열차는 타지 못하는 경우도 있다. 가까운 곳에 운전해서 가는 것은 아무렇지 않은데 고속도로는 무서워서 달리지 못하기도 한다. 혼잡한 곳에 가거나 줄을 서는 것, 미용실이나 치과에 가는 것, 다리를 건너는 중에도 탈출할 수 없을 듯한 공포를 느낄 수 있다. 그래서 광장 공포가 있으면 교통수단을 이용하거나 복잡한 장소에 가는 일에 저항을 느낀다. 점차 외출을 꺼리게 되고 전혀 외출하지 않는 경우도 흔히 찾아볼 수 있다.

광장 공포와 공황 장애는 함께 나타나는 경우가 많지만, 어느 한쪽만 나타나는 경우도 있다. 평생을 살면서 공황 장애에 걸리는 사람의 비율은 약 1.5~3%, 공황 발작을 일으키는 비율은 대략 3~5%라고 알려져 있다. 최근에 두 질환의 유병률이 상승하고 있다. 여성의 비율이 남성에 비해 2배에서 3배 더 높다. 공황 장애인 사람의 4분의 3은 광장 공포가 있고 광장 공포인 사람의 절반은 공황 장애를 함께 가지고 있는데, 나머지 절반은 공황 장애는 없고 광장 공포 증상만 보인다. 광장 공포는 공황 장애보다 1.5배 정도 많다.

공황 장애가 급증하고 있는 것은 현대인이 지나치게 쾌적한 환경에 익숙해져 있다는 사실과 적지 않은 연관이 있다. 예를 들어 공황 장애의 최초의 발작이 혼잡한 전철에서 자주 일어나는데, 그 원인 중 하나가 현대인이 에어컨에 익숙해져서 고온다습한 환경에 대한 내성이 떨어져있기 때문이다. 자율신경에 의한 조절 기능이 쇠퇴하면 약간만 불쾌한 환경에 놓이더라도 순응 한계를 넘어서 패닉을 일으키기 쉽다.

공황 장애는 이혼이나 이별, 이사, 이직, 환경 변화처럼 불안을 높일만한 일이 있을 때 발병할 수 있다. 어린 아이의 경우에는 사소한 환경 변화나 애정 부족이 방아쇠가 되는 경우도 적지 않다.

⭐ 어리광부리지 못했던 소녀

보이시한 느낌의 중학교 1학년 소녀의 사례이다. 이 소녀는 반년 전부터 갑자기 공황 발작을 일으키기 시작했다. 최근에는 빈번하게 발작을 일으키는 바람에 학교도 쉬게 되었다. 문제의 심각성을 느낀 엄마가 딸을 데리고 의료 기관을 방문했다.

처음 발작이 일어난 것은 초등학교 6학년 2학기 때였다. 엄마와 전철을 타고 있었는데 갑자기 식은땀이 흐르고 심장과 위가 뜯겨져 나가는 듯한 느낌이 덮쳐왔다고 한다. 손바닥에서 땀이 흐르고 손발이 떨렸으며 숨쉬기도 힘들어서 이대로 죽는 것이 아닌가 하는 공포에 사로잡혔다. 교실에서도 한 번 발작을 일으킨 적이 있고 집에서도 종종 발작을 일으킨다고 한다. 발작은 한 달에 두 세 번씩 전혀 예상치 못한 순간에 갑자기 찾아왔다.

중학교에 올라가서도 발작이 멈추기는커녕 빈도가 잦아지고 있다. 어머니 말에 따르면 아이는 지금까지 계속 건강했고 성실해서 전혀 걱정이 없었다고 한다. 어머니는 멀쩡하던 딸이 갑자기 이런 병에 걸렸다는 사실을 도무지 이해할 수 없는 모양이었다. 집안 사정을 더 자세히 물어봤더니 실은 두 살 위인 언니가 있는데 난치병이라고 불리는 만성질환에 걸려서 최근 몇 년 동안 엄마는 언니에게만 매달려 있었다고 한다. 거기까지 이야기한 뒤에 어머니는 퍼뜩 무언가를 깨달은 듯이 딸을 바라봤다.

"이 아이는 외로웠던 걸까요?"

그럴지도 모른다고 끄덕이자 어머니 눈가에 눈물이 고였다. 발작을 일으켰을 때를 대비한 종이봉투 호흡법을 알려주고, 불안이 심할 때 복용할 약을 처방해주었다. 발작은 점차 줄어들었고 여유를 되찾은 소녀는 조금씩 속마음을 이야기하게 되었다. 소녀는 사실은 외로웠지만 그래도 참고 있었다고 말했다. 학교에서도 친구들의 안색을 살피면서 기분을 맞춰주는 버릇이 있었는데, 그것이 익숙해지면서 학교에 가는 것이 부담스럽게 느껴졌다고 한다. 친구들에 대한 신랄한 평가에서 울분이 쌓여있음을 느낄 수 있었다. '이렇게까지 참아왔구나' 하는 생각이 들었다. 상태가 조금 나아지면서 어머니 없이 아이 혼자서 통원하는 일이 늘었는데, 그러면 다시 상태가 악화되었다.

이 사례처럼 때때로 공황 장애는 자신에 대한 애정과 관심을 구하고자 하는 신체화 증상으로 나타나는 경우가 있다. 경계성 인격 장애나 연기성 인격 장애에서 종종 나타나는 과호흡 발작의 이면에는 이런 사정이 있을 때가 많다.

공황 장애가 신체표현성 장애와 마찬가지로 현실적인 불안이나 어려움을 회피하기 위한 구실이 되는 경우도 있다. 《풀꽃》, 《죽음의 섬》

등의 작품으로 알려진 작가 후쿠나가 다케히코福永武彦의 작품 속에
도 불안감이 흐르고 있다. 그는 '심장신경증'이라는 진단을 받았고 불
안 발작 때문에 고생한 경험이 있다. 후쿠나가의 심장신경증 발작은
태평양전쟁의 상황이 악화되어 언제 그가 징병 당할지 모를 상황에
서 일어났다. 결과적으로 그는 심장신경증이라는 진단을 받은 덕분
에 징병을 면할 수 있었다. 그것을 그의 섬세한 감성 때문이라고 볼
수도 있고, '질병 이득을 얻기 위한 신체화'라고 냉철하게 평가할 수
도 있을 것이다.

◇ 증상이 유사한 질환 ◇

급격한 호흡 곤란이나 과호흡, 빈맥, 발한, 때로는 의식 장애를 일으키는 신체
적 질환이나 약물의 영향이 아닌지를 구분할 필요가 있다. 헷갈리기 쉬운 원
인으로는 빈혈이나 심장병 등의 '심장혈관계 질병', 천식이나 폐색전증 등의
'호흡기관계열 질병', 뇌혈관 장애, 간질 등의 '신경계열 질병', 갑상선이나 부
신 등의 '내분비계 질병', 각성제나 코카인 등 '약물의 영향', 알코올이나 의존
성 약물의 '이탈 증상' 등을 들 수 있다. 특히 첫 발작을 일으켰을 때는 혈압,
심전도, 뇌파, 혈액 검사, 엑스레이, MRI 검사 등을 해서 신체적 질환의 가능
성이 없는지를 먼저 판단할 필요가 있다.

누군가가 공황 발작을 일으켰을 때 가장 중요한 것은 당황하지 않는 것이다. 불편한 옷을 벗기고 시원하고 편안한 복장을 하게 한다. 한쪽 팔을 단단히 붙잡고 "괜찮아요", "천천히 호흡하세요", "아무 일도 안 생겨요" 등의 말을 반복적으로 해준다. 과호흡을 동반하는 경우에는 종이봉투를 입에 대고 천천히 호흡하게 한다. 비닐봉투는 저산소증을 일으킬 가능성이 있기 때문에 사용해서는 안 된다. 보통 몇 분이면 발작이 가라앉는다. 증상이 여러 번 반복적으로 나타나는 경우에는 가능한 본인 스스로 대처할 수 있도록 훈련시킨다.

발작이나 불안의 배경에 있는 마음에 시선을 돌리고 대화를 주고받으며 스킨십 할 기회를 늘리는 것이 좋다. 스트레스나 무리한 부담을 느끼고 있는 경우에는 그것을 경감시켜 주어야 한다.

공황 장애에 대한 효과적인 치료법으로는 '약물 치료'와 '인지·행동 치료'가 있다. 약물 치료로는 항우울제, SSRI, 벤조디아제핀 계열의 항불안제 등이 사용된다. 항불안제는 의존성이 생기기 쉽기 때문에 SSRI 등이 듣지 않는 경우에 사용할 차선책으로 생각하고, 불안이 심해진 경우에 한해서 제한적으로 사용한다. 약물만 복용해도 발작은 줄어든다. 하지만 생활은 축소된 채로 나아지지 않는 경우가 많다. 생활 반경을 넓히기 위해서는 치료자와 주위 사람들이 적절하게 지지해주고 용기를 주어야 한다.

인지 치료는 그 사람이 상황을 받아들이는 방법을 수정함으로써 반응이나 행동 방법을 바꿔가는 것이다. 공황 장애인 사람은 지나치게 확대해석하는 경향이 있다. 그래서 몸에 사소한 증상만 일어나도 확대해서 받아들이고, 그것을 발작이나 죽음의 전조로 간주한다. 먼저 '공황 발작은 시간이 지나면 자연스럽게 진정되며 생명에 지장이 없다'는 사실을 반복해서 전달한 뒤에 자신이 어떤 식으로 느끼고 반응했는지를 스스로 더듬어 가게 하면서 인지의 뒤틀림을 수정해 나간다. 행동 치료로는 자율훈련법이나 호흡 훈련, 좋아하지 않는 상황에 단계적으로 마주하게 하는 노출 치료를 실시한다.

모리타 치료는 '있는 그대로' 받아들이게 하는 인지행동 치료적인 접근과 집단 정신 치료, 작업 치료 등을 섞은 것이다.

불안 장애, 스트레스 요인이 없어져도 초조하다

퇴사해도 모든 게 불안하기만 해요

한 21세 청년이 상담실을 찾아와 심각한 표정으로 고개를 떨군 채 떨며 자신의 상태를 이야기하기 시작했다. 그는 불면과 가슴 떨림에 시달리고 있으며 쉽게 지친다고 호소했는데, 긴장을 한 탓인지 진찰을 받는 동안에도 손끝과 몸이 조금씩 떨리고 있었다. 내과에서 진료를 받고 이상이 없다는 말을 들었지만 불안해서 견딜 수가 없다는 것이다. 항상 안 좋은 쪽으로만 생각하게 되고 모든 것이 불안하다고 했다.

그는 원래 마음이 약하고 내성적인 성격이었다. 친구는 많지 않지만 2~3명 정도는 있었고 학창 시절에는 특별히 문제가 없었다. 고등학교를 졸업하고 제조회사에 취직해서 공장에서 근무하게 되었는데, 상사가 호통을 치는 듯한 어조로 질책하는 타입이어서 항상 마음이 조마조마했다. 취직한 해의 가을 무렵부터 설사와 두통에 시달리는 바람에 회사를 자주 빠졌다. 그러다 결국 1년 만에 회사를 그만두고 아버지의 장사를 돕게 되었다.

　이제 불안이 가라앉을 거라고 기대했지만 무엇을 해도 침착하게 할 수가 없었다. 전화 응대를 하거나 손님을 대할 때도 심하게 긴장이 되고 가슴이 두근거렸으며 손바닥과 겨드랑이가 흠뻑 젖을 정도로 땀이 났다. 밤에 잘 때도 심장 고동이 신경 쓰였는데 심장 박동이 흐트러져서 심장이 멎어버릴 것 같은 공포에 사로잡혔다. 이불의 무게도 신경 쓰일 정도였다. 한밤중에 깜짝 놀라 눈을 뜨면 몇 대 맞은 펀치볼처럼 심장이 거칠게 요동쳤다. 금방 진정이 되기는 하지만 잠자리에 드는 것조차 불안한 상태가 이어졌다.

　이 사례처럼 불안 장애가 특정한 장소나 상황에 제한되지 않고 생활 전반에 영향을 주는 경우 '전반성 불안 장애GAD'라는 진단을 내린다. 전반성 불안 장애를 앓는 사람의 이력을 더듬어 가보면 원래 신경질적이고 불안해하는 성향의 사람이 환경 변화나 강한 스트레스에 노출되어서 발병하는 경우가 많다. 처음에는 적응 장애였던 것이 스트레스 요인이 없어진 뒤에도 불안감이 남아서 만성화되는 케이스다. 공황 장애만큼 증상 자체가 심하지는 않기 때문에 이른바 '신경질적인 성격'이라고 방치되기 쉽다. 그래서 진료를 받으러 왔을 때는 이미 생활에 지장이 많고 우울 상태까지 동반하는 경우가 많다. 이로 인해 단순히 '우울 상태'라는 진단을 내리기도 한다.

　청소년의 경우에는 입시 공부에 대한 스트레스가 불안 장애를 불러일으키는 방아쇠 역할을 할 수 있다. 또, 학대나 따돌림을 받은 아이나 강압적인 부모를 둔 아이에게도 전반성 불안 장애가 나타나는 경우가 적지 않다. 전반성 불안 장애의 유병률은 3~8%로 주변에서 흔히 찾아볼 수 있고, 여성이 남성보다 2배 정도 많다. 다른 불안 장애를 동반하는 경우가 많은데, 정신과를 찾는 사람은 일부에 불과하고 대부분은 각종 증상을 호소하면서 내과 등에서 치료를 받는다.

앞서 소개한 사례에 등장하는 청년도 아버지가 장인 기질(거칠고 외고집이면서 자신의 기술에는 절대적인 자신감을 갖는 것을 말한다―역자 주)이 있는 사람으로 어려서부터 자기 마음에 들지 않는 일이 있으면 호통을 치고 손찌검도 자주 했다고 한다. 직장을 그만두었을 때도 상당히 호되게 혼이 났던 모양이다. 청년은 지금도 아버지와 함께 있는 것만으로도 긴장이 된다고 말했다.

신경증을 극복하는 정면돌파법

'모리타 요법'으로 유명한 모리타 마사타케森田正馬는 한때 신경증(현재의 용어로는 불안 장애와 신체표현성 장애를 합친 것에 해당한다)으로 고생한 경험이 있었다. 모리타의 증상은 밤에 자려고 하면 심장이 심하게 뛰고, 사람들 앞에서 말을 하려고 하면 긴장이 되어서 얼굴이 새빨개지거나 몸이 떨리는 것이었다. 모리타는 이런 증상에 '신경질'이라는 이름을 붙였다. 이는 오늘날의 개념으로 말하자면 불안 장애 중에서도 전반성 불안 장애에 가깝다. 모리타는 어떻게 하면 '신경질'의 증상을 극복할 수 있을지 이런저런 시험을 하던 끝에 '불안을 고치려고 할 것이 아니라 있는 그대로 받아들여야 한다'는 독단적인 결론을 내렸다.

그는 신경증을 '현실을 회피하려는 시도'로 보았으며 현실에서 도망치려고 하는 한 신경증은 낫지 않는다고 강조했다. 그것은 모리타 자신의 경험을 바탕으로 한 신념이기도 했다. 그가 지병인 신경증을 극복한 것은, 대학시절에 용돈도 끊기고 약도 살 수 없어져서 자살까지 생각하던 상황에서 '어차피 죽을 거면 공부나 한번 열심히 해보자'는 생각으로 공부에 몰입하는 동안 증상에 대해 잊었던 경험에서 유래한다. 어느 날 문득 정신을 차려보니 상태가 호전되어 있었던 것이다.

모리타에게 치료를 받았던 한 남성은 다음과 같은 에피소드를 남기기도 했다. 이 남성은 신경증으로 생활에도 지장이 생겨서 백방으로 의사를 찾아다녔지만 조금도 차도가 없었다. 그는 대학입시를 앞두고 있었는데, 지금은 시험을 볼 상황이 아니라며 입시를 반쯤 포기하고 있었다. 그는 그런 상황에서 모리타를 방문했다. 이야기를 들은 모리타는 "대학입시는 어떻게 할 생각인가?"라고 물었다. 이 남성은 공부도 하지 않았고 시험을 봐도 어차피 떨어질 것이 뻔하니 우선은 병을 치료하고 건강을 되찾은 다음에 시험을 치르고 싶다고 답했다. 그러자 모리타는 올해 대학입시를 치르라고 말하면서 시험을 보지 않으면 치료를 거절하겠다고 했다. 그때 남성은 '뭐 이런 의사가 다 있나' 하고 의아해 했지만, 그 후에 모리타가 한 말의 의미를 알게 되었다고 한다.

즉, 신경증은 '병이라고 생각하고 치료하면 결코 낫지 않는데, 신경증인 사람을 평범하고 건강한 사람으로 취급하면 쉽게 낫는다'는 게 모리타의 주장이다. 신경증이라고 해서 본래 해야 하는 일에서 벗어나도록 놔두면 결국 증상이 나타날 때 현실에서 도망치려고 하는 신경증의 나쁜 메커니즘을 돕는 꼴이 되고 만다는 것이다. 이는 오히려 회복을 늦추고 병을 극복하지 못하게 만든다.

치료사들에게는 이 말이 거북하게 들릴지도 모른다. 최근에는 약물 치료의 발달로 불안이든 불면증이든 우울증이든 증상을 완화시키는 일 자체는 쉬워졌다. 하지만 그것은 근본적인 치료 방법이 아니며 미봉책에 불과하다. '병'이라고 해서 무조건 약을 투여하는 일은 반대로 말하면 약 없이는 스스로를 컨트롤 할 수 없는 고정화된 '병자'를 만드는 일이라고 할 수 있다. 이는 환자의 현실 도피를 돕는 꼴이 되어서 오히려 회복을 방해한다. 이 사실을 의사와 환자 모두 명심해야 한다.

다만 이런 방법은 불안 장애나 신체표현성 장애 등의 신경증 치료에는 맞지만, 정신병에는 들어맞지 않는다. 뒤에서 설명하겠지만 통합실조증이나 우울증을 앓고 있는 경우에는 자신의 힘을 과신해서 약을 끊는 일이 실패의 가장 큰 원인이 되기 때문이다. 이 점을 혼동하지 말아야 할 것이다.

◇ 증상이 유사한 질환 ◇

불안을 동반하는 신체증상을 일으킬 가능성이 있는 질환이나 약물의 영향을 제외할 필요가 있다(공황 장애 부분 참조).

◇ 대응 방법과 치료 포인트 ◇

환자를 대할 때는 기본적으로 환자의 괴로움과 걱정에 공감해주고 환자를 안심시켜 주어야 한다. 적당히 넘어가려고 하거나 웃어넘기는 태도는 불안과 불신을 강화시킬 뿐이다. 우선은 괴로운 마음을 받아주고, '괴로움에서 벗어나려면 결코 도망쳐서는 안 되며 마주하고 극복해내야 한다'는 사실을 알려준다. 항상 지켜줄 테니까 지지 말라고 옆에서 기운을 북돋워주는 일도 잊지 말아야 한다.

치료는 주로 정신 치료와 약물 치료로 이루어진다. 정신 치료는 공감과 지지를 해주면서 불안이 어디에서 오는지를 찾고, 다양한 갈등을 어떻게 마주할 것인가를 말로 표현하게 하는 것이다. 이런 프로세스를 통해서 불안이 점차 경감된다. 인지 치료는 모든 일을 불안과 연결 짓는 사고방식을 수정할 것을 목표로 한다. 행동 치료를 할 때는 불안과 함께 나타나는 신체적 변화를 컨트롤하는 훈련을 한다.

사회 공포증, 다른 사람과 마주치기 무섭다

'인간은 왜 인간을 무서워하는가?' 하는 물음은 어쩌면 반대가 되어야 할지도 모른다. 왜냐하면 인간을 제외한 동물들은 다른 동물에게 극심한 공포와 적의를 느끼고 공격성을 드러내면서 자신의 영역을 지키려고 하기 때문이다. 그렇게 생각하면 오히려 '인간은 왜 인간을 무서워하지 않는가?'를 물어야 할 것이다.

이는 그야말로 인간의 '사회화'의 결과라고 부를만한 것인데, 사회화 과정을 이룬 인간은 처음 만나는 사람과도 웃는 얼굴을 보이며 호의적으로 행동하기를 요구받는다. 1대 1 관계뿐 아니라 다수의 사람, 때로는 아주 많은 사람 앞에 서서도 마치 자기 집 거실에 있는 것처럼 편안하게 농담을 섞어가면서 이야기할 것을 요구받을 때도 있다.

본능적으로 느끼게 마련인 긴장과 공포를 극복할 수 있는 이유는 어려서부터 해온 경험과 학습 덕분이다. 우리는 '인간은 두려워해야 하는 존재가 아니다'라는 사실을 긴 시간에 걸쳐서 배워온 것이다.

불행하게도 어린 시절의 경험이 '인간은 무서운 존재'라고 가르쳐 주었다면, 그 사람은 다른 사람을 대하는 일에 강한 불안과 긴장을 느끼게 된다. 예를 들어 어린 시절에 항상 친절했던 아저씨가 격노해서 소리치는 장면을 보고 마음속으로 상당히 놀라는 경험만 해도 사람에 대한 경계심이 높아지게 된다. 양육자의 폭력이나 학대도 사람에 대한 긴장감을 필요 이상으로 높인다. 또한 부모가 안정감이 부족하고 타인에 대해서 부정적이어서 '인간은 방심할 수 없는 무서운 존재'라는 메시지를 계속해서 불어넣으면 아이는 그 영향을 받을 수밖에 없다. 혹은 조금 더 나이가 들었더라도 따돌림을 당한 경험이 있으면 사람에 대한 불안감과 긴장감이 생긴다. 이런 경험은 한 사람이 사회에 적응하는 프로세스를 망치게 된다.

또 사춘기가 시작되었을 때 아이들의 몸에는 변화가 생긴다. 급격한 몸의 변화와 2차 성징이 나타나고, 수치심이 싹트며 겉모습과 주위의 시선에 민감해질 뿐 아니라 원하든 원하지 않든 이성의 관심을 받기 위한 경쟁에 내몰린다. 그전까지 당연하게 받았던 부모님의 애정과는 달리 이성의 관심과 사랑을 얻는 일은 선택을 받아야 가능한 일이다. 이는 매우 엄격한 평가를 받는다는 의미이기도 하다. 사춘기 아이들은 '부끄러움이나 실패에 대한 두려움'과 '자기 어필에 대한 욕구'라는 불안정한 갈등 속에 놓여있다. 아이들은 매일같이 무대 위에 서는 것 같은 불안과 긴장에서 벗어나지 못한다.

사춘기가 시작되기 전 단계에서 타자에 대한 공포를 극복하지 못하면, 사춘기에 마주하게 되는 갈등은 괴롭고 불리한 것이 되기 쉽다. 이 민감한 시기에 실패하거나 사람들 앞에서 창피를 당하는 경험을 하면 그것은 강렬한 굴욕 체험이 되어 마음속 깊이 새겨진다. 다른 사람을 대하는 일, 그리고 이성을 대하는 일이 불안한 일이 되고 마는 것이다.

사회 공포증이 있는 사람은 화난 표정이나 업신여기는 듯한 표정을 봤을 때, 뇌의 편도체라고 불리는 부위가 과잉반응을 한다고 알려져 있다. 편도체는 불쾌한 기억을 축적하고 있는 기관으로 혐오나 공포와 깊은 관련이 있는 부위이다. 사회 공포증에 시달리는 사람은 다른 사람에 대한 공포스러운 기억이 편도체에 새겨져 있다.

유병률은 2~3%로 비율이 꽤 높은 편이다. 대부분은 10대에 시작된다. 특정 공포증의 유병률은 5~10%라고 알려져 있는데, 다소 증상이 가벼운 것까지 포함하면 훨씬 더 비율이 높을 것으로 보인다.

⭐ 창피를 당할까 봐 무서워요

대학교 3학년 청년이 학교에 가지 않는다는 이유로 어머니와 함께 의료 기관을 찾았다. 이야기를 들어보니 발표 수업에서 자기 차례가 돌아왔을 때 상당한 부담감을 느끼고 수업을 빠진 것이 학교를 본격적으로 안 나가게 된 계기인 것 같았다. 청년은 그 후로 발표 수업뿐 아니라 다른 강의에도 나가기가 힘들어졌다. 사람들 앞에서 극도로 긴장하고 손이 떨리거나 몸의 움직임이 어색해질 때도 있었다. 교

양과목은 강의를 듣기만 하면 되기 때문에 어떻게든 출석했다. 하지만 공강 시간에 식당에서 식사하는 것이 힘들어서 아무것도 먹지 않고 지내는 경우도 있었다. 식당이 항상 붐벼서 모르는 학생들과 마주보고 앉아야 할 때가 많았는데 그 상황이 불편하다는 것이다. 고등학교 때부터 사람들 앞에서 식사하면 주위의 시선이 신경 쓰여서 차분히 먹을 수가 없었다고 한다. 레스토랑 같은 장소도 가급적 피해왔다고 했다.

불안과 긴장을 가라앉히는 약을 투여하자 얼마 지나지 않아서 다시 학교에 나가기 시작했다. 식당은 여전히 좋아하지 않았지만, 나중을 위해서 동아리 활동을 권하자 역사를 연구하는 동아리에 얼굴을 비추기 시작했다. 그곳이 안식처가 되었고 친구도 생겨서 비로소 대학생다운 생활을 즐기게 되었다.

이 청년의 경우 자존심이 매우 세고, 창피를 당하는 것에 대한 두려움이 매우 강했다. 창피를 당할 용기를 가지라고 계속해서 말해주고 예의의 틀을 벗어나도록 하기 위해 이런저런 주문을 했다. 아버지는 일류 기업에 다니는 회사원이었고 어머니는 인격이 훌륭한 사람이어서 그는 어려서부터 엄격한 예절교육을 받았는데, 그것이 오히려 그를 억누르고 있었다. 그는 항상 바르게 행동해야 한다는 압박감으로 대인 관계에서의 긴장을 늦추지 못했다.

대인 긴장이나 사회 불안이 강한 사람 중에는 지배적인 부모에게 엄격한 예절 교육을 받으며 자란 경우가 많다. 긴장으로 떨리는 몸의 움직임 하나하나에서 그의 부모의 매우 세밀한 지적의 목소리가 들리는 듯했다. 이런 유형의 청년은 자기 마음 가는 대로 자유롭게 행동해본 경험이 부족한 경우가 많다. 끊임없이 상대의 평가와 시선을 신경 쓰는데, 그것은 엄격한 부모가 주입해온 시선의 자취이기도 하다.

사회 공포와 대인 공포증의 차이

사회 공포(사회 불안 장애)라는 표현이 사용되기 전에는 주로 '대인 공포증'이라는 말이 사용되었다. 대인 공포증은 과거 일본에 상당히 많았다. 대인 공포증에는 사람들 앞에서 극도로 긴장하는 '대인 긴장증'과 얼굴이 빨개질까 봐 불안해하는 '적면 공포', 타인의 시선이나 사진 속 시선을 과도하게 의식해서 눈을 맞추지 못하는 '시선 공포', 자신의 추함이 상대방을 불쾌하게 만들지 않을까 두려워하는 '추모 공포' 등도 포함된다. 즉, 대인 공포는 사회 공포보다 넓은 개념이라고 할 수 있다. 대인 공포증의 특징은 자신이 상대방을 불쾌하게 만들지 않을까를 지나치게 신경 쓴다는 점이다. 사회 공포가 본인의 불안과 공포에 초점을 맞추고 있는 것과 크게 다르다. 예의범절에 엄격하고 체면을 중시하는 가정에서 자란 아이들 중에는 대인 공포증에 시달리는 아이들이 있다.

누구에게나 무서운 것은 있다

공포증이라는 것은 어떤 특정한 물건이나 활동, 상황을 두려워하는 상태를 말한다. 사회 공포나 광장 공포와 구별하기 위해서 '특정 공포증'이라고 부르기도 한다. 뱀이나 나방, 거미, 쥐, 바퀴벌레를 싫어하거나 주사 혹은 피를 무서워하는 사람은 주위에서 쉽게 찾아볼 수 있다. 높은 곳이나 뾰족한 것을 극도로 무서워하는 사람도 있다. 실제로 특정 공포증은 온갖 정신질환 중에서 가장 흔한 것이다. 대부분은 특별한 치료를 받을 필요가 없지만 때로는 특정 공포증이 외출이나 사회생활 전반을 피하는 원인이 되기도 한다.

사회 공포 부분에서도 다뤘듯이 아주 무서운 기억을 남길만한 경험은 뇌의 편도체라는 부위에 저장된다. 또다시 같은 것이나 그것을 연상시키는 것과 맞닥뜨리면 본인의 '이성'과는 상관없이 혐오감과 공포심이 생겨서 회피 반응을 일으키게 된다.

◇ 증상이 유사한 질환 ◇

타인과의 접촉을 피하는 경향이 강한 병으로 사회 공포 외에 회피성 인격 장애, 신체추형 장애, 자기취 망상증과 같은 망상성 장애 신체형, 전반성 불안 장애, 강박성 장애, 적응 장애, 우울증 등에 동반되는 우울 상태, 광범성 발달 장애, 통합실조증 등을 들 수 있다. 자세한 내용은 각 항목을 참조하기를 바란다.

사회 공포나 대인 공포증을 앓고 있는 대부분의 사람들은 자신의 고민을 털어놓지 않으려는 성향이 있기 때문에 주위 사람들은 그저 '부끄러움을 많이 타는 내성적인 성격'이라고 생각하기 쉽다. 등교 거부를 하거나 회사에 나가기 힘들어하는 경우도 있는데 사람들은 그 이유를 알지 못한다. 심하게 수줍어하고 이유 없이 불안해하거나 긴장을 잘 하는 사람이 주변에 있다면, 이런 가능성을 염두에 두고 '사람을 대할 때 긴장하거나 불안하지 않느냐'고 넌지시 물어볼 필요가 있다.

스스로에게 이런 문제가 있다는 사실을 좀처럼 인정하려 들지 않는 경우도 많다. 그렇지만 입 밖으로 내서 이야기를 하는 것만으로도 마음이 편안해지고, 상황에 대처하기 쉬워진다. 경험담을 이야기하는 것도 도움이 된다(등교 거부, 은둔형 외톨이 항목 참조).

사회 공포나 대인 공포를 치료할 때는 정신 치료, 집단 치료, 행동 치료, 약물 치료 등을 상황이나 단계에 맞춰서 적절히 섞어가며 진행하는 것이 가장 효과적이고 현실적이다. 안심할 수 있는 동료들에게 받아들여지는 체험을 하면 상태가 눈에 띄게 좋아진다. 또, 말더듬증을 극복할 때와 마찬가지로 사람들 앞에서 적극적으로 말을 하거나 연기하는 훈련을 함으로써 거북했던 것이 특기로 바뀌는 경우도 종종 있다.

특정 공포증에 대해서는 노출 치료를 중심으로 한 행동 치료가 효과적이다.

강박, 무의미할지라도 멈출 수 없다

'강박성 장애'의 특징은 스스로도 무의미하고 불합리하다는 사실을 알고 있는 행동(강박 행위)이나 생각(강박 개념)을 멈추지 못하는 것이다.

자주 찾아볼 수 있는 강박 행동으로는 손을 몇 번씩이나 씻는 행동이나 열쇠나 가스 밸브를 몇 차례씩 확인하는 것이 있고, 강박 개념으로는 입욕이나 식사를 할 때, 화장실에 갈 때, 그리고 잠을 잘 때 정해진 순서대로 하지 않으면 마음이 놓이지 않는 것을 들 수 있다. 이런 강박 개념에 따른 강박 행동은 점차 순서가 복잡해져서 몇 시간이나 걸리는 의식儀式이 되기도 한다. 그렇기 때문에 일상의 사소한 행동에도 시간이 많이 필요하고, 생활이 완전히 침체되는 경우도 있다.

어떤 젊은이는 욕조에 들어갈 때 몸을 닦는 순서부터 횟수까지 아주 세세히 자신이 정해놓은 대로 하지 않으면 처음부터 다시 시작해야 했다. 어떤 날은 목욕을 하는데 두 시간이나 걸리기도 했다. 한 여성은 외출을 할 때마다 가스 밸브와 문단속을 수십 번씩 하지 않으면 불안했는데, 이 번거로운 확인 작업에 지쳐 결국 집 밖으로 나가지 않게 되었다.

한편, 강박 개념에는 배설물이나 세균 등에 공포를 느끼는 것, 재해나 불행이 틀림없이 일어날 거라는 생각에 사로잡히는 것, 정확함이나 질서에 관한 집착, 숫자에 관한 집착, 도착적인 성에 관한 집착이 흔히 나타난다.

⊙ 완벽에 집착하는 그녀

전문대를 졸업하고 회계 사무실에서 일하고 있는 21세 여성의 사례이다. 성실한 성격인 그녀는 학창시절에 성적도 좋았고 취업할 때까지는 별다른 문제가 없었다. 그러던 어느날 상사에게 사소한 실수로 혼이 났고, 그 뒤로 실수에 대해 상당히 예민해졌다. 그 무렵부터 쓰레기를 버릴 때 왠지 중요한 서류가 섞여 있을 것 같은 생각이 들어서 쓰레기통을 몇 번씩 확인하게 되었다.

그러다가 손을 씻는 횟수가 늘어나고 입욕 시간과 세면 시간이 무척 길어졌다. 두 시간이 지나도록 욕실에서 나오지 않았다. 다른 사람이 자신의 소지품을 만지면 세균에 오염된 것 같아서 계속 신경이 쓰였다. 가족들이 자신의 물건을 만지는 것조차 싫어했고 자기 방에도 들어가지 못하게 했다. 하지만 그녀의 가구 위에는 먼지가 뽀얗게 쌓여 있었고, 쓰레기통에는 쓰레기가 넘쳐흐를 지경이었다.

쓰레기를 버릴 생각만 해도 불안감에 가슴이 뛰었다. 일을 하다가도 왠지 모르게 엄청난 실수를 한 것 같은 생각이 들어서 몇 번씩 확인을 거듭했다. 그러다 결국 회사에 나가지 않게 되었다.

하지만 집에 있어도 자기 실수로 사무실에 막대한 손해를 끼친 것 같다는 생각이 머릿속에서 떠나지 않았다. 그래서 그녀는 결국 완전히 우울한 상태로 의료 기관을 찾았다.

인간은 누구나 마음속에 완벽하고 싶다는 소망을 품고 있다. 특히 자신의 이상을 확립하는 시기인 청년기에는 완벽함에 대한 욕구가 상당히 높아진다. 타협이나 애매함을 좋아하지 않는 것이다. 이를 두고 어느 문학자는 '정확함의 병'이라고 불렀다. 결벽증으로 자기 방식에 대한 집념을 보여주는 것이다.

어떤 일을 계기로 그 완벽함에 대한 욕구가 상처를 받는 체험을 하게 되면 그런 집념이 병적으로 강화된다. 원래 결벽증 성향이 있고 집착이 강한 성격인 경우에는 더욱 강박성 장애를 일으키기 쉽다. 평생 강박성 장애를 앓는 사람의 비율은 2~3%로 빈도가 높은 편이다. 성인의 경우 성별에 따른 차이가 없지만 청소년의 경우에는 남자가 더 많다. 즉, 남성이 빨리 시작되고 여성이 늦게 시작되는 경우가 많다고 할 수 있다.

강박 행위가 언제 시작되었는지 알 수 없는 경우도 있지만, 대부분은 불안감이 올라가는 상황이 배경이 된다. 부모 품에서 자립하는 단계, 예를 들어 진학이나 취직, 결혼 전후에 눈에 띄기 시작하는 경우가 많다.

강박 장애에 동반되기 쉬운 증상 중 하나는 위의 사례에서도 찾아볼 수 있었던 '불결 공포'이다. 손이나 몸, 머리카락을 몇 번씩 씻는 '세정 강박'과 함께 나타나는 경우가 많다. 불결 공포인 사람은 본인은 깨끗하지만 타인은 더럽다고 생각한다. 자신은 아무렇지 않게 더럽히면서 타인이 만지면 참지 못하는 것이다.

그곳에는 객관적으로 청결함을 원하는 것과는 다른 기준이 작용하고 있다. 실제로 불결 공포증에 시달리는 사람이 매우 '불결'한 경우도 있다. 불결함에 대한 두려움의 본질은 '자신이 아닌 것에 대한 거부'인 것이다. 거기에는 자기애라는 장애가 숨어있다.

불결 공포증에 시달린 피아니스트

글렌 굴드Glenn Herbert Gould라는 피아니스트가 있었다. 파격적인 '골드베르크 변주곡' 연주로 청중을 깜짝 놀라게 한 그는 완벽한 연주에 집착한 나머지 나중에는 연주회를 일절 하지 않고 연주 활동을 레코딩만으로 제한했다. 그에게는 청중이 자기 예술의 '불순물'에 불과했던 것이다. 〈양들의 침묵〉의 한니발 렉터 박사도 굴드의 '골드베르크 변주곡'을 좋아했다.

겉모습으로 봤을 때는 우아한 프록코트가 어울리는 렉터 박사보다 굴드가 훨씬 더 이상한 사람처럼 보였을 것이다. 굴드는 8월의 혹서에도 오버코트에 머플러를 칭칭 감고, 장갑까지 끼고 다녔다. 그리고 누군가가 악수를 하려고 다가오기라도 하면 "Don't touch me!"라고 말하며 펄쩍 뛰었다고 한다. 사실 굴드에게는 불결 공포 증상이 있었다.

굴드뿐 아니라 불결 공포에 시달리는 이들 중에는 바깥에서는 절대 장갑을 빼지 않으려는 사람들이 있다. 그들은 몸을 최대한 꽁꽁 싸매려고 한다. 외출하고 돌아오면 입고 나갔던 옷을 모조리 벗어버리고 실내 전용 옷으로 갈아입는 경우도 있다.

굴드는 또 하나의 기행으로도 유명했는데, 그것은 레코딩을 할 때 반드시 호랑이 가죽을 지참해서 의자에 까는 것이었다. 이런 의식적인 강박 행위는 종종 안정제 같은 작용을 한다. 초현실주의 화가 달리 Salvador Dali 도 어디를 가든지 목각 인형을 가지고 다니는 걸로 유명했다. 어느 날 목각 인형이 사라진 일이 있었는데, 달리는 거품을 물고 쓰러질 정도로 격렬한 패닉에 빠졌다고 한다.

죄를 지을 것 같은 불안

강박 개념으로 많은 것 중 하나는 무언가 나쁜 짓을 저지르는 가해자가 될 것 같은 불안이다. 또 다른 하나는 성적이고 파렴치한 일이나 말이 제멋대로 떠오르는 것이다. 두 경우 모두 죄를 저지를 것 같은 두려움, 그리고 죄책감과 연관되어 있을 때가 많다. 다음은 그런 사례 중 하나이다.

⭐ 죄를 증명하려 노력하는 이유

한 젊은 남성은 어느 날부턴가 '자신이 뭔가 중대한 과실을 저지른 게 분명하다'는 생각에 사로잡히게 되었다. 일단 그 생각에 사로잡히면 그는 자신의 과실을 증명하기 위해서 기억을 더듬기 시작했다. '운전하다가 누군가를 친 것이 아닐까?' 하는 생각에 불안해져서 자기 차를 살펴보거나 신문에 뺑소니 사건에 대한 기사가 났는지를 찾기도 했다. 하지만 차에 별다른 이상이 없고, 사고에 관한 기사가 없다고 하더라도 그는 완전히 마음을 놓지 못했다. 중대한 과실을 범했을지도 모른다는 불안을 떨쳐낼 수가 없었기 때문이다.

이런 생각에 사로잡히게 된 것은 운동기구를 판매하는 일을 시작한 다음부터였다. 그는 운동기구에 대한 클레임 전화를 자주 받았는데, 그때마다 상사가 시키는 대로 적당히 둘러대고는 했다. 결국 그일은 그만두었지만, 아직도 자신의 설명이 부족해서 무슨 사고가 나지는 않았을까 하는 불안에 사로잡힌다고 한다.

그런데 그의 속마음을 더욱 깊이 살피던 중에 또 다른 일이 영향을 주고 있었음을 알게 되었다. 그는 어떤 여성과 교제하고 있었는데 그 무렵에 그녀가 임신하고 말았다. 결혼할 결심이 서지 않아서 혹시 그녀가 아이를 낳고 싶다고 하면 어떻게 하나 내심 걱정하며 떨고 있었는데, 여성 쪽에서 먼저 아이를 지우겠다고 말해서 속으로 안심했다고 한다. 그때 그의 마음속에서 '무리하게 권해서 운동기구를 파는 것에 대한 심리적인 저항감'과 '여자 친구가 아이를 낙태하는 일을 속으로 기뻐한 것에 대한 죄책감'이 겹쳤던 것이다.

이 사례처럼 몇 가지 심리적 압박이나 불안을 높이는 요인이 쌓여 병에 이르는 경우도 적지 않다. 그래서 강박성 장애가 있는 사람은 우울증이나 사회 공포에 걸리기 쉬운데, 강박성 장애의 3분의 2가 우울증에 걸리고 4분의 1이 사회 공포에 걸린다고 한다.

강박 행동의 의미

왜 스스로 불합리하다는 사실을 알면서도 하지 않고는 못 베기는 것일까? 강박 행동은 원래 안전의 확보와 깊은 관련이 있다. 동물의 강박 행동은 보통 자신을 지키기 위해서 꼭 필요한 행동이다. 개를 산책시킬 때를 생각해보면 이해하기 쉽다. 영리한 개는 정해진 길을 따라서 자신이 냄새를 묻혀놓은 장소인지 확인하면서 나아간다. 맹수나 새도 같은 방법으로 확인을 반복한다. 확인을 반복하는 일은 안전을 위해서 필수불가결한 일이며 확인을 게을리 하면 생명에 지장이 생길 수도 있다.

어떤 의미에서는 인간만이 너무 태연하게 자신의 안전을 믿고 있는 것인지도 모른다. 그런데 공포감이나 불안을 높이는 어떤 체험으로 인해서 위험을 확인하는 뇌의 부위(대표 영역은 안와전두피질이라 불리는 눈의 움푹 파인 곳 위쪽에 위치)가 과도하게 흥분하게 되면, 지나칠 정도로 계속해서 안전을 확인해야 안심할 수 있다. 강박 행위는 안전을 위협받는 일에 대한 마음의 방위 체계인 것이다.

강박 행위에는 종종 또 하나의 의미가 숨어있다. 그것은 죄책감을 느끼는 어떤 일에 대한 속죄이다. 앞에서 소개한 사례에서도 찾을 수 있는 것처럼 강박 행위나 강박 개념의 근저에는 '죄를 저질렀다고 느끼는 양심의 고통'이 있고, 그것을 '속죄하려고 하는 상징적인 행동'이 나타난다는 사실을 알 수 있다. 스스로는 잊어버린 일에 대한 숨은 죄책감과 떳떳하지 못한 느낌이 그런 불가해한 행동을 낳고 있는 것이다. 다음 에피소드는 이런 인간의 심리 구조를 살펴보기에 좋은 사례이다.

✱ 빌리지도 않은 돈을 갚는 청년

정신분석학자인 기시다 슈岸田秀는 청년 시절에 독특한 버릇이 있었다고 한다. 바로 빌리지도 않은 물건을 돌려주는 것이었다. 빌린 적도 없는 우산을 "이거 감사했어요"라고 말하며 돌려주려고 하거나 빌리지도 않은 5천 엔을 "이거 빌렸었죠?" 하면서 상대방에게 건네려고 했다. 상대방이 의아해하며 아니라고 해도 억지로 떠안겨서라도 돌려주고는 했다.

그는 스스로도 이유를 몰랐지만, 그러지 않을 수가 없었다고 한다. 그러던 어느 날 프로이트의 전집을 읽다가 자신과 상당히 비슷한 사례를 발견하게 되었다. 바로 '쥐 사내'라고 불리는 케이스로, 어느 장교가 빌리지도 않은 돈을 갚아야 한다는 강박 개념에 시달렸다는 것이다. 하지만 '쥐 사내'의 사례에 대한 프로이트의 해석은 자신에게는 그대로 들어맞지 않아서 납득이 가지 않았다. 이 부분에 대한 궁금증을 풀고 싶다는 생각이 젊은 기시다를 정신분석가의 길로 이끌었다. 그리고 긴 자기분석 끝에 그는 자신을 사로잡고 있었던 해석하기 힘든 충동의 정체를 이해하게 된다.

그가 기묘한 강박 행위로 내몰릴 수밖에 없었던 원인은 어머니와의 관계에 있었다. 사실 그는 양자였다. 즉, 의붓아버지와 의붓어머니 품에서 자란 것이다. 비록 피는 이어지지 않았어도 그의 어머니는 '이상적인 어머니'라고 말할 수 있을 만큼 그를 아끼며 정성껏 길러주었다. 어머니는 고생하면서 영화관을 경영하고 있었는데, 기시다가 영화관을 물려받기를 바랐다. 그래서 어려서부터 어머니는 '이 영화관을 유지해오려고 얼마나 고생을 했는지'와 '그렇게 이어온 영화관을 아들이 물려받았으면 하는 마음 하나로 버텨왔다'고 말하고는 했다. 어린 기시다는 그 이야기를 들을 때마다 나중에 크면 반드시 어머니의 은혜에 보답해야 한다고 생각했다.

그런데 중학교 무렵부터 그는 영화관을 이어받을 생각이 없어졌고, 자신의 뜻을 부모님께 솔직하게 말씀드렸다. 그러자 어머니는 더욱더 구구절절한 고생담을 털어놓았는데, 기시다는 이에 한층 더 반발하게 되었다. 하지만 한편으로는 감사한 마음이 큰 어머니의 부탁을 거절한다는 사실 때문에 마음이 편치 않았다. 빌리지도 않은 돈을 갚으려고 하는 강박 개념에 사로잡히기 시작한 것은 이 무렵부터였다. 청년 기시다의 강박 행동의 근저에는 은혜를 갚아야 한다는 생각과 그것을 짓밟는 행동을 하고 있다는 죄책감이 있었던 것이다.

◇ 증상이 유사한 질환 ◇

강박적으로 반복되는 행동을 하는 다른 질환으로 투렛 증후군, 상동운동 장애, 발모벽, 강박성 인격 장애, 광범성 발달 장애, 통합실조증 등이 있다. 강박성 인격 장애의 특징은 정해진 방법에 대한 집착과 결벽증인데, 강박성 장애처럼 일상생활을 분명하게 방해하는 강박 행위나 강박 개념에 시달리지는 않는다. 강박 개념처럼 하나의 고정화된 생각에 사로잡히는 증상을 보이는 것으로는 우울증(과거의 실패를 계속해서 곱씹거나 파산이나 파멸적인 생각에 사로잡히는 경우가 있다) 건강 염려증, 신체추형 장애, 통합실조증 등이 있다.

◇ 대응 방법과 치료 포인트 ◇

강박 행동을 무리하게 멈추려고 하면 패닉이나 다른 증상이 생기는 경우가 있다. 따라서 원칙적으로는 본인의 규칙을 어느 정도 존중해 주어야 한다. 가족이나 다른 사람들의 활동에 지장을 주는 경우에는 대화를 통해서 어느 정도 타협을 꾀하면서 일정한 규칙을 정한다.

치료를 통해서 개선이 되기 시작하면 수준을 조금 높여 규칙을 다시 정해야 한다. 이런 생활 치료는 행동 치료를 보조하는 수단으로서 매우 중요하다.

치료 방법으로는 약물 치료와 행동 치료가 있다. 먼저 약물 치료는 항우울제(아나프라닐)와 SSRI가 효과적이다. 강박 증상을 개선하기 위해서는 일반적으로 비교적 높은 용량을 투여해야 한다. 소량으로 시작해서 서서히 투여량을 늘린다.

행동 치료는 강박 행동을 스스로 제어하는 훈련으로 일단 난이도가 낮은 것부터 시도해보고 서서히 레벨을 높인다. 이 때 환자에게 일어나는 마음의 갈등을 이해해주고 칭찬과 격려를 함으로써 극복을 돕는다. 행동 치료를 본격적으로 하기 위해서는 전문 의료 기관에 입원할 필요가 있다. 외래 치료를 받는 경우에는 가족의 관심과 협력이 무엇보다 중요하다. 억지로 시키거나 혼을 내거나 한숨을 쉬는 등 감정적인 반응을 보여서는 안 된다. 환자를 끈기 있게 지지해줄 수 있느냐가 치료의 성패를 좌우한다.

제10장

우울한 감정에 휩쓸리는 아이들

　최근 우울증과 자살이 사회 문제가 될 정도로 증가하고 있다. 게다가 아이들에게도 우울증과 양극성 장애조울증가 존재한다는 사실이 밝혀졌으며 이는 어린아이의 자살의 원인이 되기 때문에 결코 무시할 수 없는 문제이다. 일반적으로 '우울'이라고 불리는 것은 크게 적응 장애, 우울증, 양극성 장애에 동반되는 우울 상태로 나눌 수 있다.

　적응 장애란 이미 살펴봤듯이 환경 변화에서 오는 스트레스 때문에 일시적으로 불안이나 우울 상태가 발생하는 것을 말한다. 적응 장애보다 무거운 우울 상태가 '우울증'이며 조증과 울증이라는 기분의 파도가 나타나는 것이 '양극성 장애'이다. 우울증과 조울증을 합쳐서 '기분 장애감정 장애'라고 부른다.

　감정이란 쉽게 말하자면 '희노애락喜怒哀樂'이라고 할 수 있다. 인간의 이성을 배에 비유한다면 감정은 배를 띄워놓은 마음의 바다와 같은 것이다. 감정이 크게 요동치면 이성도 흔들린다. 때로는 감정의 파도에 배가 전복되기도 한다. 아무리 이성의 노를 붙잡고 조절하려고 해도 조절이 안 되는 경우도 있다. 우울 장애나 양극성 장애는 본인의 의지나 상황과는 관계없이 크고 작은 파도나 너울에 농락당하는 것이다. 증상이 뚜렷하게 나타나는 경우에는 본인이나 주위 사람들이 눈치를 채기 때문에 치료로 이어질 수 있다. 그러나 증상이 그다지 눈에 띄지 않는 경우에는 '성격'이나 단순한 '침체기', '게으름'이라는 취급을 받으며 그대로 방치되는 경우가 적지 않다. 우울증이라는 사실을 빨리 깨닫고 초기에 적절한 치료를 받아야 인생의 질을 높일 수 있고 불필요한 피해와 손실을 막을 수 있다.

현대인과 예술가들의 고질병

우울증은 원래 상당히 빈도가 높은 질환이다. 전체 인구의 15%에 이르는 사람이 평생에 한 번은 주요우울증에 걸린다고 한다. 여성의 경우에는 여성 인구의 4분의 1에 달하는 사람이 주요우울증을 경험한다. 주요우울증보다 가벼운 우울 상태를 포함하면 그 비율이 더욱 높을 것이다.

우울증에 관한 에피소드가 세상에 알려진 유명인도 상당히 많다. 음악가인 구스타프 말러Gustav Mahler와 《검은 고양이》 등의 서스펜스 소설의 원조 격인 에드거 앨런 포Edgar Allan Poe, 노예해방선언으로 유명한 에이브러햄 링컨도 우울증에 시달렸다. 일본인 중에서도 사상가 니토베 이나조新渡戸 稲造와 메이지유신을 성공시킨 정치인 중 한 사람인 기도 다카요시木戸 孝允는 우울증을 앓았던 것으로 유명하다. 최근에는 배우 다카시마 다다오高嶋政伸와 기상캐스터 출신 기상학자인 구라시마 아쓰시倉嶋厚가 우울증으로 투병했던 사실을 고백하면서 많은 사람들의 공감을 얻었다.

우울증에는 증상이 심한 우울 상태가 몇 개월 동안 지속되는 '주요 우울증'과 비교적 가벼운 우울 상태가 몇 년(아이의 경우에는 최저 1년) 이상에 걸쳐서 만성적으로 지속되는 '기분 부전 장애'가 있다.

주요우울증은 뇌의 활동을 지탱하는 신경 전달 물질이 고갈된 상태로 온갖 생명활동과 인지 기능의 저하가 일어난다. 주요우울증을 앓게 되면 기쁨과 즐거움이라는 감정을 잃고, 기력도 없어질 뿐 아니라 모든 일에 무관심해진다. 식욕이 없어지고 음식을 먹으면 모래를 씹는 것 같은 느낌을 받아서 체중이 격감하고 변비가 생긴다. 한밤중에 잠에서 자주 깨는데, 한 번 깨면 다시 잠을 이루지 못한다. 판단력과 집중력, 주의력, 기억력, 끈기 등의 능력도 잃어서 어떤 일도 손에 잡히지 않는다. 생기 없는 공허한 눈빛을 하고 있고, 표정이 없으며 말수가 적고 목소리가 작은 것이 특징이다. 표정이 없어서 마치 가면을 쓰고 있는 것 같은 인상을 준다. 불안하고 초조해서 가만히 있지 못하는 경우도 많다. 두통이나 몸의 통증을 호소하기 때문에 몸이 아프다고 잘못 판단하는 경우도 적지 않다. 또, 자신은 죄 많은 인간이라거나(죄업 망상) 보잘 것 없고 무가치한 인간이라거나(미소 망상) 파산해서 가난해질 거라는 생각(빈곤 망상)에 빠지기도 한다.

뒤에서 설명하겠지만 아이나 청소년은 지금까지 기술한 전형적인 증상이 나타나지 않는 경우가 많다. 평생 동안 주요우울증에 걸리는 남성의 비율은 15%, 여성은 25%에 달한다. 아동기 때는 상당히 낮았던 비율이 연령과 함께 올라가서 14세 무렵부터 증가 곡선이 가팔라진다. 아동기에는 3% 이하, 청소년기에는 10% 이하라고 알려져 있다. 아동기에는 남녀 차이가 없는데, 청소년기가 되면 여성이 2배 정도 많아지고 성인이 되면 그 차이가 더욱 벌어진다. 한 번 우울증에 걸리면 60%가 재발하고 재발을 반복함에 따라서 더욱 재발하기 쉬워진다. 주요우울증의 3분의 2는 완치 되지만, 3분의 1은 부분적으로 밖에 좋아지지 않고 만성화된다고 알려져 있다. 처음으로 발병할 때는 계기가 될 만한 사건(사별, 이별, 이사, 이직 등)이 선행하는 경우가 많지만, 두 번째 이후에는 특별한 계기도 없이 악화되기 쉽다.

반면 기분 부전 장애는 장기간에 걸친 만성적인 우울 상태를 나타내는 것으로 1년의 절반 이상이 기분이 좋지 않으며, 2개월 이상 기분 좋은 상태가 지속되는 일이 없다. 유병률이 3~5%에 달할 만큼 상당히 빈도가 높은 질병이다. 젊은이의 유병률은 더욱 높다. 공황 장애나 약물 남용, 성격 장애와 함께 나타나는 경우가 많다.

보통 아이의 우울증은 어른의 우울증에 비해 눈치 채기 어렵다. 기운이 없거나 기분이 가라앉았다는 사실을 자각하지 못하고, 화를 자주 내거나 몸이 안 좋다는 식으로 표현하는 경우가 많다. 학교를 쉬거나 밥을 남기고, 혼자 있는 것을 불안해하며 고집이 세지는 것도 흔히 찾아볼 수 있는 우울의 징후다. 또한 아이의 우울은 상태가 변하기 쉬워서 기운이 없어 보이던 아이가 갑자기 평소와 다름없이 놀기도 하기 때문에 정체를 파악하기 어렵다. 이런 경우에는 아이의 예전 모습과 비교해서 생각해야 한다.

청소년의 우울도 아이와 마찬가지로 증상이 확실하지 않은 경우가 있다. 자신의 상태를 자각하지 못하고 언어화해서 파악하지 못하기도 한다. 스스로 문제라고 느끼는 것은 우울과는 전혀 다른 인간관계의 문제이거나 성적 문제일 때도 있다. 이럴 때 근본적인 문제는 우울이며 그것 때문에 모든 일이 잘 풀리지 않고 있다는 사실을 우선적으로 깨닫게 할 필요가 있다.

한편, 심리학 지식의 보급과 함께 자기 기분이나 심리 상태에 대해서 민감하게 반응하고 언어화하려는 청소년도 눈에 띄기 시작했다. 우울이 그 아이의 정체성의 일부가 된 것처럼 공존하고 있는 케이스도 보인다. 이런 아이들은 정도가 지나치면 우울을 방패 삼아 현실을 회피해서 오히려 우울에서 탈출하기 어려워진다.

청소년기 우울의 경우 주요우울증은 드물고, 주류를 이루는 것은 기분 부전 장애다. 우울이 만성적으로 지속되면서 상태가 좋아지기도 하고 나빠지기도 한다. 주요우울증에 빠지면 자살의 위험성을 우선적으로 생각해야 한다. 마찬가지로 기분 부전 장애 역시 경계성 인격 장애 등과 함께 나타나면 사소한 일을 계기로 버림받았다는 느낌을 강하게 받고 비관해서 자살기도에 이르는 일도 적지 않다(경계성 인격 장애 항목 참조).

🗨 모든 에너지가 사라졌어요

전문대를 졸업하고 유치원에서 일하기 시작한지 얼마 안 된 21세 여성이 있었다. 그녀는 여름까지는 순조롭게 일했지만 가을 무렵부터 예전만큼 기력이 없다고 느끼기 시작했다. 전에는 항상 유치원에서 아이들과 만나기를 고대했는데, 이제는 얼굴을 마주하기조차 괴로워졌다. 아이들이 말을 걸어도 뭐라고 대답하면 좋을지 적당한 말이 떠오르지 않았다. 마치 바보가 된 것 같은 기분이었다. 가족과 동료 선생님들에게 웃음이 없어졌다는 말을 들었다. 식욕도 전혀 없었고 음식을 먹어도 돌을 씹는 것 같았다. 한 달 만에 5킬로그램이나 빠졌다. 다른 선생님들께 폐를 끼치기 싫어서 일하러 나가려고 했지만 몸이 꼼짝도 하지 않고 마음만 겉돌고 있었다. 그리고 그녀는 이렇게 말했다. "힘을 내고 싶지만, 힘을 낼 수가 없어요."

2주일 동안 항우울제 주사를 맞자 그녀의 우울 상태는 급속도로 좋아졌고 항우울제를 계속해서 먹게 했다. 한 달 정도 지나자 우울 상태가 눈에 띄게 좋아진 그녀는 뉴칼레도니아로 1주일 동안 여행을 떠났다. 얼굴이 조금 탔지만 활기찬 모습으로 돌아와서는 '최고였다'고 말했다. 유치원은 그만두고 일반 기업에 취직했다. 그 후로 항우울제 복용도 중지했는데 확인 가능한 3년 동안은 재발하지 않았다.

주요우울증은 증상에 따라서 크게 두 가지 유형으로 나눌 수 있다. 하나는 이 사례처럼 의욕과 활력이 저하되고 몸이 움직이지 않게 되는 유형(억제형)이다. 또 하나는 아무것도 손에 잡히지 않지만 강한 초조감 때문에 안절부절 못하거나 가만히 있지 못하는 유형(초조형)이다. 후자는 자살기도의 위험성이 전자보다 높다. 한 사람에게서 전자와 후자가 시기를 달리하여 나타나는 경우도 있다. 청소년기에는 초조형은 드물고 대부분이 억제형이다. 한편 중년기에 보이는 주요우울증은 새벽 2~3시에 눈이 떠지는 조기 각성이 특징인데, 청년의 경우에는 오히려 수면 시간이 길어지는 경향이 있다.

주요우울증은 증상이 강하게 나타나지만, 항우울제가 잘 들어서 나중에 기술할 기분 부전 장애에 비해 깨끗하게 완치되는 경향이 있다. 특히 주요우울증을 앓는 젊은이 중에서도 성격 장애가 없고 심적 외상 체험을 하지 않은 사람은 회복이 잘 된다. 하지만 배경적인 문제를 안고 있으면 다음 사례처럼 회복에 어려움을 겪는다.

자살기도를 해서 입원하게 된 청년 N은 의욕 없는 공허한 눈을 하고 있었다. 그는 의사의 물음에 그저 '괴롭다'는 대답만 할 뿐이었다. 식사량이 얼마 되지 않아서 원래 체중보다 7kg 가량 줄어있었고, 누워서 가만히 있을 때가 많았다. 그런데 어느 날, 간호사들 눈을 피해서 손수건을 묶어 목을 매달려다가 발각되었다. 자신은 살아 있어 봤자 도움이 안 되는 인간이기 때문에 차라리 죽는 편이 낫다고 말했다. 그렇게 해야 가족에게도 폐를 끼치지 않을 수 있다는 것이다.

N은 우울 상태가 개선되면서 차차 어머니가 초등학교 때 돌아가신 일과 그 후 고생한 이야기를 하기 시작했다. 아버지가 얼마 지나지 않아 재혼을 해서 남동생과 여동생이 생겼는데, 의붓어머니가 가사와 육아를 귀찮아해서 N에게 자질구레한 일을 떠맡길 때가 많았다. 그뿐만이 아니었다. 그는 진학을 위해 초등학교 때부터 중학교 3학년 때까지 신문 배달을 하면서 돈을 조금씩 모아놓았는데, 어느 날 그 돈을 의붓어머니가 쓰고 있었다는 사실을 알게 되었다. 결국 그는 진학을 단념할 수밖에 없었고 아버지는 그저 '견뎌 달라'는 말만 할 뿐이었다.

의붓어머니와 같이 살기 싫었던 N은 취식을 제공하는 홋카이도의 목장에 취직했다. 하지만 목장에서의 중노동을 견디다 못해 집으로 돌아왔다. 그때 첫 우울이 나타났다. 집에 돌아오고 나서도 자신이 있을 곳이 없다고 느꼈다. 다시 집을 떠나서 취식을 제공하는 일을 시작했는데, 3개월도 버티지 못하고 몸이 움직이지 않게 되었다. 그러던 어느 날 칼로 목을 그어서 피를 흘리고 쓰러져 있는 그를 아버지가 발견했다.

N은 더 이상 누구의 짐도 되고 싶지 않다고 말했다. 그는 지금까지 자신의 괴로운 마음을 누구에게도 말하지 않았다고 했다. 그 후로 우울 상태는 순조롭게 개선되었지만 퇴원 날짜가 다가와서 집으로 돌아갈 생각을 하면 다시 증상이 악화되었다. 퇴원 후에도 무리하게 일을 하면서 회복과 악화를 반복하고 있다.

이 사례처럼 10대 청년이 주요우울증을 보이는 경우, 사별 체험이나 어린 시절의 애정 박탈 체험 등 무거운 정신적 데미지를 받은 경우가 많다. 유전적 요인이 영향을 주기도 해서 친척 중에 자살한 사람이 있는 사례도 종종 만난다.

주요우울증 환자 중에는 자신의 괴로움에 대해 말하기를 조심스러워하고 절박감을 느끼지 못하는 것처럼 행동하는 사람도 있다. 그런데 이는 사실 괴로움을 말로 표현하지도 못하고, 눈물도 나오지 않는 상태에 빠져 있는 것이다. 이들은 자신을 탓하는 경향이 강해서 모든 나쁜 일을 자기 탓으로 생각하기 쉽다.

주요우울증에 걸린 사람이 자살기도를 할 때는 확실하게 죽을 수 있는 방법으로 자살을 시도한다는 특징이 있다. 수면제를 과다복용하거나 손목을 긋는 경우는 별로 없고, 목을 매거나, 투신하거나, 독

극물을 복용하는 등의 방법을 택하는 경우가 많다. 아무런 예고나 징후 없이 허를 찌르듯이 실행하는 경우도 있다. 우울증에서 막 회복되기 시작했을 때 자살하는 경우가 많다. 주요우울증 환자는 완전히 회복되기까지 항상 자살의 위험이 도사리고 있다고 할 수 있다. 한편 10대부터 20대 사이의 젊은이에게 많은 나타나는 것은 다음과 같은 기분 부전 장애이다.

⭐ 때때로 마음에 억수같은 비가 쏟아져요

고등학교 2학년 소녀인 R은 밝고 활발한 성격으로 늘 재미있는 이야기를 해서 사람들을 웃게 했다. 이야기의 소재거리도 다양해서 그녀의 이야기는 누구나 질리지 않고 들을 수 있었다. 그런데 R은 고등학교 1학년 가을 무렵부터 별다른 이유 없이 말하기가 싫어지고 사람들과 대화하기가 꺼려졌다고 한다. 그럴 때면 기운 없는 자신의 모습을 다른 사람에게 보이기 싫어서 학교를 빠졌다. 하지만 하루 이틀 집에서 쉬고 나면 다시 기분이 좋아졌기 때문에 며칠 연속으로 학교를 빠지는 일은 없었다.

그런데 최근에는 기분이 가라앉는 일이 잦아졌고, 사소한 일로 갑자기 우울해지게 되었다. 기분이 가라앉으면 모든 것이 싫어지고, 이 세상에서 도망치고 싶다는 생각이 들 때도 있었다. 살아 있는 것이 재미없게 느껴졌다. 그런데 사소한 일을 계기로 기분이 좋아지면 다시 평소대로 돌아왔다.

부모님은 R이 초등학교 6학년 때 이혼했고, R은 아빠에게 맡겨졌다. 고등학교 1학년 때 엄마가 재혼했다. 재혼 사실을 엄마에게 처음 들었을 때는 내심 충격을 받았지만, 겉으로는 축하한다면서 축복의 말을 건넸다. 처음으로 기분이 가라앉는 경험을 한 것은 그 일이 있고 얼마 지나지 않아서였다.

R은 자신이 계속해서 자기 기분을 억누르며 주위 사람들에게 맞춰왔다는 사실을 깨달았다. 자기 기분을 속이면서 무리를 해왔던 것이다.

이 사례처럼 기분 부전 장애는 우울 상태가 나타나도 그 정도가 시시각각으로 변한다. 중간 중간 아주 활기찬 모습을 보일 때도 있다. 젊은이에게 나타나는 기분 부전 장애는 부모와의 문제 또는 스스로의 정체성 문제와 얽혀있는 경우가 많고, 경계성이나 회피성 등의 성격 장애와 함께 나타나는 경우도 많다. 이때 우울만을 치료하면 근본적인 문제는 해결되지 않는다.

주요우울증 환자는 타인보다 자신을 책망하는 경향이 강한데, 기분 부전 장애 환자는 책임이나 문제를 회피하려는 경향이 있다. 근본적인 문제와 마주하는 일을 피하는 것이 우울을 오래 끄는 원인인 경우도 흔히 볼 수 있다.

우울증 위험군인 성격들

우울증에 걸리기 쉬운 성격으로는 독일의 정신병리학자 텔렌바흐 Hubertus Tellenbach가 제창한 '멜랑콜리 친화형 기질'이나 시모다 미츠조 下田光造가 주장한 '집착 기질'이 널리 알려져 있다. 동서양의 문화 차이를 넘어서 이 둘 모두 우울증에 걸리는 사람의 성격병전 성격 premorbid character에 대해 '꼼꼼하고 일을 열심히 하며 지나치게 열중하는 성격으로 질서나 규범을 중시하고 책임감이 강한 성향'을 가진다고 기술하고 있다. 오늘날의 성격 유형 분류로는 '강박성 성격 장애'에 해당한다. 다만 이것은 우울증에 걸리기 쉬운 중년의 전형적인 성향일 뿐, 우울증에 걸리기 쉬운 젊은이의 성향과 반드시 일치하지는 않는다. 우울증에 걸리는 젊은이들의 공통적인 성향은 '이상이 높고 완벽주의자지만, 스스로에게 자신이 없고 타인의 평가에 민감'한 것이다. 또, 중년기에 우울증에 걸리는 사람은 그 전까지는 매우 건강하고 다른 사람보다 훨씬 활발했던 사람이 많지만, 젊은 나이에 우울증에 걸리는 사람은 활동성과 적극성이 원래 부족한 사람이었던 경우도 적지 않다.

고위도 지역에 우울증 환자가 많다는 사실은 예전부터 알려져 있었다. 북유럽처럼 백야白夜가 있는 나라는 가을이 되면 우울증에 걸리는 사람이 늘어난다. 북유럽 국가인 스웨덴은 우울증 문제가 심각하다. 일본에서도 가을부터 겨울 사이에 컨디션이 떨어지는 사람이 있다. 최근 연구를 통해 일조시간과 우울증이 관련되어 있다는 사실이 밝혀졌다. 생체 시계인 '서캐디언 리듬 개인리듬 Circadian rhythms'이 계절에 따른 일조시간 변화에 영향을 받기 쉬운 사람은 겨울이 되면 어떤 의미에서 '동면' 상태에 들어간다고 할 수 있다. 이러한 '계절성 우울증'을 앓게 되면 일조 시간이 짧아질수록 기분이 가라앉고 수면 시간이 길어지며 의욕이 없어진다. 움직이지 않는 것치고 식욕은 있어서 체중이 불어난다. 봄부터 여름까지는 건강하게 생활하고, 수면 시간이 짧아도 활발하게 움직이기 때문에 체중이 줄어드는 경향이 있다.

이 유형의 우울증을 앓는 사람은 열대 지방으로 여행을 가거나 백야 시즌에 캐나다나 알레스카로 가면 증상이 호전되기도 한다. 일본에서는 컨디션이 안 좋았었는데 동남아로 발령이 나서 그곳에서 생활하는 동안 건강해지기도 한다. 젊은 사람 중에도 서캐디언 리듬의 변화에 따라서 기분이 달라지는 사람이 있다.

어떤 신체질환을 앓으면 '활기가 없어지고 의욕이 저하되며 체중이 감소'하는 등의 증상이 나타나기 때문에 '우울'과 혼동하기 쉽다. 특히 주의를 요하는 것을 들자면 갑상선이나 부신 등의 내분비 장애, 결핵, HIV 등의 감염병, 악성 종양, 만성 피로 증후군, 자기면역질환 등의 소모성 질환이 있다. 또한 다수의 약물이 우울 상태를 일으킬 가능성이 있으며 진통해열제나 항생물질 등 일반적으로 사용빈도가 높은 약도 원인으로 작용하는 경우가 있다.

한편 우울 상태를 보이는 정신질환으로는 우울증, 양극성 장애 외에도 적응 장애, 불안 장애, 섭식 장애, 신체표현성 장애, 알코올이나 약물의존, 성격 장애, 통합실조증 등이 있다. 또한 정신지체, 광범성 발달 장애, 학습 장애 아동에게도 우울 상태가 나타나기 쉽다.

주요우울증이나 기분 부전 장애 때문에 강한 우울감을 느끼는 경우에는 느긋하고 여유로운 자세를 가지는 것이 중요하다. 주위 사람들도 우울증 환자의 초조하고 다급한 마음을 받아주고 지금은 느긋하게 휴식을 취할 때라고 말해주면서 여유롭게 쉴 수 있도록 배려해야 한다. 주요우울증은 상태가 조금 좋아져도 자기 스스로 가치 없는 존재라는 생각을 하는 경우가 있기 때문에 '슬슬 괜찮겠지' 하면서 자극을 주거나 압박을 가하는 일은 삼가야 한다. 주위 사람들이 브레이크를 거는 역할을 충실하게 이행해야 좋은 결과를 가져올 수 있다. 충분히 회복하면 본인 스스로 자연스럽게 움직이기 시작할 것이다. 그런데 상태가 좋다고 해서 갑자기 무리하면 다시 악화되기 쉽기 때문에 시간을 들여서 서서히 일상으로 복귀해야 한다.

기분 부전 장애는 상태가 좋을 때 지나치게 무리하지 않는 것이 무엇보다 중요하며, 주위에서도 상태가 좋다는 이유로 지나치게 들뜨거나 일에 매달리지 않도록 도와야 한다. 무리를 하면 나중에 반드시 반동이 일어난다. 우울과 잘 어울리면서 평균적인 생활을 하도록 마음에 새겨두어야 한다.

주요우울증 치료는 일반적으로 정신 치료와 약물 치료를 병행한다. 주요우울증의 경우 우선적으로 염두에 두어야 할 것은 '신체 쇠약'과 '자살'이라는 두 가지 위험성이다. 그런데 원래의 생활로 신속하게 복귀하기 위해서 회복 기한을 미리 정해놓는 경우도 있다. 환자의 사회 복귀를 돕기 위해서 임상의는 가장 안전하고 확실하게 회복할 수 있는 방법을 선택해야 한다. 현재 가장 효과적이라고 알려진 방법은 약물 치료와 정신 치료의 통합 치료법이며 중증의 우울 상태일수록 약물 치료가 효과를 나타낸다. 경증인 경우에는 약물 치료와 정신 치료의 효과 차이가 별로 없기 때문에 성신 치료가 중요하다. 따라서 기분 부전 장애는 약물 치료와 함께 정신 치료가 중요한 역할을 한다고 할 수 있다.

정신 치료로는 지지적 정신 치료와 인지 치료 기법이 자주 사용된다. 필요에 따라서 통찰적 정신분석 치료나 가족 치료도 실행한다.

지지적 정신 치료법은 환자의 기분과 괴로움을 받아들여주고 지지해주는 것으로 이는 정신 치료의 기본이라고 할 수 있다. 좋은 치료자는 기법을 운운하기 이전에 환자를 지지해주는 힘을 가지고 있어야 한다.

인지 치료는 부정적이고 융통성 없는 사고방식을 수정함으로써 우울 상태의 고통을 완화함과 동시에 긍정적이고 유연한 사고방식을 다져서 회복한 뒤에 다시 우울 상태에 빠지는 것을 방지하기 위해 실행된다. 현저한 식욕 저하나 체중 감소를 보이거나 자살기도를 할 위험성이 있는 경우에는 원칙적으로 입원 치료를 해야 한다. 급격하게 중도의 우울 상태가 나타나는 경우, 항우울제 투여가 효과적이다.

조증과 울증이 반복된다

닥터 개복치라는 애칭으로 알려진 작가이자 정신과 의사인 기타모리오北杜夫는 조울증이라는 지병 때문에 '감정의 파도'에 농락당한 경험을 한 적이 있다고 한다. 이를 반영이라도 하듯이 그의 작품 가운데는 《닥터 개복치 청춘기》처럼 한없이 밝고 유머가 넘치는 작품이 있는가 하면, 《유령》처럼 마치 다른 사람이 쓴 듯한 어둡고 음울한 공기가 떠도는 작품도 있다. 조울증의 파도가 작품에도 영향을 주었을 것이 분명한데, 조증 상태의 에너지가 창작력의 원천이 되기도 했을 것이다.

괴테처럼 주기적인 조증과 울증의 시기를 반복하며 조증 시기에는 사랑을 하고 순조롭게 작품을 쓰지만, 울증 시기에는 창작이 저조해지고 일상생활 또한 침체되는 일은 다른 예술가나 작가에게서도 자주 찾아볼 수 있다.

조증 상태일 때는 머리 회전이 잘 되고 말도 잘하며 아이디어가 샘

물처럼 끝도 없이 솟아 나와서 그야말로 최상의 컨디션을 보인다. 평소에는 얌전하고 소심했던 사람도 행동력이 생기고 적극적으로 변한다. 이성에게 세심한 배려의 말을 하며 잘 챙기기도 한다. 상대방은 정말 유쾌하고 즐거운 사람이라며 반하게 되고 연인 사이로 발전하는 경우도 있다.

하지만 정도가 지나치면 밤에도 제대로 잠을 이루지 못하고 돌아다니거나 돈을 물 쓰듯 쓰고 허황된 생각에 사로잡혀서 사업을 시작하거나 투기로 큰돈을 잃기도 한다. 기타 모리오도 조증 상태일 때 주식 투자에 손을 댔다가 막대한 손실을 입었다. 유쾌하고 밝은 성격은 얼마 지나지 않아 쉽게 화를 내는 급한 성격으로 변한다. 기분 좋게 웃고 있는 듯하다가도 갑자기 화를 내는 식으로 기분이 시시각각 달라진다. 행동은 점차 상식을 벗어나서 폭주하기 시작하고, 결국에는 뒤죽박죽인 혼란스러운 상태가 되는 경우도 있다. 이것이 조증 상태의 절정이다.

몸은 지쳐있는데 기분만 들뜬 상태가 한동안 지속되다가 점차 활력과 기력에 브레이크가 걸린다. 그러면 기분이 가라앉기 시작하고 자신감이 없어져서 조증 상태일 때 했던 일을 후회하게 된다. 특히 엄청난 낭비를 하거나 거액의 빚을 지거나 이성과 경솔하게 관계를 맺었을 때는 뒤늦게 자신을 탓하고 죽고 싶다는 생각 의사염려 希死念慮을 하다가 실제로 자살을 시도하는 일도 드물지 않다.

양극성 장애는 상태에 따라서 크게 세 가지 유형으로 나눌 수 있다. 각각 양극성 I형, 양극성 II형, 기분 순환성 장애라고 부른다.

'양극성 I형 장애'는 조증 상태와 울증 상태(경도의 우울 상태인 경우도 있다)를 반복하는 감정 기복이 가장 큰 타입이다. 몇 개월에서 몇 년을 주기로 양쪽 상태가 바뀌면서 반복된다. 본격적인 조증 상태가 한 번이라도 나타나면 양극성 I형 장애라는 진단을 내리게 된다. '양극성 II형 장애'는 경증의 조증 상태와 우울 상태(적어도 한 번의 주요우울증)를 반복하는 타입으로 본격적인 조증 상태가 없는 것이 특징이다. '기분 순환성 장애'는 경도의 조증 상태와 경도의 우울 상태를 빈번하게 반복하는 타입으로 본격적인 조증 상태나 주요우울증이 나타나지 않는 것이 특징이다.

⭐ 스타를 꿈꾸는 소녀

고등학교 1학년 소녀 U는 원래 얌전하고 내성적인 성격이었는데, 1주일 전부터 갑자기 쾌활해지고 활동적으로 변했다. 그러더니 배우가 되겠다며 돌연 상경해서 연예기획사를 찾아가서는 무턱대고 자신을 홍보하려고 했다. 기획사에서는 상대를 해주지 않았고 결국 부모님께 끌려 내려갔는데, 이 무렵부터 밤에도 거의 잠을 자지 않고 하루 종일 돌아다니거나 전화로 끊임없이 수다를 떨었다. 2시간 밖에 자지 않고도 컨디션이 최고라며 눈을 반짝였다. 감정 기복이 심해서 기분이 좋은 것 같아 보이다가도 갑자기 화를 내거나 울기도 했다. 어느 날은 오락실에서 만난 남성과 아침까지 놀다온 것에 대해서 꾸지람을 했다는 이유로 어머니와 크게 싸웠다. 그녀는 집을 뛰쳐나가서 곧장 학교로 갔다. 운동장 조회 시간임에도 교실 창가로 가서 운동장을 향해 목소리를 높여 노래 부르고, 자기 결심을 큰 소리로 말해서 전교생의 박수갈채를 받았다. 왠지 자신이 멋있는 사람이 된 기분이었다. 서둘러 쫓아온 부모님과 함께 의료 기관을 찾았다. 진료를 받을 때도 스타가 되어서 사람들을 행복하게 해주고 싶다고 신이 난 듯 말했다. U는 조증 상태라는 진단을 받고 2개월 반 동안 입원하게 되었다.

조증 상태가 진정된 다음, 그녀는 자신이 한 행동에 대한 후회로 기분이 가라앉았다. 그 뒤로는 단 하루도 등교하지 않았고 결국 고등학교를 중퇴했다. 주위의 시선이 신경 쓰인다면서 밖에도 나가지 않았고, 집에서 은둔하는 생활이 반년 정도 이어졌다. 통신 교육을 하는 학교로 옮겨서 고등학교 졸업장을 받은 뒤 전문대에 진학했다. 그 후로도 2~3년에 한 번씩 조증과 울증의 파도가 나타나서 두 번 더 입원하기는 했지만, 처방한 약을 잘 복용하게 된 뒤로는 재발하지 않았다.

양극성 I형 장애의 사례이다. 이 유형의 특징은 조증 상태가 매우 심하게 나타난다는 것인데, 이들은 생각지도 못할 정도로 대범하고 상식을 뛰어넘는 행동을 해서 주위 사람들을 당황시킨다. 처음에는 기분이 아주 좋아서 최상의 컨디션인 것처럼 느끼지만 점차 몸이 지치게 된다. 그러면 기분이 가라앉고 쉽게 화를 내며 갑자기 울기 시작하는 등 감정 변화가 눈에 띄기 시작한다. 더 나아가서 차츰 행동이 정리되지 않으면서 그저 움직이기 위해서 움직이는 상태가 되거나 착란 상태를 보이기도 한다. 우울증 기간에 들어가면 급격하게 자신이 없어지고 지금까지 한 행동을 후회하며 필요 이상으로 절망에 빠지는 경향이 있다.

양극성 I형 장애의 유병률은 약 1%로 통합실조증과 거의 비슷하다. 우울증보다는 빈도가 훨씬 낮다. 또, 우울증과는 달리 성별에 따른 유병률의 차이는 보이지 않는다. I형 장애는 약물 치료의 효과가 가장 큰 유형이다. 본인에게 맞는 기분 안정제를 찾아서 필요한 양을 지속적으로 복용해야 원만한 생활을 할 수 있다.

◇ 증상이 유사한 질환 ◇

조증은 악성종양이나 내분비계 질환, 간질, 편두통 등의 신경질환, SLE Systemic lupus erythematosus 전신홍반루프스와 같은 자기면역질환, 두부외상, 비타민 결핍증 등의 신체질환에 의해서 발생하는 경우도 있다. 또한 통합실조증이 급속도로 진행되는 시기에 활동적이고 말이 많아져서 조증 상태와 구별하기 어려운 경우도 있다. 각성제나 리탈린 같은 정신흥분제, 마약성 물질, 항우울제나 SSRI 등의 향정신성 약물, 부신피질 호르몬 등의 약물에 의해서도 발생할 수 있다.

조증 상태일 때는 카운슬링이 전혀 먹히지 않는다. 이야기를 들어주면 들어 줄수록 엉뚱한 방향으로 튀어서 점점 상태가 악화되는 경우도 있다. 상대를 설득하려고 바른 말을 해봤자 화만 돋우는 꼴이 되기도 한다. 따라서 조증이 의심될 때는 이야기를 너무 열심히 들어주지 않는 편이 낫다. 조금 피곤해 보 이니까 말을 많이 하지 않는 편이 좋겠다고 조언하고, 가능한 수면을 취하도 록 권해야 한다. 이런 상태일 때는 돈 씀씀이가 커지고 트러블이나 이성 관계 에 문제가 생기기 쉬우니 행동을 신중하게 하도록 조언한다. 특히 중요한 결 단을 내리는 것은 피하라고 당부한다.

조증 상태일 때 반드시 나타나는 증상은 새벽 2~3시에 눈이 번쩍 떠지는 '조 기 각성'이다. 이들은 새벽에 깨면 기분이 상쾌하고 마치 숙면을 취한 것처럼 활력이 넘치는 느낌이 들어서 곧장 활동을 시작하려고 한다. 하지만 이때 움 직이면 조증 상태가 더욱 심해진다. 따라서 잠에서 깨더라도 가능한 누워있 어야 한다. 조증 초기라면 그러다가 얕은 잠을 자는 경우도 있다. 한번 깼다가 다시 자면 몸이 나른하기 때문에 그냥 일어나는 사람도 있는데, 조증을 방지 하기 위해서는 몸이 나른할 정도로 자는 것이 무엇보다 중요하다. 조증 상태 일 때 잠들면 증상을 제어해주기 때문이다. 다만 일시적인 상태일 때 충분한 수면으로 개선될 수 있고, 병적인 조증 상태일 때는 그냥 내버려두면 증상이 점점 더 악화된다. 가능한 빠른 단계에 진료를 받는 것이 중요하다.

또, 항우울제를 복용하는 사람은 항우울제가 지나치게 잘 들어서 조증이 일 어나는 경우도 있기 때문에 그런 상태라고 의심이 된다면 예약한 날짜까지 기다리지 말고 가능한 빨리 진료를 받아야 한다. 초기인 경우에는 투약 조절 로 단기간에 진정되는 경우도 있다. 그러나 일단 탄력을 받기 시작하면 약을 먹어도 그 기세를 꺾지 못해서 증세가 점점 심해지는 경우가 많다. 그럴 때는 주저하지 말고 입원해서 치료를 받아야 한다. 그것이 결국 본인의 명예와 안전, 재산, 인격의 존엄성을 지키는 일이 된다. 가족이 받는 영향과 피해도 최소한으로 막을 수 있기 때문에 회복되고 나서의 관계를 생각하면 입원하는 편이 좋다. 환자의 기분을 거스르는 말투는 최대한 피하면서 '몸과 마음을 지키기 위해 무엇을 해야 하는지'에 대해 성의껏 전달해야 한다.

성격으로 오해받기 쉬운 타입

앞에서 기술한 것처럼 양극성 장애에는 몇 가지 유형이 있는데, 그 중에는 병이라는 사실을 깨닫기 어려운 유형도 있다. 그 중 하나가 '양극성 Ⅱ형 장애'라고 불리는 것이다. 양극성 Ⅱ형 장애는 울증과 가벼운 조증 상태가 반복되는 것으로 본격적인 조증 상태가 발견되지 않는 것이 특징이다. 가벼운 조증 상태일 때는 매우 쾌활하고 밝으며 말이 많고 주로 농담만 하거나 가벼운 사람처럼 행동하는 경향을 보인다. 때로는 기분에 따라서 돈을 펑펑 쓰거나 술을 자주 마시러 다니거나 밤놀이가 늘기도 하는데, 이런 태도 때문에 문제가 생기기도 하지만 분명하게 병적이라고 할 정도는 아니어서 '성격'으로 치부하고 넘어가는 경우가 많다. 하지만 울증 상태가 되면 기분이 심하게 가라앉아서 밖에 나가기 싫어지고 아무것도 손에 잡히지 않는다. 가벼운 조증 상태일 때 요란하게 놀았던 일에 대해서 후회하고, 자신이 일으킨 문제를 처리하기 위해 고민하다가 자살을 기도하는 경우도 있다.

양극성 Ⅱ형 장애의 유병률에 대해서는 정확한 통계가 없다. 기분 순환성 장애의 발병률은 1% 이상일 것으로 추정된다. 경계성 인격 장애인 사람의 10~20%가 기분 순환성 장애를 가지고 있다. 짧은 주기로 조증과 울증이 반복되는 양극성 장애를 '래피드 사이클러rapid cycler'라고 부르기도 한다. 이는 모든 유형의 양극성 장애에서 일어날 수 있는데 양극성 Ⅰ형에서는 보기 드물고, 양극성 Ⅱ형이나 기분 순환성 장애에서 자주 나타난다. 양극성 Ⅱ형 장애는 양극성 Ⅰ형이나 주요우울증보다 자살 위험성이 높다.

⭐ 들뜨는 시기마다 사고가 나요

둥근 얼굴에 귀염성 있는 이목구비를 가진 소녀 M은 풀 죽은 모습으로 진료실의 둥근 의자에 앉아 있었다. 자신의 행동을 후회하며 깊이 반성하고 있는 모양이었다. 마음을 편하게 해주기 위해서 말을 걸자 소녀는 조금 긴장해서 작게 오므린 통통한 입술을 미세하게 떨면서 오늘에 이르기까지의 경위를 털어놓기 시작했다.

어느 날 갑자기 그녀는 기모노라는 단어에서 연상된 '교토'에 가고 싶다는 생각을 했다. 일단 집으로 가서 여동생의 신용카드와 아버지의 차를 몰래 가지고 나와 은행에서 돈을 인출했다. 그 돈으로 머리를 하고 기모노를 착용했다(기모노를 입으려면 전문가의 도움을 받아야 하기 때문에 따로 비용이 든다—역자 주). 준비를 끝내고 교토를 향해 달리다가 사람을 치는 사고를 내고 말았다. 사고 다음날은 장례식장에서 밤을 새웠다. 그 다음날 장례 의식이 있을 예정이었는데, 밤을 새우고 돌아오는 길에 아버지 차에서 내리면서 '친구 집에 간다'고 말하고 도망쳤다. 그 길로 신칸센을 타고 도쿄로 올라가서 1주일 정도 전화방에서 남자를 만나서 매춘을 했다. '부모님이 어떻게든 해결해주겠지' 하는 마음과 '도망치고 싶다'는 생각에서였다. 1주일 뒤에 집으로 돌아왔다. 그녀는 무면허로 차를 운전하다가 지나가던 사람을 치어 사망하게 한 대가로, 업무상 과실치사와 도로교통법 위반 혐의로 체포되어 시설로 보내졌다.

시설에서 나온 후 그해 연말 무렵부터 M은 마트의 식품 코너에서 일했다. 설 연휴가 지나고 다시 일을 하러 나가기 시작했을 때 '파도'가 찾아왔다. 문득 밖에 나가 술을 마시고 싶다고 생각한 것이다. 나간 김에 계속 놀다가 4일 뒤에 다시 일을 하러 갔는데, 더 이상 나오지 말라는 말을 들었다.

이후 파견회사에서 일하면서 그동안 쓰고 다닌 돈을 벌려고 했다. 두세 번 파견 일을 하다가 이번에는 지인의 소개로 스낵바에서 일하게 되었다. 다음 날 기모노 가게를 구경하다가 스낵바의 여주인이 기모노를 입고 있었던 것이 떠올랐다. 기모노를 보고 있으니 갑자기 갖고 싶다는 충동이 일었고, 이천만 원 정도 하는 기모노를 덜컥 계약하고 말았다. 마침 남자친구가 결혼 자금으로 쓰기 위해 모은 돈을 M이 가지고 있었던 것이다.

M의 경우 2, 3개월을 주기로 가벼운 조증 상태가 찾아왔다. 게다가 조증이 찾아오는 것은 항상 생리가 시작되기 전이었다. 입원 후에도 M의 기분의 파도는 좀처럼 안정이 되지 않았고, 들뜬 시기와 가라앉는 시기가 반복되었다. 이 사례처럼 '성격'으로 착각하기 쉬운 것이 다음 사례와 같은 기분 순환성 장애이다.

★ 월경 주기에 따라 뒤바뀌는 감정

U는 누가 봐도 귀하게 자란 것 같은 느낌의 19세 여대생이다. 최근 몸이 너무 나른한 나머지 수업을 자주 빠지게 되어서 어머니와 함께 의료 기관을 방문했다. 이야기를 자세히 들어보니 몸 상태가 안 좋은 것은 한 달의 절반 정도이고, 나머지 절반은 오히려 기운이 넘쳐서 강의뿐 아니라 동아리 활동과 학회를 2~3개씩 하면서 활동적으로 생활하는 듯했다. 하지만 나머지 절반은 침대에서 일어나지도 못하고 하루 종일 누워만 있다고 한다. 그 주기는 거의 정확하게 2주씩이고 아무래도 생리 전후를 경계로 나뉘는 것 같다. 생리 전의 2주 동안은 몸을 움직이지도 못할 정도로 피곤한 상태인데, 생리가 시작되면 기분이 180도로 달라져서 서너 시간만 자고도 활발하게 활동할 수 있다는 것이다.

누구나 다소의 감정 기복이 있기 마련이지만 U의 경우는 극단적이었다. 게다가 2주라는 정확한 주기에 맞춰서 정반대라고 할 만한 상태가 되었다. 그녀 스스로도 어느 쪽이 진짜 자신인지 모르겠다고 말했다. 기분안정제를 몇 종류 시험해본 결과, 3개월 뒤부터 감정의 파도가 완전히 멈췄다. 그 후 U는 대학을 졸업하고 복지 관련 일에 종사하게 되었다. 그런데 취직 3년째가 되는 해에 연애를 하기 시작하면서 조증이 재발했다. 이후 약을 다시 복용하자 서서히 상태가 안정되었다.

이 사례처럼 여성은 생리주기에 따라서 기분이 변하는 경우가 많다. 경계성 인격 장애 등으로 착각하는 경우도 있다.

◇ 대응 방법과 치료 포인트 ◇

양극성 II형 장애나 기분 순환성 장애는 가벼운 조증 상태나 감정 기복 때문에 가족이나 친구, 동료와의 관계에서 트러블이 생기거나 오해를 받기 쉽다. 주변 사람들이 병이라는 사실을 모르고 성격이 그렇다고 생각하는 경우가 많기 때문이다. 가벼운 조증 시기에는 특히 금전적인 트러블이나 연애와 관련된 트러블을 일으키기 쉽다. 주위 사람들이 아무리 말해도 그 시기에는 브레이크가 걸리지 않는다. 울증 시기가 찾아오면 그때서야 몹시 후회하고 반성하지만, 가벼운 조증 시기가 찾아오면 또다시 같은 일을 반복하기 쉽다. 이렇게 반복하다보면 가족과 주위 사람들도 지쳐서 점차 손을 놓게 된다.

기분안정제가 잘 듣는 경우 파도가 거의 사라진다. 약을 열심히 복용함으로써 재발을 방지할 수도 있다. 또, 다소의 감정 기복이 남더라도 자기 스스로 어느 정도 자각하거나 주위의 조언에 귀를 기울이고 행동을 컨트롤할 수 있는 경우도 있다.

제11장

감각이 너무 예민해서
아픈 아이들

통합실조증, 분열된 마음의 병

통합실조증은 오랜 세월동안 암흑 속에 숨겨져 있었던 정신의학의 역사를 상징하기라도 하듯이 오해와 미신과 편견의 역사를 짊어지고 있다. 과거에 사람들은 통합실조증 같은 정신병에 걸린 사람을 보고 악마나 악령이 쓰였다고 생각했기 때문에 악령을 쫓으려고 환자에게 더 큰 공포와 고통을 주었다.

근대적인 정신의료는 18세기 말 필립 피넬 Philippe Pinel이 정신병원을 개혁하면서부터 그 막을 열었다. 피넬은 그전까지 환자를 가둬두는 장소에 불과했던 정신병원을 치료를 위한 장소로 만듦과 동시에 환자 입장에 서서 인도적인 환경을 정비하기 위해서 노력했다. 이러한 피넬의 시도는 '환경 자체가 치료의 힘을 가진다'는 신념으로 자리잡으면서 현재까지 이어져오고 있다.

당시에는 정신병에 대한 유효한 치료 방법이 없다고 말해도 과언이 아닐 정도였다. 통합실조증은 '조발성 치매', '긴장병', '파과병破瓜

’ 등으로 불렸다. '파과병'의 '파과'란 사춘기를 의미하는데, 사춘기에 발병하는 경우가 많아서 그런 명칭이 붙은 것이다. 이후 독일의 정신의학자 크레펠린Emil Kraepelin은 '조발성 치매'의 개념을 인생의 초기(주로 청년기)에 발병해서 만성적으로 진행되는 질환이라고 명확하게 정의하고, 조울증이나 편집증Paranoia과 구별했다. 그에 반해서 스위스의 정신의학자인 오이겐 블로일러Eugen Bleuler는 이 질환이 반드시 인생 초기에 발병하는 것이 아니라는 점과 모두가 만성적으로 진행되는 것은 아니고 회복되는 사례도 적지 않다는 점을 들어 '조발성 치매'라는 명칭 대신에 '시조플레니Schizophrenie'라는 이름을 붙였고, 이는 오늘날에도 사용되고 있다. 시조플레니란 'schizo=분열된+phren=마음+ie=병'으로 이루어진 합성어로 직역하면 '분열된 마음의 병'이다. 불행하게도 이 단어는 큰 오해를 낳아서 세상의 편견을 조장하고 결과적으로 환자와 가족들을 괴롭히게 되었다. 거기에 박차를 가한 것이 '정신분열증'이라는 번역어이다. 오늘날에는 일반적으로 '통합실조증'이라는 번역어가 사용된다. 하지만 블로일러가 원래 의도했던 것이 만성적으로 진행되는 '조발성 치매'라는 비관적인 낙인에서 그 병을 해방시키는 것이었다는 점을 생각하면 더욱 불행한 사태가 아닐 수 없다. 이 용어는 통합실조증의 본질을 잘 반영하고 있다고 말하기 어려운 만큼, 전통적인 권위의 폐해를 느끼게 한다.

뭉크의 '절규'에 담긴 정신세계

'절규'라는 제목의 유명한 석판화는 뭉크가 통합실조증을 앓기 시작했을 무렵에 제작한 것이다. 양손으로 귀를 감싸고 외부세계에 뭉개질 듯한 표정으로 절규하는 모습은 통합실조증에 걸린 사람을 압박하며 다가오는, 세계가 뒤바뀔 듯한 불안과 공포를 생생하게 묘사하고 있다. '절규'를 그렸을 당시 뭉크는 통합실조증의 전조 증상을 보이고 있었다. 신경이 곤두서서 쉽게 흥분했으며 사람들의 시선이 자신에게 바짝 다가오는 것처럼 느꼈고, 자기 존재가 발끝부터 녹아버릴 것 같은 공포에 사로잡혀 있었다. '절규는' 뭉크가 통합실조증의 전조 증상에 떨면서 자신의 세계가 무너지는 느낌을 그림으로 옮긴 것이다.

뭉크의 작품이 생생하게 보여주는 것처럼 통합실조증이라는 병의 주요 증상은 '외부세계가 자신을 압도하고 침입해서 붕괴될 것 같은 존재의 위기'를 느끼는 것이다. 맹위를 떨치는 외부세계를 필사적으로 막고, 스스로를 지키려고 하는 아슬아슬한 줄다리기가 통합실조증의 진행 과정을 복잡하게 만든다.

대부분의 경우 통합실조증은 상당히 긴 세월에 걸쳐서 나타난다. 증상이 나타났다 사라졌다 하면서 슬그머니 병이 다가오는 시기가 있는가 하면, 엄청난 기세로 나타나서 급격하게 증상이 악화될 때도 있다. 뭉크가 통합실조증의 대표적인 증상인 박해 망상과 추적 망상,

환청 등을 나타내기 시작한 것은 '절규'를 제작하고도 8년이나 지나서였다. 이는 20대 때 처음으로 이상 증세를 보이고서 10년 이상의 세월이 흐른 뒤였다.

뭉크는 자신이 감시와 미행을 당하고 있으며 누군가 자신의 비밀을 몰래 조사해서 밀고하려고 한다고 생각했다. 모두가 자기 이야기를 하는 것 같았고, 자신에 대한 악담을 하는 소리를 듣거나, 신문 기사에까지 자기 이야기가 나오는 것 같았다. '죽이겠다'고 협박하는 여자 목소리가 들렸고, 창밖에서 무슨 소리만 들려도 자신이 포위당했다고 생각했다. 거기에서 벗어나려고 해도 비웃음 소리가 계속해서 그를 따라왔다. 그는 결국 친구에게 부탁해서 스스로 정신병원을 찾아, 반년 정도 입원생활을 했다. 입원 중에는 주치의의 권유로 그림 제작에 몰두했다. 그때 그린 것이 '알파와 오메가'라는 제목의 석판화 작품들이다. 뭉크는 그 작품을 완성하면서 차차 회복되어갔다. 그는 그 후에도 제작을 계속했다. 오른쪽 눈의 시각 장애와 어머니나 다름없었던 작은어머니의 죽음이라는 시련이 겹쳤을 때, 일시적으로 망상이 도졌지만 그것도 극복해냈다.

통합실조증은 회복에도 오랜 시간이 걸린다. 빨리 연을 끊어버리겠다고 성급하게 굴면 오히려 낫지 않고, 천천히 극복하겠다고 결심을 하면 놀랄 만큼 회복되는 경우도 적지 않다. 완만한 회복에 기다리다 지쳐서 서두르려 하면 모든 것이 물거품으로 돌아갈 수도 있는데, 그 시기를 참고 견디면 새로운 지평이 열리기 시작한다.

고장난 정보 처리 과정

최근에 통합실조증의 증상을 이해하는데 있어서 주목을 받게 된 것은 통합실조증의 인지 장애이다. 인지란 외부 세계에서 정보를 받아들여서 필요한 반응을 출력하기 위한 정보 처리 과정이다. 이때 정보 처리란 달리 말하자면 중요한 정보와 쓸데없는 정보를 구별하고, 자신이 얻은 정보에 의미를 부여하는 과정이라고 할 수 있다. 예를 들어 어떤 이의 웃음소리를 들었을 때 그저 잡음으로 간주할 것인지, 자신에 대한 조소라고 생각할지, 혹은 친근감이나 호의의 표현으로 받아들일지 등에 따라서 반응하는 방법도 180도로 달라지기 때문에 인지 기능은 사회생활을 하는데 있어서 매우 중요하다.

무의미한 정보를 자신에 대한 공격으로 받아들이거나 자신과 관계 없는 정보를 모두 자신과 결부 지으면, 인지된 현실과 진짜 현실이 어긋날 뿐더러 너무 많은 정보에 온 신경을 빼앗기기 때문에 집중해서 무언가를 하는 일 자체가 어려워진다. 그 결과 작업능력이나 사회적인 기능이 저하된다. 대인관계를 피하거나 공적인 장소를 피하는 것도 지나치게 많은 정보가 과부하를 일으키는 것을 경험적으로 피하려고 하기 때문이다. 그들은 정보를 골라내는 기능이 너무 민감해서 모든 정보를 의미 있는 것으로 받아들이는 경향이 있다.

양성 증상이 회복된 뒤에도 인지 장애는 남아있기 때문에 필요한 정보와 불필요한 정보를 선별하거나 몇 가지 정보를 종합하는 것을 어려워하기도 한다. 그래서 작업의 효율이 나빠지거나 순간적으로 종합적인 판단을 내리는 일에 곤란을 겪고 압박감을 느끼기 쉽다. 인지 장애는 통합실조증이 발병하기 전인 전구기前驅期(증상이 분명하게 출현하기 전에 불특정의 증상이 나타나는 기간—역자 주)에 이미 나타나는데, 재발을 반복하다보면 증상이 점차 심해진다. 복용하고 있는 약의 영향도 더해져서 스스로 할 수 있다고 판단한 일이 생각처럼 안 되는 바람에 자신감을 잃기 쉽다. 새롭게 사용되기 시작한 비정형 정신병약을 복용하면 인지 장애에 대한 효과를 어느 정도 기대할 수 있지만, 이때도 끈기 있는 훈련이 필요하다.

우선은 인지 장애에 대한 깊이 있는 이해가 요구된다. 무리한 목표를 설정해서 자신감을 잃거나 증상이 다시 나타나지 않도록 하고, 여유 있는 페이스로 사회에 복귀해야 좋은 결과로 이어질 수 있다.

혼란 속 신경 네트워크

그렇다면 통합실조증 환자의 뇌에서는 과연 무슨 일이 일어나고 있는 걸까? 이 병의 메커니즘에 대해서 그 전모가 밝혀진 것은 아니지만 서서히 수수께끼가 풀리려 하고 있다. 이제 지금까지 밝혀진 연구결과를 바탕으로 통합실조증을 이해하는데 도움이 될 만한 간단한 모델을 제시하려고 한다.

통합실조증의 증상에 관여하는 뇌의 영역은 '전두전야, 측두엽, 전방 대상 피질(ACC), 대뇌변연계(해마·편도체 등), 대뇌기저핵(시상, 미상핵 등)'이다. 각각의 기관은 신경의 네트워크로 연결되고 그 접합부에서는 말단에서 방출된 신경 전달 물질이 수용체에 도달함으로써 신호를 전달한다. 각각의 기관의 역할을 비행기에 비유하자면 전두전야는 제어장치가 가득 들어차 있는 조정석, 대뇌변연계는 구동장치인 엔진, 전방 대상 피질은 양자 사이에서 출력을 조정하는 연료 밸브나 위험을 알려주는 경고 램프, 측두엽은 외부 신호를 해석하는 레이더 시스템, 신경회로와 전달 물질은 전자 기기, 대뇌기저핵은 전자 기기를 보조하는 배터리 혹은 외부 신호를 받는 안테나라고 할 수 있다.

통합실조증과 반대의 상황이 일어나고 있는 파킨슨병의 경우를 생각해 보자. 파킨슨병은 대뇌기저핵에서 나오는 신경 전달 물질인 도파민 분비가 저하되어서 이른바 전자기기 중 하나가 다운된 상태이다. 그 결과 움직임이 멈춰버린다. 반대로 양성 상태가 활발해진 통합실조증은 도파민이 과도하게 분출된다. 따라서 전자 기기가 멋대로 폭주하고 엔진에 과부하가 걸려서 제어할 수 없는 상태가 된다. 이런 폭주가 일어나는 원인으로 추측되는 게 수용체와 네트워크의 이상이다. 신경 네트워크에는 흥분성 회로와 억제성 회로가 반드시 함께 있다. 여기서 제어성 피드백을 하는 수용체나 네크워크에 문제가 있으면 브레이크가 제대로 걸리지 않고 폭주가 일어나기 쉬워진다.

전두전야와 대뇌기저핵을 연결하는 회로를 예로 들어보자. 전두전야에 점점 입력 신호가 늘어나서 모두 처리할 수 없는 상태가 되면, 대뇌기저핵에 신호를 보내서 시상의 필터를 느슨하게 해서(즉, 안테나 감도를 낮춰서) 외부 신호 입력을 제한한다. 그런데 제어성 회로가 제대로 활동하지 않으면 입력신 호가 계속해서 늘어나서 전두전야에 구멍이 나고 만다.

게다가 통합실조증 환자는 전방 대상 피질이나 해마, 측두엽에도 약한 부분이 있는 듯하다. 그렇기 때문에 엔진의 출력이 올라가면 출력을 제어할 수 없을 뿐 아니라 레이더 시스템에도 문제가 발생하기 쉽다. 조정석에 혼란이 일어나고 환영의 그림자를 피하기 위해서 잘못된 명령을 내린다. 그 결과 엔진은 더욱 출력을 올린다. 그렇게 되면 제어 장치나 레이더 시스템에 이상이 나타나고, 폭주를 가속화하는 악순환에 빠진다.

폭주한 뒤에는 시스템 전체가 소모되어서 크나큰 데미지를 입는다. 일부는 시간과 함께 회복되지만 대뇌피질과 해마가 오그라들고, 해마가 오그라든 만큼 뇌실이라고 불리는 구멍이 커진다. 치료가 효과를 발휘하면 이러한 변화를 막을 수 있다. 불가역한 변화를 막기 위해서라도 조기 치료와 재발 방지가 중요하다.

일상생활을 어렵게 하는 혼잣말과 환청, 망상

통합실조증에는 환청과 혼잣말, 망상 같은 중추신경계의 과도한 활동으로 인해서 일어나는 '양성 증상'과 활동성과 의욕, 관심이 저하되고, 자폐적인 경향 같은 중추신경의 활동성과 기능이 저하되어서 일어나는 '음성 증상'이 있다. 통합실조증을 치료할 때는 양성 증상뿐 아니라 음성 증상도 버거운 상대가 될 때가 있다.

통합실조증에 나타나는 양성 증상 중 가장 특징적인 것은 환청이다. 특히 여러 사람이 대화를 주고받는 목소리가 들리는 '대화성 환청', 자신의 이야기나 험담이 들리는 '피해적 환청', 환청이 자신에게 명령이나 지시를 해서 그대로 행동하게 되는 '행위 체험', 자기 생각이 목소리가 되어서 들리는 '사고 화성thought hearing'은 통합실조증을 진단하는데 결정적인 증상이다.

환청은 '목소리', '텔레파시', '이명'으로 표현되는 경우도 있다. '귓가가 시끄럽다'거나 '주위가 소란스럽다', '누군가 내 머리에 기계를 박아 넣었다'는 식으로 말하는 경우도 있다. 환청이 있으면 '혼잣말'이나 '헛웃음(혼자서 히죽거리며 웃는 행위)'을 보이기 쉽다. 환청에 대답을 하거나 호통을 치는 경우도 있다.

통합실조증의 특징이라고 볼 수 있는 또 하나의 증상은 자신과 타자의 경계가 무너지고 자아가 침범당하는 것이다. 이것을 '자아 장애'라고 부른다. 자주 만나게 되는 증상으로는 자기 비밀이 모두에게 밝혀졌다고 느끼는 것인데, 이를 '자아 누설 증상'이라고 부른다. 자기 생각이 주위에 알려졌다고 느끼는 '사고 전파', 타인의 생각이 전달되는 것처럼 느끼는 '사고 삽입', 누군가에게 조종당하고 있는 것처럼 느끼는 '조종 체험(피영향 체험)' 등도 통합실조증의 특징이라고 할 수 있는 증상이다.

그 외에 자주 나타나는 증상으로는 별다른 이유도 없이 심하게 흥분하는 '정신운동 흥분', 무언無言·무반응無反應을 보이는 '혼미'가 있다. 혼미 상태일 때는 눈은 뜨고 있는데 전혀 움직이지 않고 목소리에도 반응하지 않는다. 음식은 물론이고 물까지 거부하기도 한다. 생각이 정리되지 않거나 생각을 말로 표현할 수가 없는 등의 사고 장애도 많고, 생각이 일시적으로 정지하는 '사고 두절', 말의 앞뒤가 전혀 맞지 않는 '논리 파괴', 더 나아가서는 말도 안 되는 말만 모아서 늘어놓는 '단어 샐러드', 자신이 만든 이상한 신조어를 사용하는 '언어 신작言語新作' 등도 있다.

망상으로는 뭔가 큰 일이 일어날 것 같은 기분에 사로잡히는 '망상 기분', 뭐든지 자신과 연결하는 '관계 망상', 사소한 말이나 몸짓, 주변에서 일어나는 일에서 악의를 느끼는 '피해 망상', 자신이 특별한 존재라고 느끼는 '과대 망상' 등이 흔히 나타나는 증상이다.

음성 상태로는 의욕이나 관심 저하, 사람과 만나는 것을 피하는 경향을 보이는 경우가 많다. 게을러지기 쉬워서 깔끔하던 아이가 목욕을 하지 않고 이도 닦지 않으며 정리를 하지 않거나 차림새에 신경을 쓰지 않게 되는 등의 변화가 일어난다. 노력파이던 아이가 예전만큼 책상 앞에 앉지 않게 되고, 책상 앞에 앉아있어도 집중하지 못해서 공부의 효율이 눈에 띄게 떨어지는 경우도 많다. 사람들과 만나는 것을 피하고 외출도 좋아하지 않게 된다.

이런 음성 상태를 단순한 게으름으로 오해하고 가족이 이해심 없는 발언을 하는 바람에 더욱 자신감을 잃고, 소외감을 느끼거나 피해의식이 심해지는 일도 발생하기 쉽다. 환자를 궁지에 몰아넣지 않기 위해서는 음성 상태에 대한 이해가 상당히 중요하다. 뒤에서 설명하겠지만 약물 치료의 진보와 리허빌리테이션의 병용으로 음성 상태가 개선되는 케이스도 늘고 있다.

급성기急性期에는 주로 양성 상태가 활발해지고, 만성기慢性期에는 음성 상태가 눈에 띄는 경우가 많다. 하지만 발병 초기에도 전구기가 긴 케이스나 완전히 증상이 없어지지 않는 경우에는 양성 상태와 음성 상태가 혼재한다. 처음에는 음성 상태가 서서히 시작되고 공부나 대인관계에 대한 적극성이 떨어지게 된다. 성적이 하락세를 보이고,

친구와 어울리기를 피하거나 집에 틀어박혀 있는 일이 늘면서 동안에 점차 불면이나 혼잣말, 실소, 피해 망상이나 비현실적인 언동이 눈에 띈다. 어떤 일을 계기로 흥분 상태가 되는 것 또한 전형적인 증상이라고 할 수 있다.

급성기 뒤에는 한동안 무기력한 상태에 빠진다. 이 상태를 '정신병후 우울 상태'라고 부르며 급성증악急性增惡(급격하게 상태가 악화된다는 뜻—역자 주)에 이어서 1~2개월, 경우에 따라서는 수개월 이상 지속된다. 이후 거의 완전히 회복되는 경우도 있고 음성 증상이나 일부 양성 증상이 남아서 만성기로 이행하는 경우도 있다.

일반 인구 중에서 평생 동안 살면서 통합실조증에 걸리는 비율은 1~1.5%이고, 유병률은 1% 미만이다. 남성은 빠른 시기에 발병하는 경우가 많고 발병의 정점은 15세부터 25세이며, 여성은 25세에서 35세로 남성에 비해 다소 늦게 발병한다. 남성은 음성 증상이 진행되는 경우가 많아서 사회적 기능이 저하되기 쉬운데, 여성은 회복이 빠르고 사회적 기능을 유지하는 경향이 있다. 이는 남성이 평균 발병 연령이 낮은 것과 여성은 가사노동 등에서 자신의 역할을 찾기 쉬운 반면에 남성은 본인과 주변 사람들 모두 노동을 기대하기 때문에 더 강한 압박을 받기 쉽다는 점 등과 관계 있는 것으로 보인다.

3월을 정점으로 겨울부터 초봄 사이에 태어난 사람에게 많이 나타난다. 지역에 따라서도 발병률의 차이가 있다. 대도시에서 유병률이 상승하는 경향이 있고, 인구밀도가 높아지면 발병 위험도 높아진다.

이러한 경향은 100만 명이 넘는 대도시에서 뚜렷하게 나타난다.

통합실조증의 네 가지 유형

통합실조증에는 증상이 다른 세 가지 주요 유형이 있다. 이를 각각 '긴장형', '해체형', '망상형'이라고 부른다. 이 중 어느 유형으로도 명백하게 분류할 수 없는 것을 '미분화형'이라고 하고, 양성 증상은 회복되었지만 음성 증상이 남은 유형을 '잔유형'이라고 한다. 또한 통합실조증과 양극성 장애의 성격을 모두 가지는 유형으로 '실조감정 장애(비정형 정신병)'가 있다.

A. 긴장형

긴장형은 칼바움이 '긴장병Catatonia'이라고 부르던 것에서 유래했다. 급격하게 발병하고 급성 정신운동 흥분이나 혼미 상태를 일으키며, 때로는 양자가 교대하면서 나타나기도 한다. 대부분은 몇 주 만에 완치된다. 한 번으로 끝나고 재발하지 않는 경우도 있지만, 치료를 받지 않고 방치하면 몇 년을 간격으로 나타났다 사라지기를 반복하는 경우가 많다.

어느 대학생 청년의 사례이다. 철인 3종 경기 선수이기도 한 이 청년은 탄탄한 몸을 가진 건강한 청년이었다. 어느 날 우연히 텔레비전에서 전쟁의 비참한 장면을 보고 난 뒤로 잠이 얕아졌다. 사흘 정도 지난 뒤에 돌연 세계가 빛에 둘러싸이는 듯한 환상을 보았고, 직감적으로 지구를 구하기 위해서 자신이 구세주가 되어서 싸워야 한다는 생각이 들었다. 그러기 위해서 그가 할 수 있는 일은 '달리는 일'이었다. 사람들에게 평화의 중요성을 알리기 위해 그는 밤거리를 달렸다. 달리다 보니 더워져서 옷도 벗어던졌다. 알몸으로 달리니 그리스 신화에 나오는 마르스가 된 기분이었다. 사람들이 모여들어서 뭐라고 말했다. 그것이 마치 자신을 응원해주는 목소리처럼 들렸다. 세상 사람들에게 좋은 기운과 힘을 받고 있는 것 같은 느낌이었다.

그는 아침이 밝아올 무렵에 신고를 받고 온 경찰에게 체포당해서 의료 기관에 넘겨졌다. 그대로 긴급 입원을 하게 되었는데 '세상 사람들이 나를 기다린다', '이런 곳에 있을 시간이 없다'고 소리치며 항의했다. 그러다가 언동이 점점 갈피를 잡을 수 없어졌고 격한 흥분 상태가 되었다. 침대를 들어 올려서 벽에 던지면서 날뛰었다. 남성 의료진 몇 명이 달려들어서야 간신히 그를 제압할 수 있었다. 그리고는 조용해져서 잠이 들었는데 이번에는 눈을 떠도 전혀 말이 없고 반응도 없었다. 식사는 물론이고 수분 섭취도 하지 않았다. 눈은 뜨고 있지만 마네킹처럼 굳어진 채로 아무것도 보고 있지 않았다. 그런 상태가 밤낮으로 계속되었다. 그 사이에 항정신병 약인 중추 신경 억제제를 링거로 투약했다. 꼬박 이틀이 지난 뒤에 정신을 차린 그는 온순하고 평범한 대학생으로 돌아와 있었다.

그 후에도 때때로 신경이 날카로워질 때는 있었지만 순조롭게 회복되어서 한 달 남짓한 입원 기간을 거쳐서 퇴원했다.

이 사례처럼 긴장형은 빠른 속도로 상당히 격렬한 상태에 이르는 대신 회복이 잘 되는 것이 특징이다. 통합실조증 중에서 가장 경과가 좋은 타입이라고 할 수 있을 것이다. 병의 시작은 이 사례에서도 보였듯이 세계에 이변이 생길 것 같은 기분에 사로잡히거나 자기 신변에 뭔가 큰 일이 닥쳐올 것 같은 느낌을 받는 것이다. 이는 '망상 기분'이라고 하는 것으로 하늘의 계시가 내려온 것 같은 신비 체험이나 세계가 종말을 맞이할 징후에 떠는 '세계 침략 체험'이 이런 망상 기분에 동반하여 나타나기도 한다.

긴장형은 정신운동 흥분과 혼미 상태가 출현하는 것이 특징으로 어느 순간을 기점으로 양쪽이 바뀌는 경우도 있다.

B. 해체형

해체형은 일찍이 파과병이라고 불리던 타입에 해당한다. 대부분은 사춘기에 발병해서 처음에는 집중력과 의욕·관심 저하가 나타나고 대인관계에 소극적이 되며, 나중에는 혼잣말이나 실소, 비현실적인 언동, 불면, 환청, 망상이 눈에 띄게 된다. 증상은 나아졌다가 악화되기를 반복하면서 만성진행성이 되고, 치료를 하지 않고 방치하면 인격이 황폐해지고 원래의 인품과 능력을 찾아볼 수 없을 정도로 처참한 상태에 이르게 된다. 조기에 발견해서 치료를 시작하는 것이 바람직하지만 가정 내 폭력이나 급격한 증세 악화에 의한 흥분, 자살기도 등을 계기로 의료 기관을 찾기까지 본인이 진료를 거부하기 때문에 방치되는 경우도 많다.

🗨️ 고등학교 이후로 시간이 멈춘 소녀

19세인 R은 프랑스 인형처럼 피부가 하얗고 반듯한 얼굴을 한 아름다운 소녀였다. 19세라는 실제 나이보다 어려 보이고 얼굴이 무척 고왔는데, 한편으로는 왠지 표정이 없고 차가운 인상도 풍겼다. 어렸을 때부터 독서를 좋아하던 그녀는 성실하게 공부했기 때문에 성적도 좋았다. 중학교 때까지는 친구가 많았고 동아리에서 부장을 맡는 등 리더 같은 존재였다. 그런데 고등학교에 들어가서부터 조금씩 성격이 내성적으로 변하더니 교우관계도 좁아지기 시작했다. 입학 당시에는 톱클래스였던 성적도 차츰 떨어지면서 본인이 지망하던 국공립 대학교에 진학하지 못하고 어렵게 사립대학 문과계열 학부에 입학했다.

5월의 황금연휴가 끝날 무렵부터 R은 자취방에 틀어박힌 채 학교에 가지 않게 되었다. 이상한 낌새를 눈치 챈 어머니가 딸의 아파트를 방문해보니 커튼을 굳게 닫은 방에는 편의점에서 사온 도시락 용기가 널려 있었고, 아이는 이불을 뒤집어쓰고 누워 있었다. 어쩐지 부자연스러운 표정을 한 홀쭉한 얼굴의 R은 혼잣말을 하거나 낄낄대며 웃기도 했다. 아무래도 이상하다고 느낀 어머니는 아이를 본가로 데리고 온 뒤에 의료 기관을 찾았다.

R은 환청과 망상에 시달리는 상태였는데 증세를 보아하니 병이 상당히 진행되어 있었다. 고등학교 2학년 무렵부터 '목소리'가 들렸고, 그 목소리의 지시를 받기 시작했다고 한다. 그녀는 전처럼 공부와 독서에 집중할 수 없었고 사람들과 만나는 것도 부담스럽게 느끼게 되었다. 항정신병 약을 투여하자 환청과 혼잣말 증상이 개선되어서 3개월 뒤에 퇴원했다. 1년 뒤에 대학에 복학했다. 그런데 1학기에는 어렵사리 학교에 다녔지만, 2학기 중간부터 다시 결석이 잦아졌다. 약도 제대로 먹지 않는 듯했다. 어느 날 밤, 비를 맞으며 소리를 지르고 있는 것을 경찰이 발견하면서 두 번째 입원을 하게 되었다.

처음 입원했을 때 보다 회복은 빨랐지만 환청이 조금씩 들렸고, 그것이 완전히 사라지지 않았다. 그래서 공부나 독서에 집중하지 못했다. R은 대학을 계속 다닐 자신이 없어진 모양이었다. 부모님과 상의해서 퇴원을 결정했다.

집으로 돌아가서도 방에만 틀어박혀 있는 생활이 이어졌고 외출은 거의 하지 않았다. 자기 생각이 누설되어서 다른 사람들에게 알려지기 때문에 밖에 나가기가 두렵다고 했다. 책을 읽거나 글을 쓰는 일도 있지만 아무것도 하지 않고 누워만 있는 경우도 많았다. 2년 정도 그런 상태가 계속되었는데, 어느 시기부터 갑자기 활기를 되찾더니 전문대에 다니고 싶다는 말을 꺼냈다. 부모는 아이의 변화에 기뻐하면서도 속으로는 내심 불안했지만 결국 아이의 뜻을 받아주기로 하고 거액의 입학금을 냈다. 하지만 반년도 채 안 되었을 때 R의 표정이 다시 변했고, 무섭다면서 학교는커녕 집 밖으로 한 발짝도 나가지 않게 되었다. 며칠 뒤 한밤중에 흥분상태가 되어서 긴급 입원을 하고 말았다.

그 뒤로 옆에서 보기에도 알 수 있을 정도로 혼잣말과 환청이 심해진 채로 만성화되어 갔다. 친구도 전혀 사귀지 않았다. 침대에 누워서 혼잣말을 하고 갑자기 매우 크고 요란한 웃음소리를 내며 웃기도 했다. 원래는 깔끔한 성격이었던 그녀가 몇 주 동안이나 목욕을 하지 않을 때도 있었다. R의 얼굴은 마치 시간이 멈춘 것처럼 10대 미소녀 시절 그대로였다. 하지만 이를 닦지 않아서 입을 열면 누런 이와 충치가 보였고, 아름답던 눈동자는 예전의 반짝임을 잃었다.

해체형의 케이스 중에는 몇 번씩 악화를 반복하는 사이에 증상이 단계적으로 진행되어서 치료를 해도 개선되지 않고 지지부진한 상태가 이어지는 경우가 많다. 개중에는 완전한 인격 변화나 능력 저하가 일어날 만큼 경과가 좋지 않은 경우도 있다. 증상이 완화된 것을 보고 다시 학교나 직장에 열심히 다니기 시작하면 결국 그것이 부담으로 작용해서 증상이 악화되기 쉽다.

최근에는 약물 치료법의 진보로 해체형이라도 비교적 회복이 잘 되고, 원만하게 사회 적응을 하게 되는 케이스가 늘고 있다. 다음에 소개하는 사례도 최근에는 심심치 않게 찾아볼 수 있다.

⭐ 나는 병에 걸린 게 아니에요

고등학교 2학년인 S는 어느 날부터 불면증에 시달리고 초조해하기 시작했다. 사소한 일로 가족들과 충돌하는 일이 잦아져서 결국 가족들 손에 이끌려 의료 기관을 찾았다. S는 키가 크고 말랐으며 혈색이 조금 안 좋아 보였다. 누가 봐도 과보호를 받으며 자란 느낌이었는데, 어머니에게는 말을 막 하면서도 타인에게는 예의 발랐다. 최근에는 소리에 민감해져서 어머니가 기침소리만 내도 정색을 하며 화를 낸다고 한다. 때때로 과거에 있었던 일을 떠올리면서 혼자 웃기도 해서 어쩐지 음산해보일 때도 있고, 본인 말로도 잡념이 늘고 공부가 머리에 들어오지 않는다고 했다. 하지만 명확한 환청이나 망상은 보이지 않았다. 소량의 안정제를 투여하고 상태를 지켜봤더니 잠을 잘 자게 되었고 짜증도 줄었다. 공부는 여전히 하지 않았지만, 가족과 부딪히는 일은 거의 없어진 듯했다.

3학년이 되어서 진학을 목전에 둔 시기가 찾아오자 또다시 가족과의 충돌이 늘었다. 아침에 일어나기 힘들다면서 약을 먹는 것도 거부했다. 어쩔 수 없이 투약을 중지하고 상태를 지켜봤더니 처음에는 활달하고 상태가 좋았는데, 점점 혼잣말을 하거나 의미 없이 깔깔대며 웃기 시작했다. 그러다가 사소한 일에 화를 내고 가족을 위협하는 일도 있었다. 약을 거부하기 때문에 어쩔 수 없이 항정신병 약을 액상으로 처방해서 어머니에게 음식에 섞어서 먹이도록 했다. 그러자 혼잣말과 짜증이 덜해졌다. 1주일 정도 지나고 다시 약을 권하자 이번에는 고분고분 약을 먹기 시작했다.

간신히 고등학교를 졸업하고 경리 관련 전문학교에 진학했다. 전문학교에 다니면서도 수업 내용이 머리에 들어오지 않는다고 고민했다. 그래도 어떻게든 졸업은 했다. 처음으로 취직한 회사는 반년 정도 다니고 그만두었다. 그 뒤로 연예계에 진출하고 싶다는 말을 꺼내더니 아르바이트만 하면서 반년 정도 지냈다. 그 사이에 생활이 불규칙적으로 변하면서 다시 혼잣말이 시작되었고 가족과의 충돌도 심해졌다. 지금까지의 상태와는 달리 얼굴 표정까지 기묘해졌다. 자신에게는 신비한 힘이 있다면서 다른 사람의 마음을 훤히 알 수 있다고 말했다. '신비한 목소리'가 어떻게 하면 좋을지를 가르쳐준다는 것이다. 그것이 병의 증상이라고 말해도 S는 납득하지 않았다. 어쩔 수 없이 입원 치료를 하려고 했는데 "나는 병에 걸린 게 아니에요"라는 말과 함께 격분하면서 격렬하게 저항했다.

며칠 뒤에 S는 예전의 표정으로 돌아왔고 치료에도 협조적이 되었다. 퇴원 후에는 통원 치료를 받고 있는데, 일자리를 여기저기 옮기면서도 1년에 반 정도는 꾸준히 일을 하고 있다. 증상이 악화될 때도 있지만 크게 악화되지는 않았다. 전에는 어머니가 약을 받으러 오는 경우가 많았는데, 최근에는 스스로 통원하는 일이 늘고 있다. 어머니는 아이의 생활에 간섭하지 않으려고 노력하고 있다. S 또한 이전에는 심하게 매도하던 어머니에 대해서 고마워하게 되었다.

예전에는 사회생활에 복귀하기 힘들었던 해체형이지만, 조기에 정신과 진료를 받는 케이스가 늘어난 것과 비정형 정신병 약이라 불리는 새로운 스타일의 약물이 등장함으로써 비참하게 황폐화된 상태에 이르는 케이스는 줄고 양호하게 사회로 복귀하는 케이스가 늘고 있다.

C. 망상형

망상형은 해체형이나 긴장형보다 조금 늦게 발병하는 경우가 많은데, 중년기 이후에 시작되기도 한다. 한편으로는 청년기에 시작되는 케이스도 적지 않다. 피해 망상이나 과대 망상 증상이 중심이 되지만, 환청이나 사고 장애 등의 다른 양성 증상과 음성 증상도 동반된다. 그런 점에서 망상만 보이고 그것 외에는 별다른 증상이 없는 망상성 장애와는 구별된다.

망상형은 해체형보다 경과가 좋은 경향이 있지만 빨리 발병하는 케이스는 점차 인격 붕괴나 증상의 만성화가 일어나서 해체형과 확실하게 구별하기 어려워지는 경우도 있다. 조기에 조치를 취하면 치료의 반응성은 좋지만, 망상을 오래 방치하면 완전한 회복이 어려워진다.

망상형에게 나타나는 망상 내용으로는 남성의 경우 자신이 특별한 힘을 가진 존재라고 생각하는 '과대 망상'이 많은데 반해서 여성은 유명인에게 사랑받는 '연애 망상'이 많다. 그런 망상은 종종 거대한 암흑세계의 조직이 자신을 음해하려 한다고 생각하는 '박해 망상'과 연결되기도 한다. 망상형의 망상은 다른 유형에서 찾아볼 수 있는 것과는 달리 상당히 체계적인 내용이라는 특징이 있다. 예를 들어 자신은 어떤 유명 스타의 연인인데, 사람들이 질투해서 정신병원에 입원시켰다는 등의 주장을 펼치며 이야기를 그럴듯하게 끼워 맞추기도 한다.

옆집에서 시험공부를 방해해요

명문 고등학교에 다니는 3학년생 W는 어렸을 때부터 성적이 우수해서 유명 대학에 합격할 것이 확실시 되고 있었다. 아버지는 대기업에 다니는 회사원이고, 형도 똑똑해서 일류 대학에 진학했다. 본인은 물론이고 주위 사람들도 W가 그들의 뒤를 이으리라 생각하고 있었다.

그런데 W는 3학년 2학기 무렵부터 아침에 잘 일어나지 못했고, 가끔씩 밤에 잠을 제대로 못 이룬다는 말을 했다. 공부도 전처럼 진전이 안 되는지 초조해할 때가 많았다. 어느 날 심각한 얼굴로 어머니에게 이렇게 말했다. "옆집 사람이 나에 관한 험담을 하는 것 같아요. 밤에 공부를 하고 있으면 일부러 소리를 내서 집중을 할 수가 없어요. 자기 자식이 공부를 못하니까 내 수험을 방해하려고 하는 것 같아요. 더 이상 참을 수가 없으니 경찰에 신고할래요." 엄마는 아들의 심각한 모습에 상황이 심상치 않다고 느끼면서도 그럴 리가 없다고 부정했다. 엄마도 옆방이니까 그런 소리가 났다면 들었을 거라면서 말이다.

W는 표정은 그다지 밝지 않았지만 그 뒤로도 학교를 다니고 공부를 계속했다. 아들이 중요한 모의시험을 앞둔 12월의 어느 날 밤, W의 부모는 이상한 소리에 눈을 떴다. 누군가가 소리를 지르고 있었다. 침대를 박차고 나와서 목소리가 들리는 쪽으로 가봤더니, 아들이 창문을 활짝 열고 밖으로 몸을 내밀고는 듣는 사람도 없는데 혼자 소리를 지르고 있는 것이었다. 부모님은 간신히 아들을 달래서 침대에 눕혔고, 다음날 아침 서둘러 의료 기관을 방문했다.

W는 1개월 정도 전부터 환청과 피해 망상에 사로잡히기 시작했는데, 그보다 반년 이상 전부터 귀가 민감해지고 잡념이 늘어서 집중하기 어려웠다. 옆집 사람에게 방해를 받기 때문에 집에서 떨어져 있고 싶다고 요청해서 개방 병동에 입원하게 되었다. 입원을 한 다음에도 W는 공부 거리를 병실에 가져와서 시간이 있을 때마다 책을 들추고는 했는데, 좀처럼 능률이 오르지 않는 모양이었다. 환청이나 망상은 항정신병 약으로 순조롭게 개선되었지만, 시험 직전에 시간을 많이 낭비하는 바람에 결국 그해 시험은 단념해야 했다. W는 오히려 안심하는 눈치였다. 불합격하면 어쩌나 하는 두려움이 컸던 것이다.

통원 치료를 받게 되었지만 다음 해 여름 무렵까지는 '집중이 안 된다. 끈기 있게 공부할 수가 없다. 의욕이 안 생긴다'는 말을 늘어놓으며 공부가 손에 안 잡히는 듯했다. 그때마다 '초조해 하지 말고 느긋하게 하라'는 말만 반복적으로 해주었다. 집중력을 키울 수 있는 방법이 없겠냐고 묻기에 두뇌 회전과 커뮤니케이션 훈련을 겸해서 가족끼리 마작을 하는 것이 어떠냐고 권했더니 아버지의 지도 아래 가족끼리 3인 마작을 하기 시작했다. W는 그것이 아주 재미있다고 했다.

마작의 효과가 있었는지 아니면 어쩌다가 그럴 시기가 온 것인지 W는 여름 직전부터 점점 상태가 좋아지기 시작했고, 표정이 밝아지면서 공부도 조금씩 제 컨디션을 찾아갔다. 가을에는 더욱 능률이 높아졌고 예전의 느낌으로 돌아왔다고 말했다. 그대로 어떻게든 시험 날까지 버텨달라고 빌었는데, 다행히 시험 날까지 큰 악화 없이 병을 이겨냈다. 1지망이었던 국립대에는 아깝게 떨어졌지만 명문 사립대학에 멋지게 합격했다.

그것은 인생에 무수히 많은 관문 중 하나에 불과했다. 대학에 다니기 시작하자 W는 다른 학생들과 잘 어울리지 못하겠다며 고민했다. 강의 중에도 뒷자리에서 자기를 비웃는 목소리가 들린다고 했다. 환청과 피해관계 망상이 재발한 것이다. 하지만 다행히도 W는 복약을 계속하고 있었기 때문에 증상이 둑의 틈새에서 새어나오는 물만큼 미미하게 나타났다. 복약량을 조정하자 증상이 점차 사라졌다.

W는 대인관계를 피하려고 했다. 기왕 대학생활을 하고 있으니 더 즐기라고 말해도 강의가 끝나면 곧바로 집에 돌아왔다. 그러던 어느 날, 마작 동호회가 있는 걸 발견하고는 일주일에 두세 번은 동호회에 들르게 되었다. 3인 마작밖에 몰랐던 그는 소질이 있었던 것인지 마

직 실력이 부쩍 늘었다. 함께 마작을 하는 동료들에게 이런저런 도움이 될 만한 정보도 얻고 동호회에서 주최하는 여행도 따라다니면서 대학생활을 만끽했다.

이대로 무난하게 졸업할 수 있을 것 같아 보였지만 또 다른 난제가 기다리고 있었다. W가 세미나 수업을 같이 듣는 여학생을 좋아하게 된 것이다. 그런데 그의 애정표현 방법은 조금 특이했다. 여학생이 그에게 끼를 부려서 곤란하다는 것이다. 그녀는 교수님도 눈치를 챌 정도로 자신을 노골적으로 쳐다보는가 하면 당황스러울 정도로 몸을 빠짝 밀착시킨다고 했다. 그렇게 대담한 성격인 줄 몰랐다면서 어이없는 표정을 지으면서도 반쯤은 감탄한 듯이 말했다. 아무래도 그녀는 자기와 결혼까지 생각하는 것 같다고 했다. 연애 망상은 종종 사랑을 하고 있는 사람과 사랑을 받고 있는 사람이 뒤바뀌는데, 그 역시 천동설과 지동설처럼 완전히 다르게 자기 기분을 상대방의 기분으로 둔갑시켰다.

이런 연애 망상은 불이 붙은 곳에 부채질을 하는 것처럼 증상을 한순간에 악화시키기 때문에 의사로서 긴장하고 있었다. 다음번에 방문했을 때는 상대방이 포기해줄 것 같다면서 자신도 안심한 듯이 가슴을 쓸어내렸다.

이처럼 학교생활에서도 고민이 끊이지 않았지만 취직을 하게 되면 떠안게 되는 스트레스가 몇 배나 커지기 마련이다. 우여곡절이 있는 것은 당연하다. W는 몇 번인가 직장을 옮기기는 했지만 다행히도 학교를 다닐 때 따둔 자격증을 활용해서 일을 계속하고 있다. 형처럼 일류 기업도 아니고 급여가 높은 일도 아니지만, 그는 나름대로 자신의 인생을 걸어가기 시작했다. W는 자주 "저한테는 제 페이스가 있으니까요"라는 말을 했는데, 그 말에서 긴 투병생활을 하면서 도달한 경지와 그의 내공이 느껴졌다.

D. 실조감정 장애

실조감정 장애는 미츠다 히사토시가 비정형 정신병으로 제창한 개념에 해당한다. 통합실조증과 양극성 장애(조울증)의 성질을 함께 가지고 있고, 뇌파에 이상이 있는 경우가 많으며, 의식 장애를 동반하는 혼란 상태(착란 증상)를 보이기 쉽다. 여성에게 많으며 회복이 빠르지만 몇 번이나 재발을 반복하는 경향이 있다. 유전적 요인이 관여하는 비율이 비교적 높다고 알려져 있다.

재발이 무서운 병

약물 치료의 진보로 통합실조증은 이제 회복할 수 있는 병이 되었다. 특히 초발初發(병이 처음으로 나타나는 것)의 경우에는 치료 없이 오랫동안 방치하거나 다른 문제와 복합적으로 나타나는 경우가 아닌 이상 대부분 양호하게 개선된다. 하지만 그렇다고 안심해서는 안 된다. 이 병의 무서움은 재발에 있기 때문이다.

악화되었던 상태에서 회복되었다고 안심하면서 서서히 약을 끊어버리고 무리하기 시작할 때쯤 증상이 급격하게 다시 시작된다. 두 번째로 증상이 나타났을 때는 처음보다 회복되는데 시간이 걸리고 처음처럼 완전하게 회복되지 못하는 경우도 많다. 처음에는 완전히 원래대로 돌아왔는데, 두 번째로 회복했을 때는 약간의 환청이 남거나 기묘한 생각이 머릿속을 떠나지 않기도 한다. 또 예전만큼 집중력이나 끈기, 어떤 일에 대한 흥미를 갖지 못하게 되기도 한다. 재발을 2~3번 반복하는 사이에 점차 원래의 능력과 기능이 저하되는 일이 많다. 단계적으로 저하되는 경우가 있는가 하면 몇 번씩 반복하다가 갑자기 기능이 저하되는 경우도 있다.

재발하면 서서히 레벨 다운이 진행되는 것이 통합실조증의 특징이다. 이와 같은 경향은 해체형이 가장 강하고, 긴장형은 회복이 좋다. 실조감정 장애도 양호한 회복을 보인다. 참고로 양극성 장애는 재발을 반복해도 기능 저하는 거의 없거나 미미한 정도에 그치는데, 이 점이 양자를 구분하는 포인트가 되기도 한다. 그런 의미에서 긴장형, 실조감정 장애는 양극성 장애와 가까운 관계에 있다고 할 수 있다.

증상이 호전될 때 주의하기

약물 치료의 발전으로 통합실조증은 더 이상 회복 불가능한 무서운 병이 아니게 되었다. 하지만 모든 병이 그렇듯 '방심은 금물'이다. 이 병을 정말로 극복할 수 있느냐 없느냐 하는 운명의 갈림길은 상태가 좋을 때 어떤 마음을 가지느냐에 달려있다. 상태가 좋을 때는 누구나 방심을 하게 마련이다. 본인뿐 아니라 주변에서도 다 나은 것 같은 착각을 하기 쉽다. 하지만 두 번 이상 재발한 경우에는 약 복용을 게을리 하면 반드시 재발한다. 그리고 재발할 때마다 기능 저하가 진행된다.

통합실조증은 고혈압이나 당뇨병과 다를 바 없는 만성질환인 것이다. 고혈압이든 당뇨병이든 관리를 소홀히 하면 점점 기능 저하가 진행되어서 몸뿐 아니라 뇌와 신경까지 건드리게 된다. 그렇게 되지 않으려면 약과 절제가 필요한데, 통합실조증도 이와 마찬가지다. 약을 잘 복용하고 무리하지 않으면 건강하게 살 수 있다. 한때 통합실조증을 앓았던 사람 중에는 대학을 졸업하고 취직도 하고, 결혼을 해서 여행도 다니고 아이를 기르고 있는 사람도 많다. 하지만 방심하면 금세 악화될 수 있다. 상태가 좋을 때일수록 정신을 바짝 차려야 한다는 사실을 잊지 말기를 바란다.

통합실조증인 사람은 매우 민감해서 일반인들은 위협이라고 느끼지 않는 사소한 접근이나 접촉도 자신을 위협하는 것으로 받아들이기 쉽다. 이들은 자신과 상관없는 말소리나 잡음도 자신을 비웃고 비난하는 것으로 느끼는 경향이 있다. 친근한 태도로 다가오는 사람에게 자기 존재를 집어삼킬 것 같은 공포와 압박감을 느낀다.

우선은 안전하다는 느낌을 위협하지 않도록 배려하는 것이 중요하다. 활기가 넘치는 사람이나 적극적인 성격인 사람, 목소리가 큰 사람, 에너지가 넘치는 사람, 억지로 리드하는 사람, 계속해서 놀랍다는 반응을 하는 사람은 특히 주의해야 한다. 아무리 호의를 가지고 대해도 이런 스타일의 사람은 환자가 불편하게 느끼기 때문이다. 실제로 통합실조증 치료의 대가라고 불리는 의사는 대개 몸집이 작고, 허약해 보이며 말주변이 없는 사람이 많다. 환자들이 그런 의사여야 안심하기 때문이다. 그러니 통합실조증 환자는 정교한 유리 세공품을 다루는 기분으로 조심스럽게 다뤄야 한다. 목소리는 가능한 작게 하고 중간 중간 끊어가면서 천천히 말하는 것이 좋다. 그들은 귀가 매우 예민해서 들리지 않을 것 같은 작은 목소리도 잘 듣는다. 반대로 큰 목소리로 명랑하고 쾌활하게 말하면 위축되어서 금방 지치고 만다.

두 번째 포인트는 재촉하지 않는 것이다. 통합실조증 환자는 회복 프로세스가 상당히 느리다. 양성 증상이 사라진 다음에도 다양한 기능과 활력이 저하된 상태에서 본래 수준으로 회복하려면 겉으로 보는 것 이상으로 긴 시간이 필요하다. 설령 3개월 만에 퇴원했다고 하더라도, 회복되려면 그 배인 6개월은 걸린다고 생각하는 것이 좋다. 치료를 늦게 시작했거나 재발을 반복하고 있는 경우에는 더 긴 시간이 요구된다. 하지만 분명한 것은, 천천히 회복하는 편이 회복이 더 잘 되고 이후에도 쉽게 무너지지 않는다는 사실이다. 서두른 나머지 표면적으로 회복되었다고 해서 금방 등교나 취직 등 다음 단계로 넘어가려고 하면, 결국 재발해서 점점 회복이 나빠지는 악순환에 빠지기 쉽다. 환각과 망상이 나타나는 상태에서 자살기도를 해서 입원하게 된 어느 청년의 경우 1년째는 거의 말을 하지 않는 상태가 이어졌고, 2년째에 들어서서야 겨우 대화가 가능하게 되었으며 점차 좋아하는 그림을 그리기 시작했다. 3년째에 드디어 퇴원했는데 그 후에 데이케어(낮 동안 보살핌)를 거쳐서 취직을 할 정도로 회복되었다. 그 후로는 한 번도 재입원하는 일 없을 정도로 경과가 좋았다. 이처럼 서두르지 않는 것이 가장 좋은 상태로 회복하는 비법이라고 할 수 있다.

우리는 어떤 사람을 도와주려고 마음먹었을 때 현재 상태를 무조건 부정적으로 생각하고 그런 '심각한 상태를 빨리 좋아지게 해야 한다'거나 '더 개선해야 한다', 혹은 '향상시켜야 한다'고 생각하기 쉬운데, 그런 생각은 일시적인 개선은 가져올 수 있어도 그 후에 심각한 악화나 붕괴를 불러오기 쉽다. 향상심이나 상승 지향이 강한 사람은 특히 주의해야 한다. 환자가 스스로 변하고 싶다는 생각을 가지고 조금씩 움직이기 시작하도록 기다리는 편이 좋다. 환자가 스스로 움직일 때도 과부하가 걸리지 않도록 서서히 진행하는 것이 중요하다. 기대가 지나치게 크면 환자를 궁지에 몰아넣을 수도 있다. 본인의 페이스를 존중하고 설 자리를 위협하지 않는 것도 재발이나 자살기도를 막는데 중요하다.

◇ 약물 치료가 90% ◇

통합실조증 치료는 약물 치료가 90%를 담당한다. '약물 치료'라고 하면 무조건 부정적으로 받아들이는 풍조가 있지만, 통합실조증이나 양극성 장애의 경우에는 환자를 구할 길이 약물 치료 밖에 없다는 사실을 명심해야 한다. 약의 필요성을 제대로 이해하지 못한 가족이 환자에게 "맨날 약만 먹느냐"라고 하거나 "약은 이제 그만 먹어라"라는 말을 던지는 경우가 있다. 그런데 이는 매우 가혹한 말이다. 환자 또한 약을 먹는 것에 대해서 갈등하면서 치료를 받고 있다. 누구보다도 약을 끊고 싶은 것은 환자 본인이다. 스스로 괴로운 경험을 하고 몇 번이나 실패를 거듭한 끝에 겨우 약의 필요성을 깨닫기 시작한 환자에게 이런 말이 얼마나 큰 상처를 주는지를 알아야 한다. 더불어 약이 환자를 지켜주고 있다는 사실을 인정해야 한다. 약은 상처받기 쉬운 신경을 지켜주는 보호구이다. 보호구는 성가신 면도 있는 것이 사실이지만, 그런 단점을 확실히 뛰어넘을 만한 장점이 있다.

직접적으로 병을 고치지는 못하지만 정신 치료도 중요하다. 다양한 고민거리나 불안에 부딪혔을 때 기댈 수 있고 병의 성질이나 치료의 필요성을 가르쳐 주어야 한다. 환자가 위험에 처했을 때 개입해서 파탄을 막기 위해서는 환자와 신뢰관계에 있는 사람이 매개자 역할을 해야 하기 때문이다. 그렇게 이끌어 주면 환자도 점차 병에 대해서 이해하게 되고 약도 스스로 복용하게 된다. 또한 공부나 일도 적정선에서 조절하면서 하게 된다.

최근에는 저하된 인지 기능이나 사회적 기능을 개선하고 사회 복귀를 원활하게 할 수 있게 돕기 위한 다양한 재활의학이 실시되고 있다. 대표적인 것으로는 생활기능 훈련, 작업 치료, 데이케어가 있다. 이런 프로그램은 약으로는 회복되지 않는 기능적인 회복을 꾀하는데 매우 중요하기 때문에 치료의 또 하나의 기둥이라고 할 수 있다.

제12장

은둔형 외톨이와 가정 내 폭력

등교를 거부하는 아이

아이가 학교에 가지 않게 되면 아이 자신은 물론이고 주위사람들까지 충격을 받기 마련이다. 특히 지금까지 순조롭게 지내던 아이일수록 학교에 안 간다는 사실 때문에 본인과 주위 사람들이 받게 되는 충격과 당혹감, 슬픔과 초조함은 이루 헤아릴 수 없을 정도로 크다. 부모는 '어째서 학교에 가지 못하는가' 하는 의문 때문에 그 사실에 대해서만 추궁하고, 어떻게든 학교에 보내려는 생각에 아이의 일거수일투족에 안절부절 못하며, 학교를 갔느냐 못 갔느냐에 일희일비하게 된다. 부모는 어쨌거나 아이가 학교에 가면 한시름 놓고 며칠씩 학교를 빠지면 그대로 아주 안 가게 될까 봐 초조함을 느낀다. 때로는 자신의 불안과 초조함을 아이에게 터뜨릴 때도 있다. 하지만 잊어서는 안 될 점은 누구보다도 아이 자신이 학교에 갈 수 없다는 것에 당혹스러워 하고 있으며, 상처를 받고 있다는 사실이다.

최근에는 등교 거부 문제와 은둔형 외톨이 문제가 널리 알려져서 대중들도 이 문제에 대해서 이해하는 부분이 많아진 반면에 등교 거부에 상당히 민감하게 반응하는 경향이 있다. 아이가 조금이라도 학교를 쉬면 '등교 거부가 시작된 게 아니냐'며 안달복달하는 부모도 적지 않다.

등교 거부가 시작되었을 때 우선 중요한 것은 과잉 반응을 하지 않는 일이다. 틱 장애나 말더듬증과 마찬가지로 과도하게 문제로 삼고 의식하게 만들면, 종종 역효과를 가져와서 자연스러운 회복 기회를 빼앗는다. 중학교까지의 등교 거부 사례를 살펴보면 학교를 자주 빠지게 되었다가도 다시 등교를 시작하는 경우가 드물지 않다. 초기 단계에서 주위 사람들이 지나치게 소란을 떨면 아이가 부담감을 느껴서 학교 가기가 더욱 어려워진다.

똑같이 학교를 빠진다고 해도 각자 다양한 사정이 있다. 몸 상태가 안 좋거나 피로가 쌓여서 기력이 떨어진 경우도 있고, 학교에서 안 좋은 일이 있을 수도 있다. 가정에서의 문제가 아이를 불안하게 만들어서 의욕 저하를 불러온 경우도 있다. 하지만 대부분은 하루 혹은 며칠 동안 쉬면 다시 활력이 돌아와서 학교에 갈 수 있게 된다. 따라서 처음부터 과도한 반응을 보이지 말고 여유 있게 대처하는 것이 중요하다.

물론 더 심각한 문제를 안고 있거나 한계에 다다를 때까지 열심을 내던 아이라면 그대로 학교에 가지 않게 되는 경우가 있다. 또, 쉬다가 가다가를 반복하는 사이에 점점 쉴 버릇이 들어서 학교를 그만두는 경우도 있다.

초기 단계에서는 아이가 학교를 빠지더라도 혼내지 말고 이야기를 들어주는 것이 중요하다. 무엇 때문에 곤란한지를 입 밖으로 내서 말하는 것만으로도 기분 전환이 되는 경우가 많다. 복잡한 문제를 안고 있을 때는 물어봐도 금방 대답하지 못하거나 말로 제대로 설명하지 못하는 경우가 있는데, 그럴 때도 재촉하지 말고 아이가 말할 수 있는 범위 내에서 말하게 하고 받아들여 준다. 동시에 등교 거부 자체가 아니라 그 배경에 있는 문제에 눈길을 주는 것이 중요하다. 나이가 어린 아이일수록 학교만이 아니라 부모나 가정의 문제가 배경에 얽혀있는 경우가 많다. 아이의 안정감을 위협하고 불필요한 압박이나 불안을 주고 있는 상황이 등교 거부의 원인이 되었을 가능성이 높다.

아이의 상황을 대략적으로 파악하고 나면 아이의 사정이나 현재 상태에 따라서 일단 쉬게 해야 할지 다소 무리를 해서라도 학교에 가게 해야 할지를 판단한다. 피로가 충분히 풀렸을 법도 한데 움직이려고 하지 않거나 눈앞의 괴로움에서 도망치고 싶다는 생각에만 사로잡혀 있을 때는 '도망치면 더욱 괴로워질 뿐이다. 용기를 내서 극복할 수밖에 없다'는 사실을 알려주고 아이를 설득해야 한다. 그렇게 대응하면 당장 문제가 해결되지는 않는다고 하더라도 곧 변화로 이어진다. 부모가 직접 말하기보다 중립적인 입장에 있는 제삼자의 조언이 효과적인 경우가 많다.

세균학 연구 분야에서 많은 업적을 남긴 노구치 히데요野口英世도 학창 시절에 등교 거부를 한 적이 있었다. 원인이 된 것은 화상으로 변형된 왼손이었다. 그는 세 살 때 이로리いろり(마룻바닥을 사각형으로 도려내어 난방 혹은 취사용으로 불을 피우는 장치—역자 주)에 화상을 입은 상처가 엉겨 붙어서 손 전체가 하나의 살덩어리처럼 변했다. 당시 세이사쿠('히데요'는 개명한 이름이다—역자 주)라고 불리던 그는 주위 사람들에게 '조막손'이라고 놀림을 받았고 따돌림까지 당했다. 그래서 세이사쿠는 말이 없고 내성적인 성격으로 자랐다. 학교에 가지 않게 된 것은 초등학교 3학년 때의 일이었다. 세이사쿠는 학교에 가는 척 하고 미꾸라지를 잡으며 시간을 보냈다. 하지만 어린 마음에도 학교를 빠지는 일에 죄책감이 있었는지 집안일을 평소보다 더 열심히 도왔다. 어머니는 세이사쿠를 학교에 보내기 위해서 남자들이 하는 중노동을 하면서 아침부터 밤까지 일을 하고 있었다. 그렇게 바빴음에도 불구하고 그녀는 아들의 사소한 변화를 놓치지 않았다. 평소와는 조금 다른 아들의 모습에 신경이 쓰여서 아들이 학교에서 어떻게 지내냐고 물었다가 세이사쿠가 학교를 빠지고 있다는 사실을 알게 되었다. 그 말을 들었을 때 아들을 위해서 몸이 부서지도록 일하던 어머니의 마음이 어땠을까?

이때 어머니가 취한 행동은 실로 현명했다. 그야말로 위기를 기회로 바꿨다고 할 수 있다. 그 장면을 기타 아쓰시의 《전기 노구치 히데요》에서 인용해 보려고 한다. 어머니는 아들을 불러 앉혀 놓고 이야기를 시작했다.

우선 집안일을 하는 것과 미꾸라지를 잡아주는 것 등 엄마를 도우려고 하는 훌륭한 마음을 칭찬했다. 하지만 '엄마는 오히려 그게 괴롭다'며 자신은 아이들이 공부하는 모습을 보기 위해서 일한다고 말했다. 또, 세이사쿠가 학교 친구들에게 따돌림을 받는 것은 엄마가 부주의했던 탓이라며 정말 미안하다고 눈물을 흘렸다. 그러고는 "하지만 세이사쿠, 지지 않으려면 학문으로 몸을 일으킬 수밖에 없다. 집안일은 걱정하지 말고 공부에 전념해다오"라고 말했다.

그녀는 밤낮없이 아들이 잘 되기만을 빌어 왔다고 털어놓았다. 세이사쿠는 어머니의 말에 괴로움을 느꼈고, 곧장 마음을 고쳐먹었다. 그는 울면서 더 이상 도망치지 않겠다고 약속했다.

세이사쿠 어머니의 대응은 등교 거부와 마주할 때 필요한 자세의 핵심이 들어있다. 그것은 바로 아이를 나무라지 않고 아이의 괴로움을 마음 깊이 공감하고 받아주는 것이다. 부모가 자기 자신을 탓하는 모습을 보았을 때, 평소에 부모님이 얼마나 고생하시는지를 알고 있는 아이의 입장에서는 마음이 아팠을 것이다. 세이사쿠의 어머니는 이렇게 한 다음에 "감상적인 기분에 젖을 것이 아니라 스스로 극복해야만 한다"고 말하며 아이를 있는 그대로의 현실과 마주하게 했다.

이처럼 아이의 기분을 받아줌과 동시에 깨우치게 하고 극복할 용기를 주는 일은 매우 중요하다. 그리고 그것이 설득력을 가지기 위해서는 평상시부터 아이에게 즐거움만 알게 할 것이 아니라 부모의 노고도 함께 나누며 서로 속마음을 털어놓고 대화할 수 있는 관계를 구축해 놓아야 한다.

정신적 문제가 원인일 수 있다

하지만 이런 대응으로는 좀처럼 효과가 없는 경우도 있다. 일주일 이상 쉬었는데도 학교에 도저히 못 가겠다고 한다면 무언가 놓치고 있는 부분이 없는지 다시 한 번 검토해야 한다. 때로는 정신질환이 시작되어서 그것 때문에 학교에 가기 힘들어하는 경우도 있기 때문이다.

등교 거부의 배경이 되었을 가능성이 있는 정신질환이나 원인이 될 만한 문제로 자주 나타나는 것은 다음에 소개할 것들이다. 대부분은 지금까지 이 책에서 다뤄온 것이며 등교 거부를 하는 사례도 많이 다뤘기 때문에 각 항목을 참고하기를 바란다.

① 불안 장애군 : 분리불안 장애(부모와 떨어지는 일에 강한 불안을 느낀다), 사회 불안 장애(집단 안에 들어가는 일에 공포를 느낀다), 강박성 장애(강박 행위, 강박 개념에 사로잡힌다), 신체추형 장애(자신의 몸이나

얼굴이 추하다고 생각한다) 등이 있으며 등교 거부 원인의 약 3분의 1을 차지한다.

② 적응 장애군 : 전학이나 한 학년 올라가서 반이 바뀌는 것 등 환경 변화에 적응하지 못하고 불안이나 우울감을 나타내는 것이다. 불안 장애군과 비슷할 정도로 등교 거부의 원인 중 높은 비중을 차지한다.

③ 신체화 장애군 : 두통, 복통 등 몸의 증상을 호소하는 것이다.

④ 기분 장애군 : 기분 장애에 의한 우울 상태로 명백한 원인 없이 시 작되며 증세도 적응 장애보다 무겁다.

⑤ 고기능 광범성 발달 장애 : 상호적인 커뮤니케이션 장애 때문에 고 립되거나 따돌림을 당하기 쉽다.

⑥ 인격 장애 : 경계성 인격 장애, 회피성 인격 장애, 실조형 인격 장 애 등이 있다.

⑦ 커뮤니케이션 장애 : 선택적 함구증, 말더듬증 등이 있다.

⑧ 반항·기행군 : 반항 · 도전성 장애나 행위 장애, 약물 남용, 약물중 독 등이 있다.

⑨ 통합실조증 : 환청이나 피해관계 망상이 있으며 기묘한 언동이 두 드러지기 때문에 고립되기 쉽다. 스스로 대인관계를 피하게 되는 경우도 많은데, 이것이 등교 거부라는 형태로 나타나기도 한다.

⑩ 수면 장애 : 개일리듬 수면 장애 등이 있다. 야행성으로 생활해서 아침에 일어나지 못하고 지각을 반복하다가 학교를 빠지게 되는

경우가 의외로 많다.

등교 거부를 일으키는 문제들

① 가정의 문제 : 학대나 무시, 극도의 방임, 부모의 가출이나 병 등이
원인이 되기도 한다. 밥도 제대로 먹지 못하고 가사 일을 하거나
부모의 상담 상대가 되어주고 있는 아이들도 있다. 저학년 아이
들의 등교 거부의 중요한 원인 중 하나이다.

② 대인관계의 트러블, 따돌림 : 등교 거부의 원인 중 가장 많은 비율을
차지한다. 아이의 표정이 갑자기 어두워졌거나 교복이 더러워져
있거나, 도시락을 자주 남기고 돈을 몰래 가져간다면 예의주시
해야 한다. 학교와 연계해서 조기에 대응하는 것이 좋다.

③ 게임·인터넷 의존 : 수면과 생활 리듬이 깨지게 만드는 빈도 높은
원인 중 하나가 게임 또는 인터넷을 장시간 밤늦게까지 하는 것
이다. 게임이나 인터넷의 의존성이 강해지면 다음날 아침에 일
어나지 못할 뿐 아니라 그것 외의 일에는 관심이 없어지고 무기
력해진다.

④ 학습 부진과 학습 의욕 저하 : 수업을 따라가지 못하는 것과 그것 때
문에 교사에게 강한 질책을 받은 경험, 수업 시간에 제대로 대답
을 하지 못해서 창피를 당한 경험 등은 학습 의욕을 저하시키고

등교 거부의 배경적인 요인이 되기도 한다.

⑤ 불량한 친구 : 나쁜 친구와 노는 일에 열중하기 시작하면 학교를 빠지기 쉬워진다.

⑥ 맞지 않는 환경 : 때로는 학교 분위기나 교육 방침이 아이와 맞지 않는 경우도 있다. 그런 경우에는《창가의 토토》에서 토토의 어머니가 했던 것처럼 그곳에 집착하지 않는 것도 새로운 가능성을 열어주는 방법이 될 수 있다.

'등교 거부'라는 한 마디 말의 배경에는 이처럼 다양한 문제가 존재할 가능성이 있다. 그렇기 때문에 우선 원인이 무엇인지부터 파악해야 한다. 여러 가지 문제가 겹쳐있는 경우도 적지 않다.

원인은 다양하지만 등교 거부의 배경에는 공통적인 문제가 하나 있다. 그것은 바로 아이가 자신이 속할 곳이 없다고 느끼고 있다는 사실과 아이를 지탱해주어야 할 가정과 부모에게 문제가 생겼다는 사실이다. 어린 아이일수록 자기 자신보다 가정의 문제를 반영하는 경우가 많다. 등교 거부 자체를 해결하려고 소란을 피우는 일은 요점에서 벗어난 경우가 많고, 가정의 문제를 해결해서 아이가 안심할 수 있는 환경을 만들어주는 일이 우선적으로 필요한 케이스도 많다. 아이의 연령이 높아질수록 본인의 문제나 질환이 중요해진다.

망가진 생체 시계와 수면 장애

학교나 회사에 가지 못하거나 은둔형 외톨이가 되는 케이스에서 종종 찾아볼 수 있는 원인으로 '개일리듬 수면 장애 수면 각성 리듬 장애'가 있다. 이 장애가 있으면 아침에 좀처럼 일어나지 못한다. 일어나서 겨우 나왔다고 하더라도 오전 시간에는 주로 기운 없이 늘어져 있는 경우가 많다. 주위 사람들은 그냥 게으름을 피운다고 생각하기 쉽다.

사람은 보통 낮에 활동하고 밤에 잠을 잔다. 이런 리듬을 담당하고 있는 것이 생체 시계이다. 수면과 각성의 리듬은, 뇌의 밑 부분에 있는 솔방울 같은 형태의 작은 기관 송과체松果體에서 분비되는 멜라토닌의 작용에 의한 것이다. 그런데 송과체는 뇌의 안쪽에 있기 때문에 빛을 직접 감지할 수가 없다. 그래서 시신경 다발이 교차하는 부위 가까이에 있는 시교차 상핵이 빛을 모니터해서 송과체에 지시를 내리는 구조로 되어있다.

멜라토닌은 깜깜한 밤에 활발하게 분비되고 수면을 촉진하며 밝은 대낮에는 억제되는 호르몬이다. 멜라토닌에는 생식선의 성장을 억제하는 작용도 있다. 따라서 밤에도 밝은 빛을 계속해서 쬐면 생체 시계에 이상이 생길 뿐만 아니라 성적으로 빨리 조숙해지기 쉽다. 즉, 개일리듬 수면 장애는 생체 시계의 리듬이 깨져서 생활에 지장이 생긴 상태라고 할 수 있다. 오늘날에는 밤에도 밝은 조명이 있을 뿐 아니라 텔레비전이나 컴퓨터, 휴대전화, 게임기 등의 화면에서 쏟아져 나오는 빛을 계속해서 쬐는 생활을 하기 쉬운데, 이런 생활을 하다보면 생체 시계가 망지기 쉽다.

◇ 대응 방법과 치료 포인트 ◇

우선 밤늦게까지 텔레비전이나 컴퓨터 화면을 보는 것을 피해야 한다. 어두운 곳에서 잠을 자고, 낮에는 가능한 실내를 밝게 하며 오전 시간에 바깥에 나가서 빛을 쬐면 생체 시계를 수정하는데 효과가 있다. 개일리듬 수면 장애를 가지고 있는 사람은 게임이나 인터넷 의존 등의 악순환이 형성되어 있는 경우가 많은데, 심야에 게임이나 인터넷 사용을 자제하지 않는 한 개선이 어렵다.

생활 습관 개선과 함께 비타민 B_{12}를 대량으로 투여하면 효과를 볼 수 있다. 또, 오전에 2시간 정도 2500~3000룩스의 빛을 쬐는 빛 치료도 있다.

집에서 폭력을 휘두르는 아이들

'가정 내 폭력'이라는 말은 최근에는 '배우자 폭력'이라는 말로 교체될 정도로 어른의 문제로만 여기기 쉽다. 하지만 10~20대인 청년의 가정 내 폭력도 여전히 큰 문제가 되고 있는 것이 사실이다. 청년기의 가정 내 폭력의 두드러진 특징으로는 은둔형 외톨이와 함께 나타나기 쉽다는 것이다. 과보호와 지나친 간섭으로 인한 케이스가 압도적으로 많지만, 어느 시기까지는 방임하면서 신경을 쓰지 못하다가 어느 시기부터 갑자기 관계를 강화하려고 하는 경우에도 나타날 수 있다.

가정에서 폭력을 휘두르는 아이의 특징은 자신이 폭력을 휘두르는 상대에게 강하게 의존하고 있다는 점이다. 그 사실을 스스로 자각하고 있는 경우도 있다. 폭력을 휘두르는 한편으로 폭력의 대상인 어머니가 없으면 아무것도 할 수 없다는 사실을 본인 스스로도 알고 있는 것이다. '부모는 자신의 욕구를 충족시켜주고 보살펴 주는 것이 당연하며, 그것을 조금이라도 게을리 하면 절대 안 된다'는 그럴싸한 주장을 내세우는 경우도 많다. 혹은 자신이 이렇게 된 것은 부모 탓이기 때문에 부모가 끝까지 책임을 져야 한다고 생각하기도 한다.

전자는 부모를 자신의 수족 혹은 일부로 간주하고 있다. 후자는 자신을 주체성을 빼앗긴 피해자로 생각하고 그 입장에서 협박을 하려 하고 있다. 이 두 가지 심리적 메커니즘이 가정 내 폭력을 끝없는 악순환으로 몰고 가는 것인데, 모두 부모가 지금까지의 관계 속에서 아이에게 그렇게 가르친 것이라고 할 수 있다.

아이가 폭력적으로 변하는 이유

가정 내 폭력에는 아이가 안고 있는 문제나 특성의 차이에 따라서 세부 유형이 있으며, 유형에 따라서 대응 방식에도 다소 차이가 있다. 실제로 만나게 되는 타입을 실천적인 관점에서 분류한 것이 다음 네 가지 타입이다.

① 우등생 좌절형 : 초등학교 고학년에서 중학생 무렵까지는 부모님 말씀을 잘 듣는 착한 아이로 성적도 좋고 학원도 잘 다니며 운동도 열심히 하는 아이였던 경우가 많다. 이런 아이들은 노력가이고 자존심이 강하다. 또한 완벽주의 성향이 있거나 주위의 평가

에 민감한 경향이 있다. 다른 사람들에게는 얌전하고 착한 아이처럼 행동한다. 성적이 떨어지거나 진로 문제로 좌절한 것을 계기로 급격하게 은둔형 외톨이가 되거나 생활이 흐트러지는데, 간섭을 하려고 하면 폭력을 행사한다.

② 무조건적인 사랑·애정 부족형 : 어린 시절에 부모님과 헤어지거나 별거를 해서 조부모 밑에서 자란 경우가 많다. 가정 내 폭력은 한쪽으로는 애정 박탈을 경험하고, 다른 한쪽으로는 무조건적인 사랑을 받으며 자란 아이에게서 나타나는 전형적인 반응이다. 타자와 기본적인 신뢰관계를 구축하지 못하고, 자타의 경계가 애매한 부분이 있어서 의존할 수 있는 대상에게 차츰 과한 요구를 하고 그것을 만족시켜주지 않으면 폭력을 휘두른다. 경계성 인격 장애와 망상형 인격 장애, 약물 남용을 동반하는 케이스도 적지 않다.

③ 발달 장애형 : 고기능의 광범성 발달 장애나 주의결핍, 다동성 장애 등의 발달 장애가 있으면 자기 마음대로 되지 않는 상황에서 패닉을 일으키거나 폭발해서 폭력에 이른다.

④ 정신병형 : 통합실조증, 망상성 장애 등의 중대한 정신질환이 있으면 피해 망상 때문에 어머니 등 가까운 사람에게 위험한 폭력을 휘두르는 경우가 있다.

대개는 이 네 가지 유형에 속하는데 각각의 요소가 섞여있는 경우도 드물지 않다. 배경에 있는 장애에 대한 대처도 필요하다. 자세한 내용은 각 항목을 참고하기를 바란다.

어릴 때부터 자립을 교육해야

이런 사태를 막고 가정 내 폭력에서 벗어나려면 어떻게 해야 할까? 우선 염두에 두어야 할 것은, 아이가 부모나 보호자를 '자기 뜻대로 움직여주는 수족 같은 존재'라고 생각하게 만들면 안 된다는 사실이다. 자기 일은 자기 스스로 하도록 하는 자립의 원칙을 어려서부터 가르쳐야 한다. 대여섯 살 때부터 서서히 시작하는 것이 바람직하다.

가정 내 폭력은 무조건적으로 사랑해주고 마음대로 하게 허용해준 경우에만 나타나는 것은 아니다. 매우 엄격하게 예의범절을 가르치고 지도했을 때도 나타날 수 있다. 본인의 주체성으로 행동하는 것이 아니라 부모의 기대나 이상을 우선시하거나 부모가 참견을 많이 한 경우이다. 부모가 코치 혹은 가정교사처럼 따라다니면서 참견을 하는 경우가 전형적이다. 이렇게 하면 아이는 어느샌가 부모의 판단에 따라서 움직이게 되고, 항상 부모의 안색을 살피고 행동한다. 이런 상황이 계속되면 자기 의지나 판단으로 행동하는 힘을 잃는 경우가 많다. 아이는 자신이 진짜 하고자 하는 일이 무엇인지조차 모르게 된다. 이것도 부모의 지배에 의한 의존관계인 것이다.

의존관계가 생기면 아이는 자기 뜻대로 안 되는 일은 모두 주모자인 부모 탓이라고 생각하게 된다. 인생은 당연히 자기 뜻대로만 되는 것이 아니다. 특히 청년기에는 누구나 좌절을 겪기 마련이다. 그런데 이들은 좌절할 때마다 그 실패가 자신이 아니라 부모 때문이며 부모가 책임을 져야 한다고 생각한다. 그 결과가 폭력이라는 형태로 나타남과 동시에 본인 스스로는 어떤 주체적인 노력도 하지 않게 된다. 그렇게 되지 않기 위해서는 부모가 아이에 대한 기대와 이상을 지나치게 높이지 말고, 항상 아이의 기분과 주체성을 우선시하는 자세를 가져야 한다.

이미 의존관계가 생긴 경우에는 어떻게 하면 좋을까? 중간에 그것을 수정하려면 처음부터 조심하는 것보다 훨씬 더 많은 노력을 해야 한다. 죽느냐 사느냐하는 문제만큼 절실하게 생각하지 않으면 결코 변할 수 없다는 사실을 명심해야 한다. 왜냐하면 의존관계를 뒤늦게 해소하려고 하면 아이 역시 필사적으로 매달리기 때문이다. 하지만 의존관계를 끊어내지 않는 한 근본적인 상황은 변하지 않는다. 진정한 성장을 위해서라도 아이의 수족이 되어서 움직이는 일을 멈출 용기를 내야 한다.

당연히 아이가 화를 낼지도 모르지만 그렇다고 해서 아이 말을 그대로 들어주면 같은 일을 반복하게 된다. 그걸 알고도 많은 부모는 상황이 훨씬 심각해지고 개인적인 문제의 수준을 넘어설 때까지 자신이 사용하던 방식을 수정할 용기를 내지 못한다. 아이가 무서운 것이다. 폭력이 두렵다기보다는 아이에게 미움을 받거나 버림을 받을까 봐 두려운 생각이 마음속 깊은 곳에 숨어 있는 것이라고 할 수 있다.

그래서 부모가 경제적으로 파산하거나 병에 걸리거나 혹은 죽을 때까지 끝없이 의존관계가 이어지는 경우도 적지 않다. 실제로 의존하게 만드는 부모가 아이의 자립을 방해하는 가장 큰 원인이 되는 경우도 있다. 부모가 병에 걸려서 어쩔 수 없이 아이가 변하기 시작하는 케이스도 있다. 구체적인 사례를 살펴보면서 그 배경에 있는 문제와 대처 방법을 생각해보자.

💬 착한 아이의 반란

불안과 패닉 증상을 보이며 의료 기관을 찾은 재수생 M은 넓은 집에서 혼자 살고 있었다. 부모님은 있지만 어디에 살고 있는지 모른다고 했다. 아버지 근무처에 문의해서 알게 된 사실은 아이가 집에서 심한 폭력을 휘둘러서 부모님이 2개월쯤 전부터 다른 맨션으로 피난을 갔다는 것이다.

M에게는 누나가 있었는데 뭐든지 스스로 하게 한 누나와는 대조적으로 장남이자 막내인 M은 어머니가 모든 일이 대신해주며 과보호를 했다. 항상 누나보다 M이 먼저였다. M은 초등학교와 중학교 시절에는 활발하고 성적도 좋았으며 그다지 문제랄 것이 없었다. 그는 어머니 말을 잘 듣는 상냥한 아이였다.

고등학교 무렵부터 친구들과 어울리는 일이 줄고, 집에서 게임을 하는 일이 많아졌다. 시뮬레이션 게임에 빠져서 한밤중까지 게임을 계속하고는 했는데, 어머니가 한 마디 해도 매우 귀찮은 내색을 했다. 성적도 떨어졌고 고등학교는 간신히 졸업했지만 지망하던 대학에는 떨어지고 말았다. 재수 학원을 다니게 되었는데, 5월쯤부터는 전혀 나가지 않고 집에서 게임만 했다. 어머니가 어쩔 작정이냐고 참견을 하자 폭력을 휘둘렀다. 어머니는 뼈가 골절되는 상처를 입었다. 그 후로 한동안 얌전했는데 한 달쯤 지나자 다시 날뛰기 시작했다.

사소한 생활 소음이 발생하거나 조금이라도 마음에 안 드는 말투로 이야기하면 폭력을 행사했다. 어머니는 완전히 노이로제에 걸릴 지경이 되었고, 아들의 목소리만 들어도 놀랄 정도로 아들을 무서워했다. 고민 끝에 부모님은 아들을 두고 집을 나가기로 결정했다.

검사 결과 피해관계 망상과 가벼운 환청, 통합실조증이 서서히 진행되고 있다는 사실이 밝혀졌다. 어머니를 향한 폭력은 그런 증상도 관계되어 있었다. 일상적인 생활을 할 수 없게 된 M은 입원을 하게 되었고, 불안과 함께 망상과 환청을 개선하는 치료를 받았다. 가족 면담과 외박을 몇 차례 반복하고 4개월 후에 증상이 상당히 호전된 M은 부모님과 함께 살게 되었다. 그 후 M은 대학에 진학했다.

가정 내 폭력을 동반하는 은둔형 외톨이의 경우, 증상이 심할수록 통합실조증과 같은 정신질환을 안고 있는 경우가 많다. 이런 케이스는 치료를 하면 대부분 가정 내 폭력과 은둔형 외톨이 생활 모두 눈에 띄게 개선된다. 어떤 의미에서는 가장 높은 치료 효과를 기대할 수 있다. 다만 문제는 본인이 진료를 거부하기 때문에 치료를 궤도에 올릴 기회를 잡기가 어렵다는 사실이다. 스스로를 상처 입히거나 다른 사람을 상처 입히는 행동을 했을 때는 그대로 두지 말고 용기를 내서 입원시켜야 한다. 위기는 기회가 될 수 있다. 그러나 과보호하는 부모는 아이가 싫어하면 마음이 약해져서 쉽게 결정을 내리지 못하고 질질 끌기 쉽다. 그렇게 되면 시기를 놓쳐서 회복이 나빠지게 된다. 아이의 은둔형 외톨이 생활과 가정 내 폭력으로 고통 받고 있다면 온가족이 웃음을 되찾기 위해서라도 현실과 마주할 용기를 내야 한다.

엄마는 나만을 위해 살아야 해요

가정 내 폭력 때문에 부모님과 함께 의료 기관을 방문한 10대 후반의 한 소녀는 진찰을 기다리는 동안 병원에 놓여있는 피아노로 훌륭한 연주를 선보였다. 그런데 아이의 어머니는 바로 그 피아노가 아이 인생에 걸림돌이 되었다고 말했다.

딸의 교육에 열심이었던 어머니는 아이의 재능을 발견하고는 피아노 레슨을 받게 했다. 어머니는 고지식한 성격이어서 어린 딸에게 정해진 일과를 반드시 완수할 것을 요구했다. 딸이 울면서 거부해도 정해진 과제를 끝내기 전까지는 결코 봐주지 않았다. 노력한 보람이 있었는지 딸의 피아노 실력은 눈에 띄게 늘었고, 장래에 음악과 관련된 학과에 진학하고 싶다고 말했다. 노력파인 그녀는 학교 성적도 괜찮았다. 1지망이었던 고등학교에 보란 듯이 합격했고 가족 모두가 함께 기뻐했다. 그런데 명문고에 진학하고 나니 다른 아이들의 실력도 모두 우수했기 때문에 그녀의 성적은 그다지 좋은 편이 아니었다. 아이는 피아노도 본인만큼 잘 치는 친구들이 많다는 사실을 알고는 점차 자신감을 잃어갔다. 고등학교 2학년 2학기가 시작되었을 때부터 갑자기 학교를 빠지기 시작했다.

부모님은 당황해서 '학교에 가는 것이 아이의 의무'라면서 등교를 재촉했지만, 딸은 침대에서 나오려고 하지 않았다. 등교 거부가 길어지면서 엄마에게 이것저것 지시를 하며 엄마를 속박하기 시작했다. 그리고 엄마가 자신의 요구대로 움직이지 않으면 폭력을 휘둘렀다. 난동을 피워서 방을 엉망진창으로 만들고는 엄마에게 치우게 하기도 했다. 엄마를 몰아세우면서 "나도 그런 식으로 피아노와 공부에 내몰렸었다"며 지금까지 쌓아두었던 말을 내뱉었다. 그녀는 엄마가 아빠를 위해서 필요한 일을 하는 것조차 상당히 불만스럽게 생각했다. 엄마에게 자신만을 위해서 존재할 것을 요구했다. 엄마는 완전히 지쳐버렸고 아이 역시 엄마를 감독하고 지시하는 일에 지쳐서 함께 의료기관을 방문하게 되었다.

이 사례처럼 현실의 소망을 충족시킬 수 없게 되었을 때, 자신이 지배할 수 있는 세계에 틀어박혀서 과도하게 결벽증적인 증상을 보이고, 세부에 구애되는 생활을 하며 부모와 가족에게 자신이 정한 질서에 따를 것을 요구하고 그것을 조금이라도 지키지 않으면 난동을 피우면서 온갖 욕설을 퍼붓거나 폭력을 반복하는 패턴을 종종 찾아볼 수 있다. 이런 케이스에서 흔히 드러나는 '질서에 대한 욕구'는 현실 속에서 완벽하게 행동할 수 없는 것을 보충하기 위한 것으로 현실과 이상의 차이가 클수록 가혹하고 철저해진다. 그것은 어떻게 보면 부모가 아이에게 해온 것의 재현이라고 할 수 있다.

이런 상황은 제3자가 개입할 때까지 끝없이 계속되는 경우가 많다. 이런 유형의 사람은 소모적인 행동을 할 때조차 최선을 다하기 때문이다.

은둔형 외톨이

모든 정신질환이 은둔형 외톨이 생활을 유발하는 원인이 될 수 있기는 하지만, 비교적 빈도가 높은 것으로는 다음과 같은 질환을 들 수 있다.

① 사회불안 장애

② 공황 장애, 전반성 불안 장애

③ 강박성 장애

④ 적응 장애

⑤ 신체화 장애

⑥ 신체추형 장애, 망상성 장애 신체형

⑦ 이인증성 장애

⑧ 기분 장애

⑨ PTSD(외상 후 스트레스 장애)

⑩ 광범성 발달 장애

⑪ 인격 장애(경계성 인격 장애, 회피성 인격 장애, 실조형 인격 장애 등)

⑫ 약물 남용과 후유증

⑬ 통합실조증

정신질환으로 인해서 은둔형 외톨이 생활을 하고 있는 경우, 병을 치료하면 눈에 띄게 상태가 좋아지기도 한다. 질환이나 장애에 따라서는 끈기 있는 치료와 극복을 위한 대처가 필요한 경우도 있다. 원인을 제대로 해명하고 이를 바탕으로 방침을 세워서 조치해야 쓸데없는 갈등과 소모를 줄이고 시간과 에너지를 효율적으로 사용할 수 있다.

은둔형 외톨이를 만드는 심리·사회적 원인

① 아이의 불안을 높이는 가정환경 : 부모님의 이혼이나 부모님과의 이별, 가까운 사람의 병이나 부재 등으로 안정감을 위협당하고 있는 경우가 많다. 또한 무기력하고 자기부정적인 부모의 모습이 악영향을 끼치고 있는 경우도 있다.

② 부정적인 대인관 : 과거에 따돌림을 당한 경험이 영향을 주는 경우가 많다.

③ 좌절 체험과 자신감 상실 : 실패에 대한 두려움과 상처받기를 피하

고자 하는 마음이 사회에 나가는 일을 어렵게 만든다.

④ 취직 실패 : 면접에서 계속 떨어지거나 근무처에서 일이 잘 풀리지 않았던 경험을 마음에 담아두고 있는 경우가 많다.

⑤ 자유에 대한 갈망과 취직 모라토리엄(지급 유예) : 취직을 해서 사회인이 되는 것에 대한 거부, 자유업에 대한 동경, 일을 하지 않고 생활하고 싶다는 소망 등 사회에 편입되지 않고 자유롭게 살고 싶다고 생각하는 경우도 있다.

상처받기 두려워 회피하는 젊은이들

은둔형 외톨이 생활을 하는 젊은이들의 공통된 특징 중 하나는 상처받기를 상당히 두려워한다는 것이다. 이들은 실패하는 일, 창피를 당하는 일, 자기 이상처럼 되지 않는 일에 대해서 허용할 수 있는 범위가 상당히 좁다. '실패하거나 실망할 바에야 처음부터 하지 않겠다'는 마음이 강하고, 모험을 하거나 자신을 시험해보는 일에 필요 이상으로 겁을 낸다. 실패에 대한 극도의 두려움과 현실적인 시험을 피하는 것이 특징인 질환으로는 '회피성 인격 장애'가 있다. 은둔형 외톨이 생활을 하는 사람 중에는 회피성 인격 장애 성향이 강한 사람이 있다.

회피성 인격 장애는 상처받는 일이나 실패를 피하기 위해서 연애나 성 관계, 결혼, 출산, 취직을 회피하려는 경향이 있다. 이들은 피할 수 없는 책임이 발생하는 사태를 두려워한다.

높은 이상과 자존심이 독

은둔형 외톨이를 낳는 또 하나의 주요한 요인으로 이상과 자존심이 비현실적으로 높다는 것을 들 수 있다. 이들의 마음속에는 자신감이 없으면서 다른 한편으로는 평범한 것으로는 만족할 수 없다는 생각이 공존한다. 따라서 생각대로 되지 않는 현실이 재미가 없고 자존심이 허락하지 않는다. 이런 경향이 가장 두드러지게 나타나는 정신질환은 '자기애성 인격 장애'이다. '경계성 인격 장애'도 자신감이 없음과 동시에 지나친 자기애가 공존하는 경우가 많은데, 그것이 현실에서 받아들여지지 않아서 상처를 받으면 사회에 나가는 일을 망설이게 된다. 이런 인격 장애에 대해서는 나의 또 다른 저서인 《인격 장애》에서 상세하게 다루고 있다.

실제 은둔형 외톨이 중에서 치료가 길어지는 사례일수록 다양한 요인이 얽혀있는 경우가 많은데, 그것을 하나씩 풀어내고 치료해 나가야 한다. 다음은 복합적인 요인이 뒤얽힌 사례 가운데 하나이다.

우울한 표정의 젊은이가 부모 손에 이끌려 의료 기관을 방문했다. 그는 고등학교를 중퇴한 뒤로 집에만 틀어박혀 생활하고 있다고 한다. 부모님께 이유를 묻자 확실히 모르겠다면서 어머니가 빠른 속도로 답했는데, 청년은 불편한 듯이 꾸물거렸지만 입은 꾹 다물고 있었다. 부모님께 나가있어 달라고 부탁하고 다시 물어보니 자신의 상태에 대해서 다음과 같이 이야기했다.

'아침이 되면 몸이 나른하거나 아프다. 쉽게 지치고 머리가 멍하며 아무 생각도 할 수가 없다. 풍경이 사진처럼 느껴진다. 잡념이 많고 하나의 일에 대해서 길게 생각하기가 어렵다. 가슴 언저리가 조여올 때도 있고, 안절부절 못할 때도 있다. 주위 사람들을 배려하다 보니 이야기를 제대로 하지 못해서 혼자 있는 쪽이 차라리 마음이 편하다. 학교를 그만둔 것은 특별한 이유가 있어서가 아니라 사람들과 함께 있는 것이 싫어서였다. 잠도 잘 자고 식욕도 양호하며 기분도 그렇게 가라앉아있는 것은 아니다.'

본인은 기분이 가라앉아있다는 사실을 부정했지만 우울 상태가 있는 듯했다. 아이나 젊은이의 경우에는 특히 자기 상태를 객관적으로 파악하지 못하는 경향이 있다. 본인 스스로 자각하지 못하는 대신 몸의 상태나 행동의 변화로 증상이 나타나는 경우가 많다. '풍경이 사진처럼 느껴진다'는 등의 현실감이 없어지는 증상은 앞 장에서 살펴봤던 이인증이다. 이인증은 우울 상태에 있는 젊은이들에게서 자주 나타나는 현상이다. 사람들을 대하는 것에 부담을 느끼는 일 또한 우울 상태에 있을 때 매우 흔하게 나타나는 증상이다.

이 사례의 경우 우울 상태가 개선됨과 함께 신체적인 증상과 '감정이 없다'고 느끼던 이인증, 집중 곤란도 점차 완화되었다. 하지만 그는 변함없이 집에 틀어박혀서 생활했고 외출을 하는 경우도 드물었다.

그는 어려서부터 불안과 긴장이 강하고 사람들 앞에서 말하는 것을 싫어했다. 그러던 것이 고등학교를 그만둘 무렵에는 교실에 들어갈 수 없을 정도로 심해진 듯했다. 사회 공포가 사람과의 접촉을 피하는 원인이 되고 있었다. 친구와 대화를 하고 있어도 진심으로 즐겁다는 느낌이 들지 않는다고 했다. 자기 기분을 확실히 말하지 않고 애매하게 흘리는 버릇이 있었다. 상대가 자신에게 호감을 가지고 있고, 자신이 상대방보다 수준 높은 이야기를 하지 못하면 상대가 자신을 무시하는 느낌을 받아서 말이 통하는 상대 외에는 대등하게 이야기를 나눌 수 없다고 했다.

그 후에 그는 어느 고등학교로 진학할지를 정할 때 아버지가 자신의 의견에 반대하며 심하게 호통을 쳤고, 그 때의 두려움이 아직도 남아 있다는 사실을 털어놓았다. 친구를 만들 때도 두려움이 앞서서 먼저 한발 물러서고는 했는데, 인간에 대한 공포심이 있다고 한다. 그러던 그는 오래된 또 다른 기억을 떠올렸다.

'내가 부정당하는 것을 두려워하게 된 것은 초등학교 3학년 때 학교 선생님께 심하게 꾸짖음을 당하면서부터인 것 같다. 전학 간지 얼마 되지 않았을 때였기 때문에 충격이 더 컸다. 나는 웃기려고 농담을 했는데, 선생님은 그 말에 화를 냈다. 그 후로 뭐든지 자제하게 되었다. 원래는 밝고 가볍게 잘 떠드는 아이였는데, 그 뒤로는 무슨 말만 하려고 해도 불안해졌다.'

그는 어린 시절에 칭찬은 못 받고 혼만 났었다고 말했는데, 부정적인 체험만 기억하고 있는 것 같았다. 살면서 진심으로 기뻤던 적이 없었다고 한다. 한 달 정도 지나서 그가 학점제 고등학교에 다니기 시작했다는 말을 들었다. 하지만 다른 사람들이 신경 쓰여서 금방 지치고, 공부에도 그다지 집중하지 못하는 모양이었다. 집에서도 가족의 안색이나 기분, 가사일의 진행 상황까지 걱정했다. 누군가가 기분이 안 좋아 보이면 신경이 쓰여서 자기도 모르는 사이에 게임으로 도피하고 말았다. 학교도 빠지고 빈둥거리면서 생활하고는 있지만 그것에 대해서 부모님도 잔소리를 심하게 하지는 않았다. 바람직한 생활은 아니지만 표정은 전보다 밝아졌기 때문이다.

1년 뒤에 부족한 학점을 채우고 고등학교 졸업장을 받았다. 하지만 대학에 갈 생각을 하면 몸과 마음이 굳어지고 열등감이 가득해진다고 했다. 그러면서도 대학 진학을 포기할 수는 없는 모양이었다. 이러지도 저러지도 못한 채 재수학원을 다니기 시작했는데 학원에도 가는 둥 마는 둥 했다. 그 해도 끝나가던 어느 날, 진료를 받으러 온 그는 중학교 3학년 때 따돌림을 당한 경험을 털어놓았다. 따돌림은 그의 인생이 삐뚤어지게 하는데 결정적인 계기가 된 사건이었다. 그는 그때의 가슴 아픈 기억을 잊지 못하고, 마음속에 상처로 기억하고 있었던 것이다.

그 후 얼마 지나지 않아서 그의 인생은 급격하게 방향을 전환했다. 대학 진학을 단념하기로 마음먹고, 그 대신 전문학교에 다니기로 결정한 것이다. 전문학교에 다니기 시작했을 때는 불안한 마음도 있었지만 날이 갈수록 눈에 띄게 밝아졌다. 아르바이트도 하고 자기 기술에도 자신감을 가지기 시작했다.

이 사례처럼 상대가 자신을 좋아한다는 확신이 없으면 안심하고 대인관계를 맺지 못하는 것은 회피성 인격 장애의 특징이다. 회피성 인격 장애는 사회 공포와 함께 나타나기 쉽다. 은둔형 외톨이 상태를 벗어나려면 이 부분을 수정해야 한다. 또한 회피성 인격 장애나 사회 공포인 사람은 자기부정 체험을 계기로 소극적인 성격이 강화되는 경우가 많다. 따라서 그런 체험을 회상하고 자기 안에서 인생을 재구성하는 일이 종종 회복의 계기가 되기도 한다. 이 청년은 마지막으로 진료를 받으러 왔을 때는 취직이 결정될 것 같다는 보고를 해왔다.

좌절이 성장을 낳는다

인생에는 정말 많은 난관이 기다리고 있다. 아이를 양육하는 과정에서나 어른이 되어서 자립해가는 과정에서나 고민이 끊이지 않게 마련이다. 사소한 고민부터 매우 심각한 어려움까지 각양각색의 어려움이 있겠지만, 어떤 것이든 그것에 직면한 사람에게는 매우 심각하게 느껴질 것이다. 때로는 출구가 보이지 않아서 빠져나갈 방법을 찾지 못한 채 망연자실할 때도, 그 곤경에 거꾸러질 때도 있다.

그럴 때는 일단 멈춰 서서 쉬는 것이 중요하다. 계속해서 움직이고 있을 때는 보이지 않았던 것도 멈춰서면 비로소 보이기 시작한다. 앞으로 나아가는 것만이 인생이 아니다. 과감하게 모든 것을 잊고 느긋하게 시간을 보낼 줄도 알아야 한다. 꼭 해야만 할 것 같은 마음의 속박을 일단 풀어주자. 그렇게만 해도 함정에 빠진 것 같았던 마음이 한결 편안해질 것이다. 닳고 닳아서 지쳐버렸던 마음도 차츰 여유를 되찾게 된다. 마음속에 내재되어 있는 치유의 힘이 활동하기 시작하고,

자신이 무언가에 홀린 것처럼 사로잡혀 있었다는 사실을 깨닫게 된다. 인생은 결코 하나의 척도로만 잴 수 있는 것이 아니다. 더 자유롭게 살아도 상관없다.

때가 되면 다시 용기를 가지고 앞으로 나아가기를 바란다. 계속 멈춰 서있기만 하면 마음의 근력이 약해진다. 그러니 현실을 마주하기를 바란다. 실패와 좌절을 잊지 말고 또다시 도전해야 한다. 실패해도 잃을 것 따위는 아무 것도 없다. 하지만 도전하지 않으면 기회마저 잃게 된다. 한 번 실패했기 때문에 똑같이 실패하기 싫다면 다른 무언가를 시험해 봐도 좋다. 가능성은 하나가 아니기 때문이다.

계속해서 시행착오를 반복하다보면 당신은 반드시 새로운 발견을 하게 될 것이다. 자기 자신의 약한 부분이나 한계를 알게 될지도 모르지만, 생각지도 못한 가능성이나 장점을 찾아낼지도 모른다.

당신이 지금 직면하고 있는, 당신을 고민에 빠트리는 문제는 결코 안 좋은 점만 있는 것이 아니다. 지금은 괴로워도 그것과 정면으로 마주하고 대처해나간다면 반드시 커다란 성장을 이루게 될 것이다. 당신에게 닥친 문제는 더 높이 뛰어 오르기 위한 시련이다. 문제가 존재하기 때문에 인간은 똑같은 자신의 모습에 안주하지 않고 성장할 수 있다. 지켜보는 부모나 주위 사람들도 시련을 극복함으로써 함께 더 강해질 수 있다.

절망을 맛보게 하는 병이나 좌절이라 할지라도 결코 부정적인 면만 있는 것은 아니다. 병이나 좌절을 경험함으로써 얻게 되는 것이 크다. 잃는 것이 크면 일시적으로 낙담을 하거나 크게 슬퍼하는 것도 당연하지만, 인간은 놀라운 회복력과 순응력을 가지고 있다. 아이와 젊은이의 잠재력은 이루 헤아릴 수 없을 만큼 크다. 잃은 것에만 사로잡혀 있지 말고 새로운 세계로 눈을 돌려야 희망을 되찾는 지름길이 보인다.

마지막으로 이 책은 많은 사람과의 만남을 통해 얻은 선물임을 알기에 감사의 마음을 전하고 싶다. 또한 PHP연구소의 요코타 노리히코 씨의 도움에 감사의 마음을 표하고 싶다. 이 책이 인생이라는 바다의 한복판을 항해하고 있는 사람들에게 마음의 항해도가 되기를 바라며 이만 붓을 내려놓으려 한다.

오카다 다카시

《현대 아동 청년 정신의학》, 야마자키 고스케 · 우시지마 사다노부 · 구리타 히로시 · 아오키 쇼조 편저, 나가이쇼텐, 2002

《아동정신의학의 기초》, 필립 버거 저, 야마나카 야스히로 · 기시모토 노리후미 감역, 콘고출판, 1999

《DSM-IV-TR 정신질환 진단 · 통계 매뉴얼》, 다카하시 사부로 · 오노 유타카 · 소메야 도시유키 역, 이가쿠쇼인, 2002

《DSM-IV-TR 정신질환 분류와 진단 입문》, 다카하시 사부로 · 오노 유타카 · 소메야 도시유키 역, 이가쿠쇼인, 2003

"Kaplan and Sadock's Synopsis of Psychiatry"(7th edition) H. I. Kaplan, B. J. Sadock et al., Wiliams & Wilkins, 1994

"Personality Development Psychoanalytic Perspective" Edited by Debbie Hindle and Marta Vaciago Smith, Routledge, 1999

"DSM-IV CASE BOOK A Learning Companion to the Diagnostic and Statistical Manual of Mental Disorders 4th edition", R. L. Spitzer et al. 1994

《모자관계 이론》1·2권, J.볼비 저, 구로다 지쓰오 역, 이와자키가쿠주츠 출판사, 1991&1995

《정서발달의 정신분석 이론》, D. W. 위니캇 저, 우시지마 사다노부 역, 이와자키가쿠주츠 출판사, 1977

《놀이와 현실》, D. W. 위니캇 저, 하시모토 마사오 역, 이와자키가쿠주츠 출판사, 1979

《아이와 가정》, D. W. 위니캇 저, 우시지마 사다노부 감역, 세이신쇼보, 1984

《원숭이에게 길러진 아이ー카말라와 아말라 양육 일기ー야생소녀 기록1》, J. A. L. 싱그 저, 나카노 요시타쓰 · 시미즈 도모코 역, 후쿠무라출판, 1977

《우리아이 노아ー자폐증 자녀를 기른 아버지의 수기》, 조슈 그린펠드 저, 고메타니 후미코 역, 분게이슌슈, 1989

《마음의 활동》, 라이프 사이언스 라이브러리, 존 · R · 윌슨 저, 미야기 오토야 감역, 퍼시피카, 1977

《자폐증이었던 나에게》, 도너 윌리엄스 저, 고우노 마리코 역, 신쵸샤, 1993

《피카소 거짓의 전설》상·하, 아리아나 S 허핑턴 저, 다카하시 사나에 역, 소시샤, 1991

《생텍쥐페리의 생애》, 스테이시 시프 저, 히가키 시시 역, ※ 신쵸샤, 1997

《가정이 없는 유아들》상·하, 안나 프로이트 저작집 제3권·제4권, 마키타 기요시·구로마루 쇼시로 감수, 나카자와 다에코 역, 이와자키가쿠주츠 출판사 1982

《이형의 장군 다나카 가쿠에이의 생애》상·하, 쓰모토 요, 겐토샤, 2002

《미하엘 엔데》, 아다치 다다오 저, 고단샤 겐다이신쇼, 1990

《미하엘 엔데 이야기의 시작》, 피터 보칼리우스 저, 고야스 미치코 역, 1995

《24인의 빌리 밀리건》상·하, 대니얼 키스 저, 호리우치 시즈코 역, 하야가와쇼보, 1992

《프로이트를 읽다》, 기시다 슈 저, 세이도샤, 1994

《신경쇠약과 강박 개념의 근본적인 치료법》, 모리타 마사타케 저, 하쿠요샤, 1953

《자각과 깨달음을 향한 길: 노이로제로 고민하는 사람들을 위하여》, 모리타 마사타케·미즈타니 게이지 저, 하쿠요샤, 1959

《정신분열증 소녀의 수기》, 마그리트 세슈에 저, 무라카미 마사시·히라노 게이 역, 미스즈쇼보, 1955

《구토》사르트르 전집 제6권, 시라이 고지 역, 진분쇼인, 1951

《심적외상과 회복》, 주디 루이스 허먼 저, 나카이 히사오 역, 미스즈쇼보, 1996

《전기 노구치 히데요》, 기타 아쓰시 저, 마이니치신문사, 2003

"신생아기부터 영유아기까지의 환경과 정신발달", 혼죠 쇼지, 《임상정신의학》33(11):1411, 1416, 2004

"환경이 뇌 발달에 주는 영향", 간바 시게노부·사쿠라이 슈·히라노 요지·다루미 노시, 《임상정신의학》33(11):1417~1421, 2004

"모자관계가 아이의 정신발달에 미치는 영향", 구로다 구미, 《임상정신의학》33(11): 1423~1431, 2004

각각의 증상이 자주 나타나는 대표적인 질환을 골라서 기술하였다. 공간이 여의치 않아서 정신과 영역에서 찾아볼 수 있는 대표적인 것만을 제한적으로 실었기 때문에 여기서 설명하는 것 외의 질환에서도 이러한 증상이 나타날 수 있다. 또한 이런 증상이 보인다고 해서 반드시 정신병이라고 할 수는 없다. 어디까지나 그런 증상이 나타나는 경우가 있다는 것이다. 하나의 증상만이 아니라 증상 전체를 보고 종합적으로 판단해야 한다. 자세한 내용은 각 항목에 해당하는 본문을 참고하기 바란다.

0세부터 사춘기까지, 세상의 모든 아이들을 위한 11가지 마음 분석서
애착은 어떻게 아이의 인생을 바꾸는가

초판 1쇄 발행 2019년 4월 19일
지은이 오카다 다카시
옮긴이 김지윤

펴낸이 민혜영 ┃ **펴낸곳** (주)카시오페아 출판사
주소 서울시 마포구 월드컵북로 42다길 21(상암동) 1층
전화 02-303-5580 ┃ **팩스** 02-2179-8768
홈페이지 www.cassiopeiabook.com ┃ **전자우편** editor@cassiopeiabook.com
출판등록 2012년 12월 27일 제2014-000277호
편집 이주이 ┃ **디자인** 석혜진

ISBN 979-11-88674-59-6 03590

이 도서의 국립중앙도서관 출판시도서목록 CIP은 서지정보유통지원시스템 홈페이지(http://seoji.nl.go.kr와
국가자료공동목록시스템 http://www.nl.go.kr/kolisnet에서 이용하실 수 있습니다.
CIP제어번호: CIP2019012872